国家出版基金项目
NATIONAL PUBLICATION FOUNDATION

航空发动机新技术丛书

航空发动机气动稳定性试验和数值仿真评估技术

Experimental and Numerical Aerodynamic Stability Evaluation Technology of Aeroengine

屠宝锋　胡　骏　王英锋　叶　巍　著

北京航空航天大学出版社

内容简介

本书是航空发动机气动力学领域的基础论著之一，气动稳定性是确保航空发动机研制成败和使用安全的关键技术。

全书共分16章，概述了当今航空燃气涡轮发动机气动稳定性的重要概念、所需评估的状态和内容，以及相应的试验评估技术和数值仿真评估技术；全面系统地论述了进气压力畸变、温度畸变、压力温度组合畸变、旋流畸变和雷诺数这几类典型降稳因子对航空发动机气动稳定性影响的试验装置、试验方法、仿真模型和仿真方法，并给出了典型降稳因子对航空发动机气动稳定性影响的大量试验和仿真结果。

本书可作为高等院校飞行器动力工程专业教学用书，也可供从事航空发动机总体性能及气动稳定性等相关专业方面的设计、试验和管理的工程技术人员参考。另外，本书是国内首次系统性地阐述旋流畸变的气动稳定性试验和数值分析方法，可以为今后航空发动机气动稳定性评定标准修改提供参考。

图书在版编目(CIP)数据

航空发动机气动稳定性试验和数值仿真评估技术 / 屠宝锋等著. -- 北京 : 北京航空航天大学出版社, 2023.1

ISBN 978-7-5124-4048-7

Ⅰ. ①航… Ⅱ. ①屠… Ⅲ. ①航空发动机—流动稳定性—研究 Ⅳ. ①V231.3

中国国家版本馆CIP数据核字(2023)第028201号

航空发动机气动稳定性试验和数值仿真评估技术

屠宝锋 胡 骏 王英锋 叶 巍 著

策划编辑 龚 雪 责任编辑 王 实

*

北京航空航天大学出版社出版发行

北京市海淀区学院路37号(邮编100191) http://www.buaapress.com.cn

发行部电话:(010)82317024 传真:(010)82328026

读者信箱: goodtextbook@126.com 邮购电话:(010)82316936

北京建宏印刷有限公司印装 各地书店经销

*

开本:710×1 000 1/16 印张:19.25 字数:410千字

2023年1月第1版 2023年1月第1次印刷

ISBN 978-7-5124-4048-7 定价:119.00元

若本书有倒页、脱页、缺页等印装质量问题，请与本社发行部联系调换。联系电话:(010)82317024

《航空发动机新技术丛书》
编 写 委 员 会

《航空发动机新技术丛书》
策 划 委 员 会

前　言

航空燃气涡轮发动机被誉为“工业之花”，体现了人类工业技术的最高水平。航空燃气涡轮发动机目前的主要形式是涡扇发动机，其中小涵道比涡扇发动机广泛应用于战斗机，大涵道比涡扇发动机则是民用客机、运输机等大型飞行器的主要动力。航空燃气涡轮发动机包含进气道、风扇/压气机、燃烧室、涡轮和尾喷管五大部件。

小涵道比涡扇发动机的发展趋势是推重比不断增加、涡轮前燃气温度持续提升，与之相应的，风扇/压气机的级数在不断减小，单级总压比不断增加。第三代战斗机发动机的高压压气机普遍采用9～10级，第四代机减至6级，而第五代机将采用4级，未来可能会更少。风扇/压气机气动稳定性是决定航空发动机气动稳定性的关键。风扇/压气机的级数减小、单级负荷增加，使其内部气流的逆压力梯度上升，更容易出现气动失稳的现象。因此，如何在保证航空发动机具备优良性能的同时，仍具有足够的气动稳定性，并能够始终保持安全运行，是航空发动机研制人员必须解决的难题。大涵道比涡扇发动机虽然并不追求推重比，但是从经济性的角度看，在压气机总压比不变的情况下，减轻压气机以及发动机整机的质量，增加飞机的有效载荷，提升飞机的经济性。但同时大涵道比涡扇发动机压气机的单级负荷也在逐渐增加，逆压力梯度也随之上升，从而使得保证发动机始终能够安全、稳定工作变得愈发困难。

另外，风扇/压气机虽然是决定航空燃气涡轮发动机的关键部件，国内外在此领域也开展了广泛而深入的研究，得到了很多具有学术价值和工程应用价值的成果，但是，航空发动机是一个整体，所有的部件都会影响发动机整机的稳定性，因此，最终航空燃气涡轮发动机能否保证稳定、安全地工作，还需要在发动机整机上完成相关的气动稳定性评估。对航空燃气涡轮发动机整机开展气动稳定性试验风险大、成本高、周期长，高校很难具备条件开展这类试验，其重点工作是基于理论分析，发展合适的数值仿真方法，配合航空发动机研制单位，共同开展发动机整机试验，建立、改进试验技术，并完善相应的数值方法，最终构建一套试验和数值仿真相互配合的航空发动机气动稳定性评估体系。

虽然，我们在设计和使用过程中希望航空发动机始终能够稳定工作，为飞行器提供持续不断的、稳定的推力，但是受到航空发动机气动和结构特点的限制，以及飞行环境和工作状态的影响，气动失稳时有发生，对飞行安全造成致命的威胁。按照我国的军用标准规定，有 15 种降稳因子会影响航空发动机的气动稳定性，本书阐述的进气压力畸变、温度畸变、旋流畸变和雷诺数等四类降稳因子是对航空发动机气动稳定性影响最为显著的，在飞机起飞、机动飞行、武器发射、高空小表速飞行等工况下会威胁发动机的稳定性。航空发动机气动稳定性评估的目的正是希望通过准确获知不同降稳因子对稳定性的影响，判断发动机在整个工作包线内能否稳定工作，尽可能避免失稳的发生。

我国已经开始实施“两机”重大科技专项，大力发展航空发动机研制技术，提高我国航空燃气涡轮发动机的研制水平。正是在这样的背景下，为了满足我国对于航空发动机气动稳定性评估技术发展的需求，指导航空发动机不同研制阶段采用合适的气动稳定性试验和数值仿真评估方法，本书重点介绍了典型降稳因子对航空发动机气动稳定性影响的试验和数值分析方法。

本书介绍的进气压力畸变、温度畸变、压力温度组合畸变、旋流畸变和雷诺数等降稳因子对发动机气动稳定性影响的试验和数值仿真评估方法是目前非常先进和实用的，代表了国内和国际的先进水平。以压力畸变、温度畸变和压力温度组合畸变为例，发展了两种数值仿真模型：一种是发动机整机二维稳定性仿真模型，另一种是多维度耦合仿真模型。前者具有数值仿真速度快的优点，适合工程应用，但缺点是只能分析周向畸变的影响。后者是南京航空航天大学的最新研究成果，风扇、压气机采用三维彻体力模型，发动机的其他部件采用二维模型，不仅能够分析周向、径向不同范围的进气畸变，准确反映实际进气畸变图谱的影响，而且能够揭示畸变在风扇、压气机的轴向和周向的传播特征，为研究航空发动机稳定性薄弱环节提供技术支撑。

本书由屠宝锋、胡骏、王英锋和叶巍撰写。全书分为 16 章，其中第 1、2 章由胡骏负责撰写，第 4～7、10～14、16 章由屠宝锋负责撰写，第 3、8、15 章由王英锋负责撰写，第 9 章由叶巍负责撰写。全书由屠宝锋统稿。

李传鹏副教授、王志强副教授、赵运生博士、严伟博士、郭晋博士、温珍荣高工、车杰先高工、周志文高工等参与了本书的编写工作，在此表示感谢。

感谢北京航空航天大学出版社各位领导和老师的支持和信赖。

由于作者水平有限，难免存在不妥之处，敬请读者不吝批评指正。

作　者

2023 年 1 月 1 日于南京

注释表

变量符号及其含义

符　号	含　义	符　号	含　义
A	截面面积，m^2	S	控制体表面积，m^2
B	涵道比	SM	稳定裕度
c_p	比定压热容，J/(kg·K)	T	温度，K
c_V	比定容热容，J/(kg·K)	t	时间，s
c_t	燃油汽化比热容，J/(kg·K)	u	比内能，J/kg
e	比总能，J/kg	V	体积，m^3
F	质量力，N	v	速度，m/s
g	引气或注气量，kg/s	W	功，J；综合压力畸变指数
H	飞行高度，m	α	角度，(°)；敏感系数；余气系数
H_u	燃油低热值，J/kg	β	角度，(°)
h	比焓，J/kg	$\Delta\bar{\sigma}_0$	稳态周向畸变指数
k	等熵过程指数，比热比	δT	面平均相对温升，K
L	长度，m	ε	动态压力畸变指数
Ma	马赫数	φ	导叶安装角度，(°)
m	质量，kg	η	效率
n 或 N	转速，r/min	λ	速度系数
P	压强，Pa	π	压比；静压与总压之比
P_b	尾喷管出口背压，Pa	θ	温比
Q	热量，J	ρ	密度，kg/m^3
q	流量函数	σ	总压恢复系数
R_g	气体常数，J/(kg·K)	τ	时间常数；静温与总温之比

上角标符号及其含义

符　号	含　义	符　号	含　义
*	滞止参数	'	小扰动量
(n)	第 n 个时间层		

下角标符号及其含义

符　号	含　义	符　号	含　义
AB	加力燃烧室	min	最小值
acc	功率提取	n	控制体表面外法向
av	平均	nd	没有考虑的
ava	可用的	noz	喷管
B 或 b	燃烧室	PLA	加减速
ble	附加引气	PLA,HT	非定常热传递
c	压气机	r	径向
cal	计算值	Re	雷诺数
cool	冷却	req	需用的
cor	折合参数	rem	剩余的
cr	临界参数	rcor	相对折合参数
d	设计状态	SHO	冲击波
der	部件老化	s	稳定边界点参数
f	燃油	t	涡轮
g	引气或注气	te	试验值
gui	统计规范值	V	体积
H	高	W	综合压力畸变
H/M	飞行高度/速度	w	工作点参数
L	低	win	阵风
manu	生产/装配	x	轴向
max	最大值	θ	周向

上标符号及其含义

符　号	含　义	符　号	含　义
·	时间变化率	—	平均值
→	矢量符号		

缩略词

缩略词	英文全称	中文含义
AIP	Aerodynamic Interface Plane	气动界面
CFD	Computational Fluid Dynamics	计算流体力学
comp	compressor	压气机
HPC	High Pressure Compressor	高压压气机
HPT	High Pressure Turbine	高压涡轮
IGV	Inlet Guide Vane	进口导叶
LPT	Low Pressure Turbine	低压涡轮
N－S	Navier－Stokes	纳维-斯托克斯
PSI	Pounds per Square Inch	压力单位，磅/平方英寸
SAE	Society of Automotive Engineers	美国机动车工程师学会
turb	turbine	涡轮
UDF	User Defined Function	用户自定义函数
BFM	Body Force Model	彻体力模型
MACAM	Multistage Axial Compressor Analysis Model	多级轴流压气机计算模型
MACAC	Multistage Axial Compressor Analysis Code	多级轴流压气机计算程序

目　录

第 1 章

航空发动机气动稳定性问题

目前，航空飞行器广泛使用的是带有风扇/压气机等压缩部件的航空发动机。航空煤油等特殊燃料通过燃烧释放化学能，产生的高温高速燃气冲击涡轮，由涡轮带动压缩部件旋转，使得源源不断的新鲜高压空气进入燃烧室与燃料进行充分燃烧。在整个热力循环中，包含了燃气和涡轮这两个特征，因此这类航空发动机也被称为航空燃气涡轮发动机。

航空发动机的气动稳定性是指从空气动力学出发，不考虑发动机结构强度等因素，发动机的工作状态或者工作过程相对于内部或外部小扰动的自我保持能力。若在小扰动作用下，发动机没有发生旋转失速或喘振等气动失稳现象，且当小扰动消失后，发动机能够逐渐恢复至原有状态，则称发动机在该状态下是气动稳定的；若在小扰动作用下，发动机产生了气动失稳现象，且当扰动消失后，发动机不能恢复至原有状态，则称发动机在该状态下是气动不稳定的。

在航空发动机发展早期，人们主要重视其性能的好坏，追求高推力、低耗油率等指标，而对气动稳定性问题未给予足够的重视。这种情况在早期的亚声速、小机动飞行条件下是可以的，但随着飞机飞行速度与高度的不断提高、机动性的不断增加、隐身性的特殊要求和导弹武器的使用等，实践中暴露出来的气动稳定性问题越来越严重。据统计，美国在 20 世纪 50—60 年代研制了七种战斗机和四种轰炸机，其中有四种战斗机和两种轰炸机（大约占 55%）出现过发动机气动稳定性问题。在苏联 МИГ21Φ 飞机的飞行员手册中也提示：“Р13Φ－300 发动机，在高空小油门飞行时，不排除出现停车的可能性。”另一个最为典型的例子是美国 20 世纪 60 年代中期投入越南战争使用的F－111 战斗机（装用 TF30 涡扇发动机），因气动稳定性问题被迫从战场上退役，停止使用，并且不得不回过头来重新研究、解决其气动稳定性问题，花了大约 10 年的时间，教训是十分沉重的。正是在上述背景下，20 世纪 70 年代以后，美、英及苏联等国下大力气把航空发动机气动稳定性问题作为推进系统的关键技术开展研究，包括理论基础、设计和评定方法。

现代高性能作战飞机的隐身、高机动性、短距起降、作战要求和机载武器的使用等对发动机的气动稳定性提出了更高的要求，美军 F－22 战斗机装配的 F119 发动机、欧洲“台风”战斗机装配的 EJ200 发动机的研制都把气动稳定性作为与气动性能参数同等重要的指标。

1.1　共同工作线和稳定边界

航空燃气涡轮发动机有一个特有的名词：共同工作。共同工作是什么意思呢？它是指发动机一旦起动，各部件就处于相互依存、相互制约的状态，每个部件都不是独立工作的，而是各个部件在一起共同工作，缺一不可。比如：① 压气机靠涡轮带动才能维持旋转，对于同一根轴、不带减速器的航空发动机，压气机和涡轮物理转速相等，功率平衡；② 尾喷管达到临界点后，发动机的流量将受到限制，环境压力改变，不会影响发动机的流量；③ 在忽略冷却气体、引气的情况下，各截面的空气流量保持相等。发动机的共同工作有些类似工业上的生产线，原材料是空气，每个部件都会与空气接触，并发生作用，在各部件的依次作用下，最后的产品就是高温、高速的燃气，排出发动机，为发动机提供推力或者转化为功率。

什么是发动机共同工作点？在压气机通用特性图（见图 1.1）中标注出的，发动机处于稳定状态时，流量、转速和压气机增压比三者之间的关系。特性图上 A、B、C、D 这四个点都是发动机共同工作点。

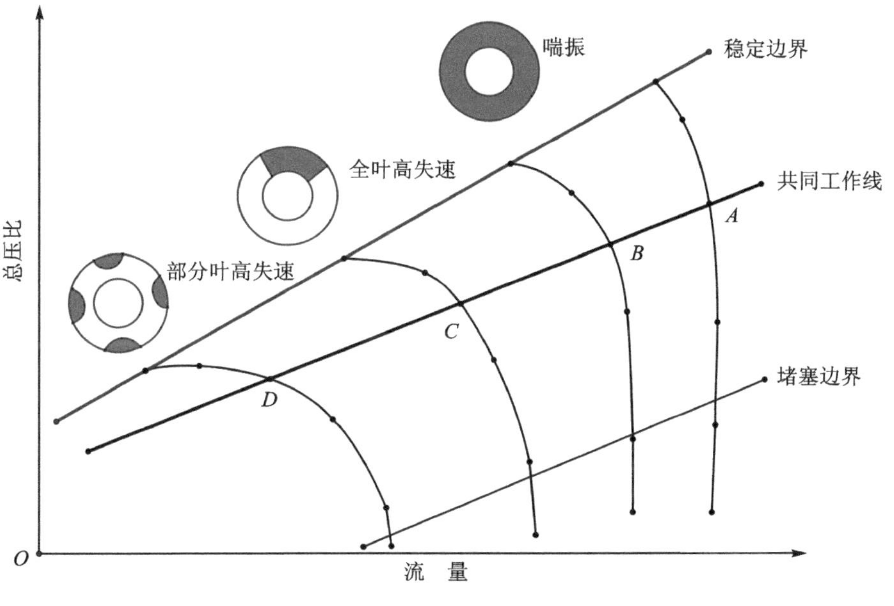

图 1.1　压气机通用特性图

通用特性图指的是特性图中用相似参数表示压气机特性，横坐标是相似流量、折合流量或者流量函数，等转速线用的是相似转速或者折合转速，此时，压气机特性图不会随进气条件的变化而变化。将共同工作点连成一条线构成共同工作线，比如图 1.1 中 A、B、C、D 这四个点的连接线就是共同工作线。共同工作线的下方有一条堵塞边界，上方有一条稳定边界，也可以按照行业习惯，称为喘振边界。

当压气机转速保持不变时，随着流量的降低，最初的工作点都是稳定的，总压比相应地逐渐增加，效率维持在较高的水平，压气机内部流场也正常，没有出现明显的、大范围的流动分离。当工作点到达稳定边界后，再稍微减小流量，压气机工作点将发生较大幅度的改变，总压比会较大幅度减小，流量也会发生变化，同时流场出现明显的、大范围的流动分离，气流流动呈现强烈的非定常现象，我们称其为压气机进入不稳定工作状态。根据流场的表现形式，研究人员一般将压气机可能出现的不稳定流动状态分为两种：旋转失速和喘振。一般而言，喘振发生在高转速附近，旋转失速发生在中低转速。

共同工作线表示了不同转速下发动机进气道—压气机—燃烧室—涡轮—尾喷管共同工作状态。共同工作线和稳定边界反映了发动机工作离压气机喘振边界的远近程度，直观地表征了发动机稳定裕度。共同工作线与喘振边界之间的空间范围就是工作点和喘振边界允许波动的范围，在这个区域内波动，只要工作点不越过喘振边界，发动机就始终能稳定工作。

1.2　旋转失速和喘振

旋转失速和喘振会导致发动机推力下降、耗油率增加，甚至发动机停车、机械损失，威胁飞行安全。因此，民用航空发动机适航认证条款的第 33.65 条对发动机的喘振和失速特性进行了专门的规定，即在发动机工作包线内的任何一点上，起动、功率或推力的变化，功率的增大或推力的加力，极限的进气畸变或进气温度，不得引起喘振或失速，以及达到熄火、结构失效、超温及发动机功率或推力不能恢复的程度。

图 1.2 显示了发动机喘振以后在飞行过程中的一些表现和造成的破坏。发动机喘振后，由于气流存在低速区，且低速区沿着发动机轴向来回振荡，又由于燃油流量一定，当气流的低速区传递至燃烧室时，燃烧室处于富油状态，发动机会出现喷火现象。从图中可以看出，在飞机起飞、飞行过程中发动机都有可能发生喘振。旋转失速和喘振都会造成叶片断裂，这是非常危险的。因此，我们在实际应用中，应尽量避免发动机进入旋转失速或喘振状态。

压气机有两种失速：一种是简单的叶片失速，另一种是旋转失速。根据叶栅正常特性可知，随着攻角的增加，气流转折角逐渐上升，到达一个峰值后，会快速下降，此时损失急剧增加。一般，我们将气流转折角等于峰值时的攻角称为临界攻角，攻角大

图 1.2　发动机喘振的表现和危害

于临界攻角后，就会发生叶片失速。这种叶片失速的发生需要保证叶栅的叶型几何参数完全一样，来流均匀分布，随着攻角上升，所有叶型同时越过临界攻角，进入叶片失速状态。叶片失速是叶型升力和叶栅静压升不断上升的结束，是吸力面附面层分离的结果。叶片失速与外流机翼的失速是类似的。对于叶栅而言，当栅距足够大时，单个叶型的气动性能和机翼是一样的。

压气机的另一种失速是旋转失速，压气机在实际工作过程中出现的失速都属于这一种。旋转失速具有一些典型的流动特征：① 各叶片并非同时失速，同一时刻，只有若干个叶片处于失速状态，有些叶片是正常工作的；② 产生若干覆盖少数叶片的失速团，失速团的个数可能是一个，也有可能是多个，每个失速团的范围也不一定，但是基本上超过一个叶栅通道，覆盖多个叶栅通道；③ 失速团以低于转子转速的速度沿转子的转动方向旋转，因此在绝对坐标系下，失速团的旋转方向与转子转动方向相同，在相对坐标系下，失速团与转子转动方向相反。所以，无论是在工作轮还是整流器，气流都呈现强烈的周期性波动，任何一个空间位置的气动参数都会有非定常的变化。

下面介绍由 Emmons 提出的著名的压气机旋转失速机理。由于叶片加工误差，某个叶片的安装角可能略大一些，或者叶型的型面几何略有不同等。此外，进入某个或某一组叶片的进气角略微不同于其他叶片也可能触发某一个或某几个叶片首先失速。如图 1.3 所示，叶片 A 的攻角大于其他叶片，叶片 A 首先失速，出现大范围附面层分离，由于失速对 A、C 叶栅通道的堵塞作用，使得进口气流向该叶片的两侧通道偏转。随着失速的加剧，叶栅通道的堵塞越来越严重。叶排进口流线的偏转减小了前方叶片 B 的进气攻角，同时增大了后方（转子旋转的相反方向）叶片 C 的进气攻角。后方叶片 C 将成为下一个失速叶片。在此情况下，原先的失速叶片将位于失速团的小进气攻角一侧，并受此影响退出失速状态，从而导致了失速团在相对坐标系中沿转子旋转相反方向的传递。在绝对坐标系下，失速团周向传播速度为10%～90%转子转速，一般，单个失速团范围越小，传播速度越快。

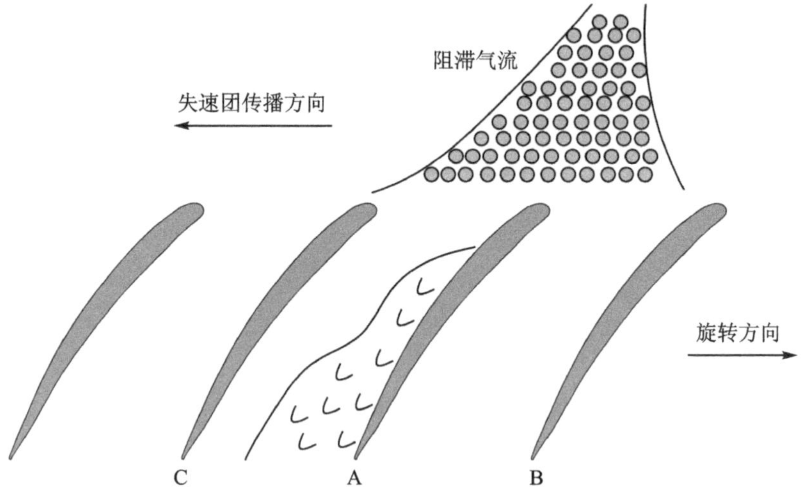

图 1.3　Emmons 旋转失速产生理论

旋转失速可以分成不同的类型。从特性线的变化特征看，旋转失速分为突变型失速和渐进型失速。突变型失速是指压气机在由稳定边界向不稳定工况转变的过程中，总压比和流量会突然较大幅度降低，导致压气机性能突变。渐进型失速是指压气机在由稳定边界向不稳定工况转变的过程中，总压比和流量缓慢降低，压气机性能没有突变，而是缓慢变化。突变型失速一般呈现单个失速团的全叶高失速，渐进型失速一般对应多个失速团的部分叶高失速。对于渐进型失速，随着流量的继续减小，总压比持续降低，失速团的个数和范围都会变化。

旋转失速有一个特点，存在滞后性。什么是滞后性？压气机进入旋转失速状态的流量通常小于其退出旋转失速状态的流量。如图1.4所示，*B*点是该压气机特性线的稳定边界点，在*B*点位置稍微减小流量，工作点进入失速区域；在工作点*C*，其总压比和流量表征了压气机失速特性的一个状态。旋转失速发生后，虽然压气机内部流场是强烈非均匀的，但在进出口背压一定的情况下，工作点在总压比-流量特性图上是一个固定点，即此时压气机的流量和压升能力是不变的，不会周期性改变。可以用总体性能稳定、局部流场不稳定来表征旋转失速的特征。失速后，我们可以通过增加阀门开度的方法，使压气机退出失速状态。打开阀门使之能够通过更多的流量，随着阀门开度增加，工作点从*C*点逐渐移动至*D*点，*C*点到*D*点的区域都是压气机失稳区域，是压气机的失速特性线。在*D*点继续稍微增加一些阀门开度，工作点突变至*E*点，压气机恢复至稳定状态。*BCDE*四个点围成的区域就是压气机的迟滞区域。迟滞区域的大小会影响压气机退出旋转失速的难易程度，有时候迟滞区域过大，可能会导致压气机无法通过增加阀门开度的方法退出旋转失速，这称为“不可恢复性失速”。当这种现象在飞机飞行过程中发生时，必须将发动机停车，重新启动，所以一般出现这种情况是很危险的。

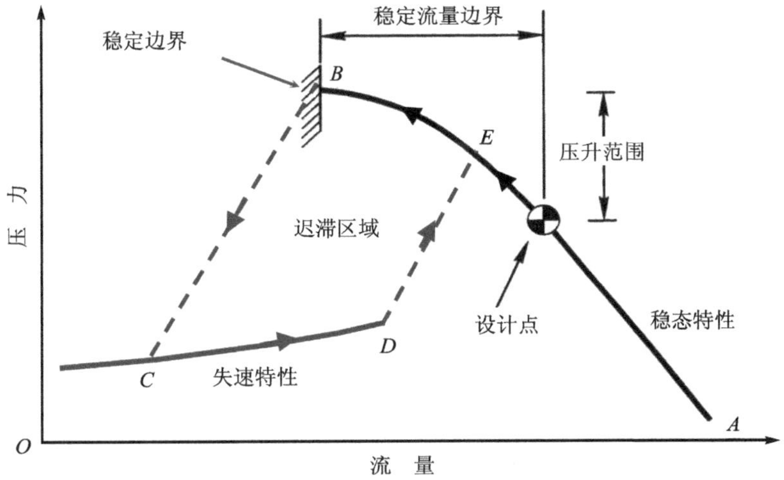

图 1.4　旋转失速的迟滞现象

喘振是由压气机及其进、出口管道和下游节流装置等构成的，以整个压缩系统的一种气流中断（或严重减速）为特征的不稳定流态。它有以下特点：流量和出口压力等呈现低频和轴向的振荡；压缩系统瞬时工作点的轨迹形成一个封闭的环，且部分与压气机的右支稳态特性重合；根据是否出现倒流可分为经典喘振和深度喘振；喘振的退出不存在滞后现象。

产生喘振的主要原因是，风扇/压气机无法有效增压，气体流不动，流量减小甚至后方高压气体倒流；燃烧室、尾喷管等容腔压力变化小，容腔压力降低，流通能力改善，流量增加，压比减小；风扇/压气机提供的压升大于尾喷管的压降，流量迅速增大，流量过大，后方压力大，流量又逐渐减小，如此不断反复，形成发动机整体喘振。

1.3　降稳因子

凡是在制造、安装、操纵、使用中引起发动机稳定裕度下降的因素均称为降稳因子。有的降稳因子使发动机共同工作线提高，有的降稳因子使压气机的喘振边界下降，而有的降稳因子的影响两者兼而有之。影响发动机稳定工作的降稳因子分为以下四类：

① 发动机进口外部气流扰动；

② 发动机内部扰动；

③ 在公差范围内的生产偏差；

④ 不能再现的其他因素。

各类降稳因子及其引起的局部需用稳定裕度符号定义如表1.1所列。

表1.1 发动机降稳因子一览表

序号	类型	降稳因子	符号
1	外部降稳因子	压力畸变	ΔSM_W
2		温度畸变	ΔSM_T
3		冲击波	ΔSM_{SHO}
4		阵风	ΔSM_{win}
5		雷诺数	ΔSM_{Re}
6	内部降稳因子	主燃烧室脉动燃烧压力波动	ΔSM_B
7		加力燃烧室脉动燃烧压力波动	ΔSM_{AB}
8		发动机过渡态	ΔSM_{PLA}
9		发动机附加引气	ΔSM_{blc}
10		附件功率提取	ΔSM_{acc}
11		高度/速度变化	$\Delta SM_{H/M}$
12	发动机生产、加工和控制系统调节偏差	发动机零、部件生产误差	ΔSM_{manu}
13	其他恶化发动机气动稳定性的因素	过渡态非定常热影响	$\Delta SM_{PLA,HT}$
14		发动机老化	ΔSM_{dcr}
15		其他不可再现的因素	ΔSM_{nd}

在发动机研制的每一阶段，都要提交在所有评定状态下都有足够稳定裕度的文件。而这些文件中的稳定性评定结果，是在假定发动机自动控制系统工作正常（在技术条件范围内）和外部扰动值不超过推荐值，或者不超过发动机和飞行器研制单位商定的规定值的前提下获得的。

1.3.1 进气压力畸变

飞机设计时，是按照水平飞行设计的。因此，进气道也是按照飞机水平飞行设计的，此时，气流会顺畅地通过进气道，一般不会出现附面层分离，但是当飞机大攻角起飞时，进气道因进口攻角过大，容易出现附面层分离，分离区向下游传播至压气机进口，在压气机进口形成压力且分布不均匀。

压力分布不均匀是发动机进口流场畸变的一种典型形式。流场畸变是指风扇/压气机进口流场参数分布不均匀，周向或者径向存在局部的低总压区域或者高总温区域。流场畸变的英文为 Inlet flow distortion，是一个贬义词。风扇/压气机设计时假设进口流场是均匀分布的，并没有考虑流场畸变带来的影响。因此，当风扇/压气机遭遇流场畸变时，一般会出现性能下降、流场变差、流动损失增加、稳定裕度减小等现象。流场畸变可以分成很多类，按照畸变气流参数分类，可以分为：总压畸变，总温畸变，总压、总温组合畸变，气体成分畸变，气体方向畸变。

在未来空战中，随着雷达、导弹技术的进步，超视距攻击将成为主要的攻击形式，但不可避免的是仍有 30%以上的空战会进入近距格斗空战。而飞机具有良好的机动性能是确保近距格斗空战胜利的关键。因此，未来战斗机具有较好的机动性能，甚至具备过失速机动仍然是十分重要的。

飞机的过失速机动是一种非常规机动动作，也称为“超机动”。它是指当飞机实际迎角超过失速迎角时，在飞行速度很小的状态下，飞机还能处于受控状态，仍能按照有关操纵指令，迅速改变飞行速度矢量和机头指向的一种战术机动。这种过失速机动不需要很大的机动过载，因此有利于快速发射和回避格斗导弹，有效攻击敌机和保护自己。过失速机动的内涵是：驾驶员拉杆使飞机由常规飞行状态以高俯仰速率做大角度跃升，使其迎角迅速达到 30°～40°的失速迎角，并在减速过程中使迎角增大到 70°左右，此时驾驶员还能正常操纵飞机绕速度矢量轴滚转或偏航，以便获得快速机头转向或快速机身瞄准能力，随后推杆减小迎角退出失速，转为俯冲增速恢复到常规飞行状态。

飞机在俯仰、偏航和滚转三个通道应具有足够的操纵能力，在马赫数降低到 0.1、迎角达到 70°时仍能保持较高的操纵效率，为此需要采用推力矢量控制技术，并且选用推重比大于 1.2 的高性能发动机。美国的第四代战机 F－22、法国的“阵风”、俄罗斯的苏－35 等新式战斗机在设计之初都非常重视过失速机动设计，并拥有较强的超机动能力，其中典型战机 F－22 已经达到迎角 60°以上的超机动实战能力。

飞机在超机动飞行时，虽然速度比较低，但是由于迎角过大，导致进气道严重偏离其设计状态，在进气道唇口形成大范围的附面层分离，由此产生的恶劣的进气压力畸变极大地威胁着发动机的稳定工作状态。因此，确保发动机稳定工作是实现高机动飞行的必要条件。

“眼镜蛇”机动是一种著名的过失速机动动作。1989 年 6 月，在巴黎航展上，苏联著名试飞员普加乔夫第一次在全世界面前表演了“眼镜蛇”机动。战斗机在机动过程中，飞行员快速向后拉杆使机头上仰至 110°～120°，形成短暂的机尾在前、机头在后的平飞状态，然后推杆压机头，再恢复到原来水平飞行状态。“落叶飘”机动，也就是常说的零半径转弯机动，学术界称为无半径下降转弯超机动。

J－10B 在 2018 年珠海航展上做出垂直上升“眼镜蛇”和“落叶飘”超机动，如图 1.5 所示，充分表明了我国矢量发动机已研制成功，体现了我国在航空发动机矢量推力、性能和气动稳定性上都取得了很大进步，具有与国外比肩的能力。

(a) “眼镜蛇”机动

(b) “落叶飘”机动

图 1.5 造成进气压力畸变的主要原因

1.3.2 进气温度畸变

发动机进口温度不均匀分布、局部存在高温区，以及高温区的快速变化等都会引起发动机稳定裕度减小，导致发动机失稳。另外，与空气比热比及气体常数不同的均匀外来气体，即使温度与空气相同，但由于声速不同，也会导致发动机失稳。例如：外来气体可能的来源有编队飞行中其他飞机排出的燃气、武器发射的烟火（见图 1.6）、弹射的蒸汽及喷射废气的回流等。

(a) 武器发射

(b) 舰载机蒸汽弹射起飞

图 1.6　造成进气温度畸变的主要原因

1.3.3　旋流畸变

在现代战争中，随着远程探测技术和精确制导攻击武器的发展，战场环境日益复杂而恶劣，强的隐身能力提高了战斗机的生存能力、防御打击能力和突破能力，其为“先敌发现，先敌开火”创造了有利条件。由于隐身作战飞机的隐身能力强，作战时可以在未被敌人的空中飞机或地面雷达系统发现的情况下，通过自身传感器或其他传感器平台发现和锁定目标，率先对敌开火；当发射导弹命中目标后，飞机转而搜索和攻击剩下的目标，提高作战能力。美国已将隐身能力作为下一代飞机进一步提高作战优势和生存能力的重点发展方向。

现代先进飞机实现隐身的途径有多种，主要包括无源隐身技术、有源隐身技术、利用地形地物隐身、利用天气现象隐身等。而未来作战飞机容易被探测到的两个主要原因是：① 热成像技术的飞速发展；② 红外侦查和探测技术的进步。

因此，未来作战飞机将主要发展以通过抑制红外辐射等特征信号来逃避对方的机载或地面雷达探测的无源隐身技术。红外隐身技术是为了减小飞机的各种红外特征(主要是发动机热端部件及尾喷流、发射导弹的尾喷流等),使敌方探测设备难以发现或使其探测能力降低的一项综合性技术。

强调战机的隐身性能势必会带来进气道结构形式的多样化、复杂化,目前比较典型的进气道形式如S弯进气道(见图1.7)、蛇形进气道(见图1.8)、埋入式进气道等,上述进气道比常规进气道结构更加复杂,流动损失更大,气流不均匀度及紊流脉动强度更剧烈。除此之外,旋流畸变也是不可忽视并亟须解决的问题,由此给发动机带来更加恶劣的进气条件,给发动机气动稳定性带来前所未有的挑战。

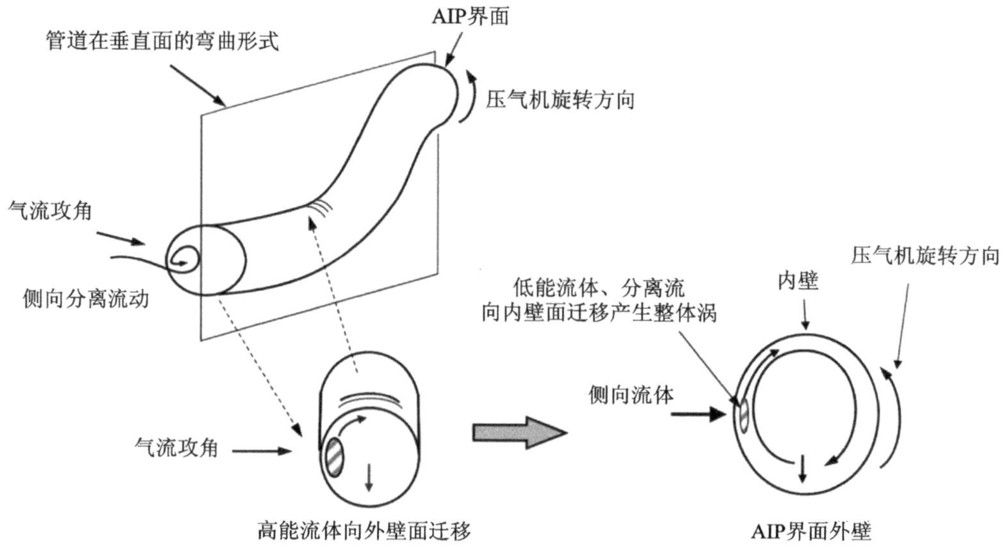

图1.7 造成旋流畸变的主要原因——S弯进气道

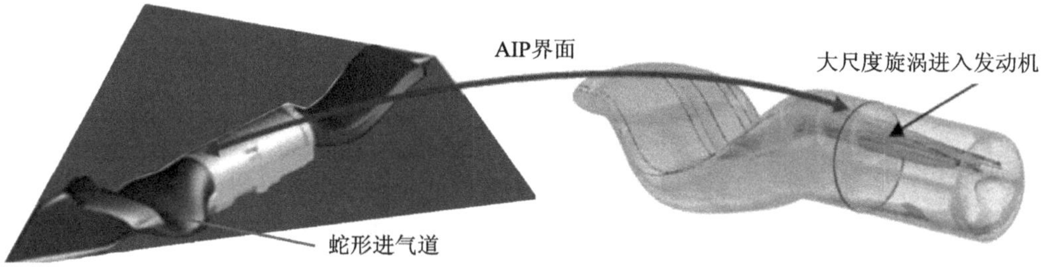

图1.8 造成旋流畸变的主要原因——蛇形进气道

与设计状态均匀进气不同,旋流畸变是指在压气机进口存在气流角畸变,可以用涡来表示,分为整体涡、对涡、局部涡等多种类型。20世纪70年代末,英、德、意三国联合研制的"狂风"战斗机在进行原型机试飞试验时,亚声速大攻角飞行时出现左侧发动机喘振;超声速飞行时出现右侧发动机喘振。经研究发现,该款战斗机采用了S弯进气道,配备的两台RB199发动机都不带进口导向器,这两个因素造成战斗机易在发动机进口产生旋流畸变且发动机的抗旋流畸变能力很差(见图 1.9)。在大攻角飞行时,进气道下支板分离,在左侧发动机进口形成反向整体涡,在右侧发动机进口形成同向整体涡,反向整体涡使风扇进口气流攻角增大,导致左侧发动机喘振。在超声速飞行时,进气道上支板分离,在右侧发动机进口形成反向整体涡,导致右侧发动机喘振。由此,欧美国家开始重视发动机进口旋流畸变问题。

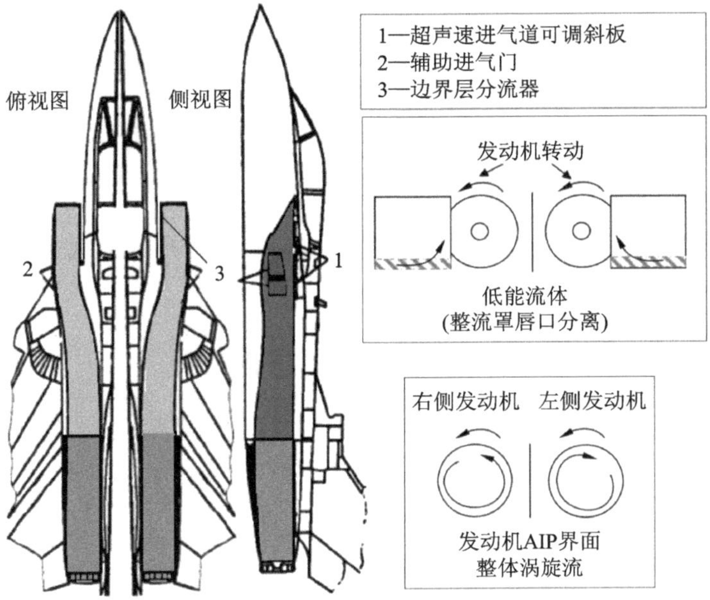

图 1.9　“狂风”战斗机旋流畸变

1.3.4　低雷诺数

在流体力学中,雷诺数是流体惯性力与黏滞力比值的量度,是一个无量纲数。当雷诺数较小时,黏滞力对流场的影响大于惯性力,流场中流速的扰动会因黏滞力而衰减,流体流动稳定,为层流;反之,当雷诺数较大时,惯性力对流场的影响大于黏滞力,流体流动较不稳定,流速的微小变化容易发展、增强,形成紊乱、不规则的紊流流场。

雷诺数是发动机气动稳定性的重要准则参数之一。通常,航空发动机风扇/压气机的工作雷诺数大于其临界值,处于自模化区。然而,风扇/压气机的工作雷诺数随着飞行高度的增加而逐渐减小,当飞行高度很高时,雷诺数已不能满足自模化的条件,如:标准大气状态下在 20 000 m 高空,雷诺数只有地面的十几分之一,此时必须考虑雷诺数对风扇/压气机特性和稳定性的影响。因此,一般飞行高度在 10 000 m 以上的飞行器需要考虑低雷诺数的影响(见图 1.10)。

图 1.10 造成低雷诺数的主要原因——高空低马赫数飞行

1.4 稳定裕度

稳定裕度 SM(Stall Margin)计算方法主要有两种。第一种稳定裕度是根据等折合转速条件下的稳定边界点参数$(\pi_c/W_{a,c})_{Su,o}$和工作点参数$(\pi_c/W_{a,c})_{o,o}$定义的(如图 1.11 所示),其表达式为

$$SM=\left[\frac{(\pi_c/W_{a,c})_{Su,o}-(\pi_c/W_{a,c})_{o,o}}{(\pi_c/W_{a,c})_{o,o}}\right]_{n_{c,c}=\text{const}}\times 100\% \tag{1.1}$$

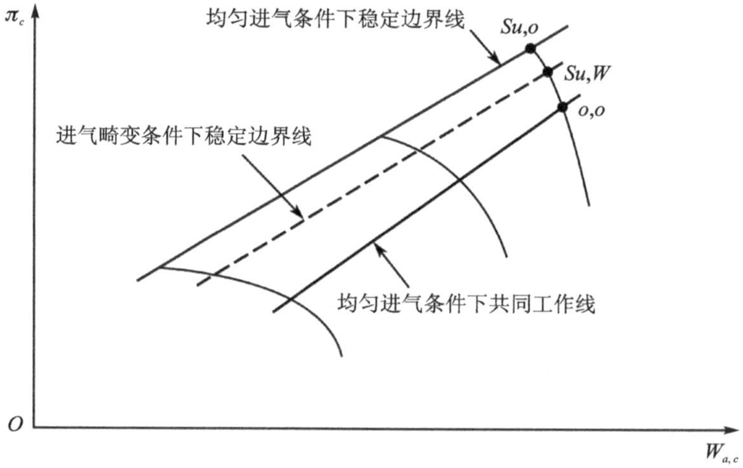

图 1.11 俄罗斯规范的稳定裕度定义

美国规范是以发动机压缩部件进口等折合流量定义的,如图 1.12 所示。

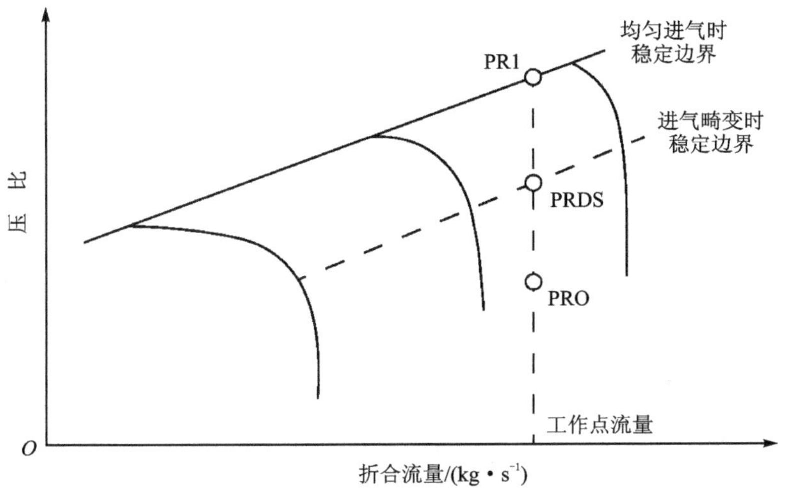

图 1.12　美国采用的稳定裕度

第二种稳定裕度是在等折合流量条件下，利用稳定边界压比 PR1 和工作点压比 PRO，定义稳定裕度 SM，计算公式如下：

$$SM = \frac{PR1 - PRO}{PRO} \times 100\% \tag{1.2}$$

1.5　防喘和消喘措施

发动机失稳状态实际上包括旋转失速和喘振，但是按照行业习惯，经常用喘振来统一称呼。喘振是气流沿压气机轴线方向发生的低频率、高振幅的振荡现象，扰动强度很大。低强度的喘振可能听不到声音，但强烈的喘振会发出低沉的声音，甚至导致发动机停车。

通常，发动机喘振的表现形式为：① 发动机的声音由尖锐突然变为低沉；② 发动机机械振动加剧；③ 压气机出口的压力和流量呈现大幅度波动；④ 发动机转速变得不稳定，推力突然明显下降，并大幅度波动；⑤ 发动机排气温度大幅升高，容易造成超温；⑥ 严重时会发生放炮、喷火，甚至使气流中断，导致发动机停车。

要实现发动机防喘，就得从根本上延迟或者消除喘振现象的出现，从流动机理上看，喘振的发生来源于流动分离，只要使压气机在非设计状态下保持与压气机几何形状相适应的速度三角形，并使速度三角形维持在设计状态附近或相似，使攻角不至于过大或过小，喘振就很难发生。影响气流攻角的因素有气流进口速度在发动机轴向上的分量、周向上的分量，以及压气机转速。防喘的措施有：① 压气机中间级放气；② 可调导向器叶片和静子叶片；③ 双转子或者三转子结构。

多级压气机的喘振常表现为前喘后涡，即前几级的正攻角过大，且后几级的负攻角过大。在压气机的中间级安装放气活门，有利于压气机在中低转速下稳定工作。当活门打开时，多了一条排气通道，使进气量增大，前几级空气流量增大，轴向速度增加，改变相对速度的方向，正攻角减小；后几级的空气流量减小，轴向速度减小，使后几级的负攻角减小，通过调节前后各级叶片的气流攻角，抑制大的正攻角和负攻角的出现，从而达到防喘的目的。

压气机进气导向器叶片的安装角可以随着流过压气机空气流量的变化而相应地改变，使转子叶片进口处相对速度的方向保持不变，则相对速度进口角保持不变，攻角也将保持不变，从而达到防喘的目的。

民用航空发动机为提高使用安全性，会采用防喘消除措施，如 CFM56－5C（见图 1.13）、JT9D（见图 1.14）等。

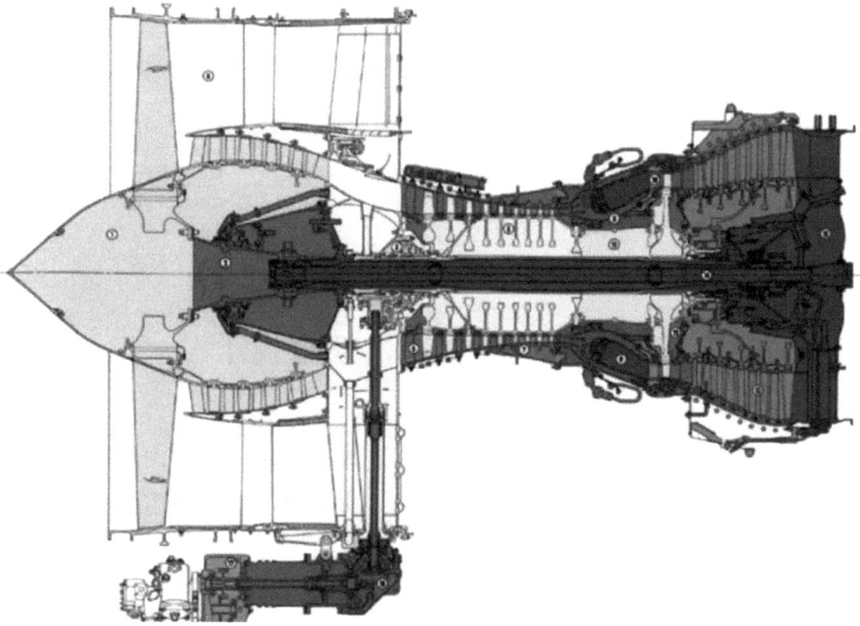

图 1.13　CFM56－5C 发动机

CFM56－5C 发动机利用该原理，设计了可调节高压压气机进口导向叶片及高压压气机前三级静子叶片 VSV（Variable Stator Vane）系统。电子控制单元 ECU（Electronic Control Unit）接收发动机 N2 信号与 T25 信号，根据发动机工况调节 VSV 角度进行防喘。发动机左右两侧各安装有一个 VSV 作动器。当 ECU 监控到需要对 VSV 角度进行调节时，会发出指令到液压机械组件 HMU（HydroMechanical Unit），HMU 输出伺服燃油液压能，通过 VSV 扭矩马达为 VSV 作动器供压，推动 VSV 作动器活塞，带动 VSV 作动器输出轴伸出或收回。输出轴带动连杆，驱动 VSV 作动环，调节压气机进口导向叶片与压气机静子叶片的角度。VSV 系统中安装有线性可变差动变压器 LVDT(Linear Variable Differential Transformer),可将叶片角度值反馈给 ECU。

图 1.14　JT9D 发动机

CFM56－5C 发动机还设计有 VBV(Variable Bleed Valve)系统,其工作原理为:HMU 提供伺服燃油驱动燃油齿轮电动机转动,通过输出轴驱动 VBV 作动器,带动 VBV 软轴转动,控制 VBV 活门开关角度。每台发动机有 12 个放气活门,各活门通过柔性软轴连接,联动作动,统一控制各活门的开关角度。VBV 止动机构决定活门的极限位置,且控制伺服电动机的输出转速,使其达到需求值。旋转可变差动变压器 RVDT(Rotary Variable Differential Transformer)可将 VBV 活门位置信号反馈给 ECU。T12、T25 等温度传感器、PS3 等压力传感器监控发动机各参数,反馈至 ECU,使其对 VBV 系统进行自动控制。当 ECU 判断发动机有喘振征兆时,会发出指令使各部件作动,驱动 VBV 活门打开,释放高压压气机中的气体。在喘振征兆消除后,ECU 发出指令使 VBV 活门关闭。

JT9D 发动机在高压压气机第 4、5 级有放气装置,启动放气子系统的作用是提高发动机的起动特性和防止压气机喘振的发生,前后放气子系统的作用是防止压气机喘振,反推放气系统的作用是反推打开时第 4、5 级放气阀以确保压气机稳定工作。

JT9D 发动机高压压气机第 1 级进口导向器叶片和第 5、6、7 级的静子叶片均是安装角可调的。可调静子叶片角度由 EVBC 控制,位置的确定以高压压气机进口总压、静压为基础,叶片完全打开时角度为 7°,叶片完全关闭时为－36°。

第 2 章
航空发动机气动稳定性评估内容

在航空发动机全寿命周期内均需要评估其气动稳定性。稳定性评估关注的内容包括需要评估的工作状态，评估的内容，评估采用的技术手段，评估结果如何准确反映航空发动机气动稳定性。本章主要介绍航空发动机工作包线，特别关注稳定性评定工作状态，在典型研制阶段中需要评估的内容，以及目前所能够采取的方法。

2.1 航空发动机工作包线

航空发动机工作包线如图 2.1 所示，存在着最小飞行速度、最大飞行高度、最大飞行速度。

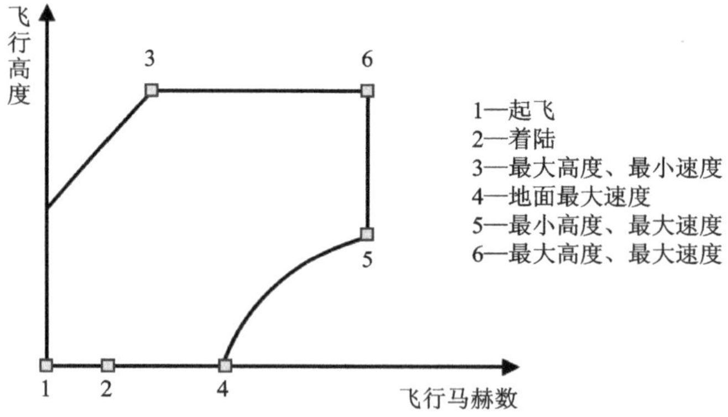

图 2.1 典型飞行包线及稳定性评定状态点

1. 最小飞行速度

最小飞行速度是指飞机能维持平稳飞行的最小速度。飞机机翼产生的升力与飞行速度的平方成正比，速度越快升力越大，速度越慢升力越小，当升力与飞机重力相等时，飞机能够保持平飞。所以，最小飞行速度也就等价于在最大升力系数时，升力能够与重力相平衡的最小速度。此外，升力还与空气密度成正比，随着高度升高，空气密度下降，最小速度也随之上升。

2. 最大飞行速度

最大飞行速度是指飞机能维持安全飞行的最大速度。速压与飞机结构强度是决定最大速度的因素。速压的简单理解就是飞机推开空气前进时，飞机结构受到的反作用力，这个力与空气密度成反比，与速度的平方成正比，因此在低空飞行时，飞行速度主要受速压限制，不可超过飞机结构强度允许的最大值。随着高度上升，空气密度下降，速压限制随之提高。另外，在对流层，随着飞行高度上升，由于温度降低，声速减小，相同的速度马赫数逐渐增加。

3. 最大飞行高度

最小速度随高度递增，最大速度随高度递减，最终它们会在某个高度相连，这个高度就是最大飞行高度或升限。

最大飞行高度代表的物理意义就是，当发动机达到当前最大推力时，飞行速度不可能进一步提升，飞机所能获得的最大升力已经不可能超过飞机当前的质量了，因此飞机无法继续爬升。

但实际飞行中，一方面由于发动机剩余推力有限，爬升得非常慢，飞机可能在达到警戒油量时还无法爬升到理论升限；另一方面，飞行员可以采取爬升—俯冲加速—冲刺爬升的波浪形曲线进行跃升，此时虽然飞机不能在超越理论升限以上平稳飞行，但瞬间高度还是可以超过升限的。

2.2　评估状态

发动机使用范围的上边界是折合转速最大值（$n_{cor,max}$），在大多数发动机上都有专用装置来限制该最大折合转速。考虑到发动机实际进气滞止温度的最小变化是由所处纬度高空条件下大气温度的季节变化和经度变化，以及各种用途飞行器最小表速的差别决定的，最大相对折合转速 $\bar{n}_{cor,max}=n_{cor,max}/n_{cor,d}$ 可在 1.09～1.16 范围内变动。在发动机规定的稳定工作状态和过渡工作状态（包括无加力和有加力情况）下，都应保证 $\bar{n}_{cor,max}$ 下的稳定裕度。

发动机使用范围的下边界所对应的地面静止或飞行器着陆状态，取决于预期最高大气温度下地面慢车工作状态的折合转速。发动机技术条件规定，只有当发动机可能节流到飞行慢车状态时，飞行慢车状态折合转速的最小值才属于评定范围。

发动机折合转速的某些中间值也包括在评定状态之列，这些中间值或者均匀分布在整个使用范围内，或者按特征(例如压气机调节机构起始状态)来选定。

发动机的使用范围用高度(H)-速度(Ma)坐标系来表示。

该范围受到以下限制：左边界——最小机动飞行速度；上边界——发动机最大推力；右边界——由飞行器操纵性或强度决定的最大飞行速度。这些边界的位置和形状对不同的飞行器可能有很大的变化。

推荐以下列特征的使用条件和状态作为稳定性评定的典型使用条件和状态：

(1) 工况1——起飞状态($H=0,Ma=0$)

① 发动机进气气流不均匀度和脉动很大，特别是采用短超声进气道和有侧风时；

② 没有足够的起飞调节机构的进气道内损失最大，且喷管在亚临界状态时压气机的压缩量最大；

③ 冷起动时，发动机受非定常热扰动影响。

(2) 工况2——着陆状态($H=0,Ma\leqslant 0.3$)

① 发动机进口的压力畸变可能增大，这是使用飞行器着陆机构引起的；

② 温度畸变和压力脉动可能增大，这是采用反推力装置或短距离/垂直起落飞机着陆时，排出的燃气回流引起的；

③ 当飞行器需要复飞时，发动机快速加速(最小加速时间)，发动机调节机构的位置也不同于起飞时的位置。

(3) 工况3——最大高度、最小飞行速度(H_{max},Ma_{min})

① 雷诺数最小，可能低于压气机和涡轮的自模化雷诺数；

② 空气密度小，导致附件需用功率的相对份额增加，结果使涡轮后温度上升，相应地提高$(\pi_C^*/G_{nmp})_p$；

③ 发动机前气流不均匀度最大，这是飞行器以极限攻角和侧滑角飞行造成的。

在发动机研制的早期阶段，若还没有上述飞行高度和速度的信息，则可采用飞行状态 $H=15$ km，$Ma=0.75$，$V=350$ km/h 作为特征飞行状态。

(4) 工况4——地面、最大飞行速度($H=0,q_{max}$)

发动机的绝对燃油消耗量最大(由于空气密度最大)，在加力加速过程中，发动机外涵道内可能出现压力扰动。

(5) 工况5——最小高度、最大飞行速度($H_{min}(q_{max}),Ma_{max}$)

发动机有剩余推力，可以实现加力加速或关掉加力。

(6) 工况6——最大高度、最大飞行速度($H_{max}(q_{max}),Ma_{max}$)

在稳定飞行状态下，进气道扰动值通常很大，这是由于飞行器需要以最大攻角飞行的结果。

2.3 评估内容

2.3.1 方案阶段

方案阶段是发动机整个研制周期的开始，是制定总体方案、确定结构布局、分配技术指标的阶段。在该阶段进行稳定性评定，目的是初步分析和评估压缩部件的需用稳定裕度，并以此作为其可用稳定裕度指标，指导后续阶段的研制。

方案阶段发动机稳定性评定的主要内容包括：

① 在飞机的飞行包线范围内，选取需要进行发动机稳定性评定的工况。

发动机稳定性评定的典型工况由飞机和发动机承制双方协商确定，一般情况下，主要包括飞行包线上的 6 个边界点。在不同的评定工况下，影响发动机稳定性的主要降稳因子的种类是不同的，而且各项降稳因子的局部需用稳定裕度的值也可能不同。

② 根据各项降稳因子的局部需用稳定裕度的统计规范值，初步估算发动机在各评定工况下的总需用稳定裕度。

由于在方案阶段缺乏进气道和发动机的设计与试验数据，因此稳定性评定主要采用统计方法。基于长期积累、总结的数据和经验制定各项降稳因子的局部需用稳定裕度的统计规范值，据此开展稳定性评定，个别项只能简化评估甚至无须评估，如表 2.1 所列。

表 2.1 发动机不同研制阶段需用稳定裕度确定方法

局部需用稳定裕度	方案阶段	工程设计阶段	试制调试阶段			
			Ⅰ	Ⅱ	Ⅲ	Ⅳ
			台架试车	台架试车和飞行试验（开始）	台架试车和飞行试验（主要的）	
ΔSM_W	统计值	计算确定 α_W 和 W 预期值	试验确定 α_W 和 W 预期值	试验确定 α_W 和 W 实际值	试验确定 α_W 和修正后的 W 实际值	试验确定 α_W 和修正后的 W 实际值
ΔSM_T	统计值	计算确定 α_T 和 δT 预期值	计算确定 α_T 和 δT 预期值	试验确定 α_T 和 δT 预期值	试验确定 α_T 和 δT 实际值	试验确定 α_T 和 δT 实际值
$\Delta SM_{W,T}$	统计值	计算确定 $\alpha_{W,T}$	试验确定 $\alpha_{W,T}$	试验确定 $\alpha_{W,T}$	试验确定 $\alpha_{W,T}$	试验确定 $\alpha_{W,T}$
ΔSM_{SW}	统计值	计算值或试验值	计算值或试验值	计算值或试验值	计算值或试验值	计算值或试验值
ΔSM_{SHO}	统计值	计算值	计算值	计算值	计算值或试验值	计算值或试验值
ΔSM_{win}	统计值	统计值	计算值或试验值	计算值或试验值	计算值或试验值	计算值或试验值
ΔSM_{Re}	统计值	计算值或统计值	计算值或统计值	计算值或统计值	计算值或试验值	计算值或试验值

续表 2.1

局部需用稳定裕度	方案阶段	工程设计阶段	试制调试阶段			
			Ⅰ	Ⅱ	Ⅲ	Ⅳ
			台架试车	台架试车和飞行试验(开始)	台架试车和飞行试验(主要的)	
ΔSM_{PLA}	统计值	计算值	计算值	计算值	计算值	计算值
ΔSM_{AB}	统计值或简化评估	计算值	计算值	计算值或试验值	计算值或试验值	计算值或试验值
ΔSM_{ble}	无须评估	计算值	计算值	利用部件的试验特性计算	利用部件的试验特性计算	利用部件的试验特性计算
ΔSM_{acc}	无须评估	计算值	计算值	利用部件的试验特性计算	利用部件的试验特性计算	利用部件的试验特性计算
$\Delta SM_{H/M}$	无须评估	计算值	计算值	根据飞行试验结果进行修正	根据飞行试验结果进行修正	根据飞行试验结果进行修正
ΔSM_{manu}	统计值	统计值	统计值	统计值	根据抽样检验生产稳定性的结果进行修正	根据抽样检验生产稳定性的结果进行修正
$\Delta SM_{PLA,HT}$	统计值	统计值	统计值	根据试车结果可能进行修正	根据试车结果可能进行修正	根据试车结果可能进行修正
ΔSM_{der}	统计值	统计值	统计值	统计值	统计值	统计值
ΔSM_{nd}	统计值	统计值	统计值	统计值	统计值	统计值

方案阶段发动机的总需用稳定裕度根据下式计算得到：

$$SM_{req} = \sum (\Delta SM_{gui})_i \tag{2.1}$$

式中：下角标 gui 表示通过统计规范值确定。

由表 2.1 可知，在方案阶段，对补偿附加引气和功率提取的局部需用稳定裕度 ΔSM_{ble}、ΔSM_{acc} 一般不做评估，这一方面是因为在该阶段这些影响因素不明确，难以评估；另一方面即使这些影响因素是确定的，也可以将其对稳定性的影响通过工作点加以考虑和落实。此外，在方案阶段，若无特别要求，对补偿高度/速度变化的局部需用稳定裕度 $\Delta SM_{H/M}$ 也不作评估，此时认为在高度和速度变化范围内，尾喷管始终处于超临界工作状态。

因此，结合表 2.1，方案阶段总需用稳定裕度计算时不包含 $\Delta SM_{W,T}$、ΔSM_{ble}、ΔSM_{acc} 和 $\Delta SM_{H/M}$ 这 4 项降隐因子；将其余 12 项降稳因子的局部需用稳定裕度代入式(2.1)，展开可得

$$\begin{aligned} SM_{req} = [& \Delta SM_W + \Delta SM_T + \Delta SM_{SW} + \Delta SM_{SHO} + \Delta SM_{Re} + \\ & \sqrt{\Delta SM_{win}^2 + \max(\Delta SM_{PLA}^2, \Delta SM_{AB}^2)} + \\ & \Delta SM_{manu} + \Delta SM_{PLA,HT} + \Delta SM_{der} + \Delta SM_{nd}]_{gui} \end{aligned} \tag{2.2}$$

2.3.2 工程设计阶段

工程设计阶段是根据发动机总体方案初步实现技术指标的阶段。该阶段的特点是已具备了进气道和发动机的几何参数、部件特性以及控制规律，某些降稳因子的影响已经可以通过数值计算方法来评定；但由于此时对飞机预期使用条件的了解是粗略的，某些降稳因子的局部需用稳定裕度仍需采用统计规范值确定，如表 2.1 所列。

工程设计阶段发动机稳定性评定的主要内容包括：

① 计算发动机的稳态共同工作点；

② 计算均匀进气条件下发动机整机稳定边界，并结合稳态共同工作点计算结果，确定发动机的可用稳定裕度；

③ 评定雷诺数、功率提取、附加引气和高度/速度变化等降稳因子的局部需用稳定裕度，即 ΔSM_{Re}、ΔSM_{acc}、ΔSM_{ble} 和 $\Delta SM_{H/M}$；

④ 评定进气畸变类降稳因子的局部需用稳定裕度，包括 ΔSM_W、ΔSM_T、ΔSM_{SW} 和 ΔSM_{SHO}；

⑤ 评定动态过程类降稳因子的局部需用稳定裕度，包括 ΔSM_{PLA} 和 ΔSM_{AB}；

⑥ 用计算得到的局部需用稳定裕度值替换方案阶段的统计规范值，重新评定发动机在各个评定工况下的总需用稳定裕度，并与可用稳定裕度比较，判断发动机的稳定性。

发动机在工程设计阶段的总需用稳定裕度由下式计算得到：

$$SM_{req} = \sum (\Delta SM_{gui})_i + \sum (\Delta SM_{cal})_j \tag{2.3}$$

式中：下角标 gui 表示通过统计规范值确定，cal 表示通过计算确定。

结合表 2.1，将 16 项降稳因子的局部需用稳定裕度按不同的确定方法代入式(2.3)，展开可得

$$\begin{aligned} SM_{req} = {} & [\Delta SM_{Re}]_{gui/cal} + [\Delta SM_{manu} + \Delta SM_{PLA,HT} + \Delta SM_{der} + \Delta SM_{nd}]_{gui} + \\ & [\Delta SM_W + \max(\Delta SM_T, \Delta SM_{SHO}) + \Delta SM_{W,T}\,|_{\Delta SM_{SHO}=0} + \Delta SM_{SW} + \\ & \sqrt{\Delta SM_{win}^2 + \max(\Delta SM_{PLA}^2, \Delta SM_{AB}^2)} + \Delta SM_{ble} + \Delta SM_{acc} + \Delta SM_{H/M}]_{cal} \end{aligned} \tag{2.4}$$

式中：下角标 gui/cal 表示既可以通过计算确定，也可以通过统计规范值确定。

需要注意，当压力畸变和温度畸变度同时存在时，二者对需用稳定裕度的综合影响不同于二者影响的简单叠加。据此，国军标规定在计算总需用稳定裕度时需要加入反映压力-温度组合畸变影响的 $\Delta SM_{W,T}$ 项；同时，认为飞行器在遇到冲击波时无热扰动，此时要消去 $\Delta SM_{W,T}$ 项。

对比式(2.4)和式(2.2)可见，计算发动机在工程设计阶段的总需用稳定裕度时考虑的降稳因子更全面，而且其中多项降稳因子的局部需用稳定裕度可通过计算手

段获得，不再单纯依赖统计规范值，这使得工程设计阶段的稳定性评定结果的置信度要高于方案阶段。

2.3.3 试制调试阶段

试制调试阶段的时间跨度很大，从试制出第一批发动机并开展台架试车开始，到完成发动机定型试车为止，少则几年，多则十几年。为了便于在该阶段的不同时期开展发动机稳定性评定，人为地将试制调试阶段细分为四个时期，如表 2.1 所列。这四个时期的稳定性评定内容分别是：

Ⅰ. 试制出第一批发动机(5～10 台)，在压力畸变条件下开展台架试车，为飞机首飞做准备，或进行首次试飞；

Ⅱ. 完成压力畸变条件下的台架试车，进行温度畸变条件下的台架试车，开始飞行试验(飞机以小攻角和小侧滑角飞行，不使用机载武器)；

Ⅲ. 完成发动机稳定性台架试车，在飞机的飞行包线范围内开展全科目飞行试验(包括常规飞行中禁用的攻角和侧滑角，并使用机载武器)；

Ⅳ. 准备并完成发动机定型试车，其进度与主要飞行试验大纲的进度一致。

试制调试阶段的稳定性评定以试验方法为主。发动机在该阶段的总需用稳定裕度由下式计算得到：

$$\mathrm{SM_{req}} = \sum(\Delta \mathrm{SM_{gui}})_i + \sum(\Delta \mathrm{SM_{cal}})_j + \sum(\Delta \mathrm{SM_{te}})_k \tag{2.5}$$

式中：下角标 gui 表示通过统计规范值确定，cal 表示通过计算确定，te 表示通过试验确定。

在该阶段的不同时期将式(2.5)的等号右边展开可以得到不同的表达式。随着发动机试制调试工作的逐步开展，试验内容越来越丰富，通过试验确定的局部需用稳定裕度所占的比重也越来越大，稳定性评定结果的置信度也随之提高。当第Ⅳ时期结束后，将各项降稳因子的局部需用稳定裕度代入式(2.5)并展开可得

$$\begin{aligned}\mathrm{SM_{req}} = {} & [\Delta \mathrm{SM_{manu}}]_{\mathrm{gui/te}} + [\Delta \mathrm{SM_{PLA,HT}} + \Delta \mathrm{SM_{der}} + \Delta \mathrm{SM_{nd}}]_{\mathrm{gui}} + \\ & [\Delta \mathrm{SM}_{Re} + \Delta \mathrm{SM_{AB}}]_{\mathrm{cal/te}} + [\Delta \mathrm{SM_{PLA}} + \Delta \mathrm{SM_{ble}} + \Delta \mathrm{SM_{acc}} + \Delta \mathrm{SM_{H/M}}]_{\mathrm{cal}} + \\ & [\Delta \mathrm{SM}_W + \max(\Delta \mathrm{SM}_T, \Delta \mathrm{SM_{SHO}}) + \Delta \mathrm{SM}_{W,T} + \Delta \mathrm{SM_{SW}} + \Delta \mathrm{SM_{win}}]_{\mathrm{te}}\end{aligned} \tag{2.6}$$

综上所述，在 16 项降稳因子的局部需用稳定裕度中，以目前的认识水平和研究能力来看，$\Delta \mathrm{SM}_W$、$\Delta \mathrm{SM}_T$、$\Delta \mathrm{SM_{SW}}$、$\Delta \mathrm{SM_{SHO}}$、$\Delta \mathrm{SM_{ble}}$、$\Delta \mathrm{SM_{acc}}$、$\Delta \mathrm{SM_{H/M}}$、$\Delta \mathrm{SM}_{Re}$、$\Delta \mathrm{SM_{PLA}}$、$\Delta \mathrm{SM_{AB}}$ 和 $\Delta \mathrm{SM_{win}}$ 这 11 项是可计算分析的；其中，$\Delta \mathrm{SM}_W$、$\Delta \mathrm{SM}_T$、$\Delta \mathrm{SM_{SHO}}$、$\Delta \mathrm{SM_{PLA}}$ 和 $\Delta \mathrm{SM_{AB}}$ 这 5 项占发动机总需用稳定裕度的比重很大，往往超过 60%，是发动机各研制阶段的稳定性评定中非常重要的评定内容。

2.4　评估方法

按照 2.3 节介绍，为了评估航空发动机气动稳定性，需要针对 16 个降稳因子开展相关的研究，获得各自的局部需用稳定裕度，通过一定的计算公式，得到所有发动机压缩部件的需用稳定裕度，最终判断发动机能否稳定工作。一般情况下，可以采用统计、数值仿真和试验的方法，获取各降稳因子的局部需用稳定裕度。比如，对于某些特殊的降稳因子，比如统计类降稳因子，只能通过统计的方法，对大量的发动机使用数据进行分析，比如性能衰减的影响，最终获得合理的数值。但是统计类降稳因子局部需用稳定裕度的获取具有很大的局限性和困难，比如，所获得的数据可能只适合该型号的发动机，并不适合其他型号，特别是技术水平明显发生变化的，可能差异会很大。下面简单介绍稳定边界、进气畸变和雷诺数影响的稳定性评估方法。

2.4.1　稳定边界试验

在航空发动机开展气动稳定性综合评定时，首先需要确定风扇/压气机的特性和稳定边界，即不同转速下风扇/压气机工作点的空气流量、总压比和效率，以及稳定裕度。当风扇/压气机部件完成加工后，在风扇/压气机部件试验台上进行均匀进气条件下的特性和稳定裕度测量。利用电机，将风扇/压气机转速提高至某一个转速，测量风扇/压气机进出口的总压、总温、静压和流量等参数，获得风扇/压气机在该转速下不同工作点的空气流量、总压比和效率，通过逐渐关闭节流阀的方法，调整通过风扇/压气机的空气流量，获得不同工作点的特性参数，最终通过节流阀降低风扇/压气机流量直至出现旋转失速/喘振工况，根据共同工作点和稳定边界点的总压比和空气流量，获得风扇/压气机的原始可用稳定裕度。

在数值分析总压、总温畸变对发动机气动稳定性影响时，需要输入风扇/压气机特性曲线，当完成风扇/压气机部件特性试验后，即可使用试验特性，不再使用计算获得的特性曲线。

航空发动机由进气道、压气机、燃烧室、涡轮和尾喷管等 5 大部件组成，具有共同工作的特点，对于几何不可调节的发动机，其在不同转速上的共同工作点只有一个，由共同工作点连成的共同工作线也只有一条。因此，当发动机完成试制后，需要开展航空发动机整机特性试验，通过调节尾喷口面积、高压压气机后注气、调节燃油流量等方法获得风扇/压气机不同转速下的特性以及稳定裕度。一般而言，当部件与整机试验的结果不一致时，建议采用整机试验结果。

2.4.2　进气畸变试验

典型的进气畸变包括总压畸变和总温畸变，两者对发动机稳定性影响都非常明显，对于军用航空发动机而言，在很多工况下都会出现，且很难避免。

总压畸变作为影响航空发动机气动稳定性的一项重要的降稳因子，在发动机研制过程中，当风扇/压气机部件和发动机整机试制完成后均需要开展相应的进气总压畸变试验。

风扇/压气机部件试验是在压气机部件试验台上开展的。利用电机将风扇/压气机保持在某固定的转速的共同工作点，然后采用移动式插板，逐渐增加插板在进气管道中插入的深度，直至风扇/压气机出现旋转失速和喘振，即获得该转速下的临界综合压力畸变指数，风扇/压气机均匀进气条件下的稳定裕度除临界综合压力畸变指数，获得该转速下的压力畸变敏感系数，调整电机转速，最终获得不同转速下的风扇/压气机压力畸变敏感系数。根据该压力畸变敏感系数和相应飞行工况下的发动机进口临界综合压力畸变指数，获得相应的压力畸变局部需用稳定裕度。在整机完成试制之前，可以用部件的试验结果替换综合评定中原来的规范值。

当完成发动机整机试制后，同样用移动式插板获得不同转速下发动机的临界综合压力畸变指数。由于发动机失稳时是风扇/压气机中的一个部件首先失稳，因此只能获得在发动机整机环境下风扇/压气机中的一个部件的临界综合畸变指数，根据该压力畸变敏感系数和相应飞行工况下的发动机进口综合畸变指数，获得相应的风扇/压气机的压力畸变局部需用稳定裕度，并用该结果替换原来的部件试验结果。

使用氢气燃烧的方式产生温度的不均匀分布以及温度的瞬变来研究进气总温畸变对航空发动机气动稳定性的影响。固定发动机在某一个转速，提高温度不均匀度直至发动机失稳，获得临界温度畸变指数和温度畸变敏感系数。根据实际情况遭遇的温度畸变，获得该飞行工况下进气温度畸变需用稳定裕度，替换原来的规范值。

2.4.3 雷诺数试验

军用飞机一般需要在高空飞行，按照飞行包线宽广的要求，高空低马赫数飞行一般是飞行包线的左边界，此时，发动机压缩部件感受到的雷诺数会低于自模化雷诺数，对气体流动特征产生较大的影响，包括附面层转捩、附面层分离范围等，会导致风扇/压气机等转速线、稳定边界发生偏移，进而使稳定性发生变化。

为试验研究高空低雷诺数的影响，需要对试验平台有特殊的要求。根据低雷诺数获取方式的不同可分为三种形式。第一种是减小试验件尺寸的方法，获得低雷诺数，但是这种方法适用范围有限，比如高压压气机，后面级叶片原型尺寸很小，缩尺程度非常有限，这种方法比较适合大涵道比的、尺寸较大的风扇。第二种是节流的方法，针对研究的工况，可以在保证折合流量不变的情况下，通过降低发动机、风扇和压气机进口的总压，减小物理流量，实现雷诺数的减小，这种方法受到节流比的限制，调节雷诺数的范围也比较有限。第三种是高空台或者类似可抽真空的试验舱的方法，整个风扇/压气机试验台是一个环形的密封结构，通过抽真空的方式，整个试验台内部空气比较稀薄，模拟高空的稀薄气体，这样也可以产生低雷诺数的工作环境。

在低雷诺数试验中，需要获得风扇/压气机的等转速线、稳定边界，如果是整机试验，还需获得共同工作线，当稳定边界和共同工作线均获得后，即可得到低雷诺数影响后的风扇/压气机的稳定裕度，与标况进气条件下的稳定裕度的差别就是雷诺数的局部需用稳定裕度。

2.4.4　加减速试验

航空发动机整机存在一条共同工作线。所谓的共同工作特指发动机在稳定状态下各部件的共同工作。在共同工作之前有一个定语——稳定状态，也就是说，这里讲的共同工作的前提是发动机始终处于稳定状态。什么是稳定状态呢？稳定状态是指在某一段时间内，发动机工作状态保持恒定，比如发动机的空气流量、压气机总压比、涡轮前燃气温度、涡轮落压比等参数保持不变。一般当飞机处于巡航飞行时，可以认为发动机处于稳定状态。比如民航客机，当长距离飞行时，会有较长时间的巡航飞行，飞机的飞行高度和飞行马赫数基本不变，例如波音 767，巡航高度 11 km，巡航马赫数 0.8，此时，发动机的工作状态基本不变，可以认为发动机处于稳定状态。

对应稳定状态，什么是非稳定状态呢？非稳定状态，我们也可以称为发动机的过渡状态。它有可能是内部因素导致，也有可能是外部因素导致。其中，内部因素分为两类：一类是转速不变，流量在变；另一类是转速在变，流量也在变。发动机转速变化导致发动机处于非稳定状态，比如发动机从零转速增加至慢车转速的起动过程，发动机转速快速增加的加速过程，转速快速减小的减速过程，发动机从转动状态减速直至转速等于零的停车状态等。发动机工作点等转速变化，比如尾喷管面积增大或者减小，会使得发动机在压气机、涡轮转速不变的情况下，空气流量增大或者减小，发动机工作状态发生变化，处于非稳定状态。另外，外部环境也会导致发动机状态发生变化，比如阵风、侧风等。总之，只要发动机的工作点在某段时间内不停变化，那么发动机在这段时间内就处于非稳定状态。

发动机在加减速时，为了保证飞机的机动性，对加速时间、减速时间有一定要求，一般比较小，比如从慢车到最大状态，可能 2 s 内就要完成切换，且不出现发动机超温、失稳等现象。在这个过程中，共同工作条件将无法满足，比如压气机和涡轮的功率会出现不平衡，主要原因是油门杆快速变化，燃油温度快速上升，然而风扇/压气机是一个大惯性的旋转机构，转速的变化是滞后于涡轮前燃气温度的变化，因此在加速过程中，涡轮功大于压气机功，此时涡轮前燃气温度高，导致风扇/压气机工作点偏离共同工作线，有可能会向稳定边界移动，导致稳定性变差。稳定裕度的最大瞬时减小值就是加减速局部需用稳定裕度。从这里可以看出，在进行发动机加减速试验过程中，需要获得准确的瞬时工作点，因此对于试验测量要求很高，需要有大量的动态传感器，准确获得风扇/压气机瞬时流量、瞬时的总压比等动态参数。

2.4.5 稳定边界数值仿真

稳定边界的理论和数值计算预测是风扇/压气机气动稳定性研究中的重要课题,它对解决航空发动机研制和使用过程中的实际问题具有极其重要的作用,主要有下面两种方法。

第1种是利用经验关联确定稳定边界的方法。在气动稳定性研究的早期阶段,Emmons、Stenning、Marble、Sears、Krieble、Dunham、Lieblein、Koch 等人经过大量的试验测量和理论分析研究,建立了多种经验关联方法判断压气机的稳定边界,其中代表性的有:Lieblein 提出了将扩散因子、扩散率作为叶栅失速发作的近似准则;Dunham 提出了将特性线上压升系数对流量系数的导数为零点作为判定压气机失速的准则;Koch 提出了用压气机最大压升能力来预测旋转失速的发生。但是,由于导致风扇/压气机失速的现象非常复杂,需要关联的参数很多,因而这些方法的适用范围和预测精度都非常有限。采用经验关联预测稳定边界的难度极大,到目前为止还没有一个通用的、精度高的方法。

第2种是利用 CFD 数值计算确定稳定边界的方法。CFD 数值计算已经在航空发动机领域得到了广泛应用。现在很多科研人员和工程技术人员使用的商用 CFD 软件或者自行开发的 CFD 计算程序,受到计算机能力的限制一般采用基于雷诺平均 N-S 方程的 CFD 数值模拟方法,将计算过程中出现的数值发散作为判断风扇/压气机失稳的标准,然而 CFD 计算时的数值发散表现为迭代求解中前后两个时间步的气流参数相差越来越大,这与物理失稳过程到底有何关联还没有人能说清楚。现阶段,要将 CFD 计算工具合理地用于预测稳定边界,必须对试验测量结果和 CFD 计算结果进行大量的对比分析,通过多种型号的风扇/压气机试验值与计算值的比较,建立试验值与计算值之间的误差数据库,从而在预测风扇/压气机的稳定边界时通过 CFD 计算值就能大致推算出试验值。

2.4.6 进气畸变数值仿真

关于进气畸变对风扇/压气机稳定边界影响的数值仿真研究可分为两个阶段。

第1阶段的工作主要是建立半理论、半经验的定量关联表达式,来描述周向畸变和径向畸变对风扇/压气机稳定边界的影响。由于试验数据已经大量积累,而理论预测还不足以准确计算各种复杂因素对风扇/压气机稳定边界的影响,因而建立半理论、半经验的关系式无疑是解决当时工程问题的有效手段。该阶段工作的基本思想是寻找畸变图谱与稳定边界总压损失之间(由进气畸变引起的)的联系,关键在于如何简单、全面地表达畸变图谱的主要特点。美、英等国的 S-16 委员会的 ARP1420 将总压畸变的图谱分解成为若干个畸变表达基元来表达。

第2阶段的主要工作则是建立、发展各种用于预测进气畸变对风扇/压气机稳定边界影响的理论模型和数值计算方法，较为成熟的模型有平行压气机模型、激盘/半激盘模型、级叠加模型，以及三维彻体力模型等。在 CFD 和计算机迅猛发展的推动下，也有人从全三维、非定常、可压缩的 Navier - Stokes(N - S)方程出发，计算进气畸变对风扇/压气机稳定边界的影响。但目前仍局限于单转子或者单级的情况，而且由于计算机运算能力、计算方法、湍流模型等的制约，这种方法还有待发展。

我国各大科研院校在研究进气畸变对风扇/压气机稳定边界影响方面做了很多试验和数值模拟工作，发展了平行压气机模型、激盘/半激盘模型和彻体力模型，并开发了相应的计算程序，但由于缺乏系统基础理论的支持，缺乏对燃气涡轮风扇发动机气动稳定性物理过程和本质问题的深刻认识，往往知其然而不知其所以然，只是通过一些不完整的资料知道了某种方法的功能，甚至可以通过模仿实现，但是对于该方法的适用范围和影响其应用精度和可靠性的因素缺乏了解，从而直接阻碍了我们发展、提高和创新的能力。国内也采用商用 CFD 软件研究进气畸变对风扇/压气机稳定边界的影响，但一般局限在单转子或者单级，而且网格量比较有限，流场分辨率不大，所得的结论也相对有限。

2.4.7　雷诺数数值仿真

在航空发动机研制过程中，需要关心风扇/压气机的几何尺寸、工作状态和环境的变化对压气机的性能和稳定性产生的影响，尤其是在高空、低速、低雷诺数条件下。采用试验测量的方式研究低雷诺数效应虽然能够获得准确的结果，但是成本高、周期长。采用数值仿真方法可以较低的成本获得相对可靠的评估结果。目前，主要有两种数值仿真方法。第一种是采用计算流体力学的方法对 N - S 方程采用数值解法，这种方面一般是在进行边界条件设置时，参考高空飞行条件，将风扇/压气机进口的总温、总压、来流速度等按照实际情况给定，同时采用能够合理反映低雷诺数影响的湍流转捩模型(比如 CFX 中的 SST-γ - Reθ 转捩模型)，或者采用大涡模拟等方法，不仅可以获得低雷诺数对风扇/压气机等转速特性、稳定边界的影响规律，还可以揭示对附面层流动等物理现象的影响机制，但是计算结果的准确性完全取决于湍流模型以及 CFD 仿真方法，从目前的研究现状看，计算结果还无法保证很高的准确性。

美国 GE 公司的 Wassell 统计了近 20 台轴流压气机在不同雷诺数下的试验数据，提出了雷诺数对轴流压气机流量、压比、效率和喘振点压比的修正公式。这些修正公式是通过统计的方法所获得的经验公式。由于该修正公式最为经典，包含的内容最全，涵盖了对压气机性能和稳定性的修正，因此得到了广泛应用，国内的发动机研究所、南京航空航天大学、北京航空航天大学和西北工业大学等单位均进行了使用，并发展了相关的计算程序。但是由于该模型是 20 世纪 60 年代发展起来的，采用的轴流压气机数量有限、技术相对落后，分析目前高性能的风扇/压气机时计算精度会偏低，通过完善试验数据库，可以进一步提升计算精度。

2.4.8 加减速数值仿真

20 世纪 50 年代末，美国研制了针对特定的涡喷发动机参数循环研究程序 SPEEDY，可以用来仿真基于稳态条件的发动机工作参数。到 70 年代中期，随着垂直起降飞机的研制，对发动机瞬态推力的控制变化提出了更高要求，刘易斯研究中心研制了新的仿真程序 DYNGEN，可对发动机的每个部件进行动态仿真，求解任意时刻的发动机工作参数。我国航空发动机性能仿真起步较晚，目前大多是在稳态计算，动态分析相对较少。

DYNGEN 基于早期的计算机代码（SMOTE、GENENG 和 GENENG 2），能够计算涡轮喷气发动机和涡轮风扇发动机在设计和非设计工况下的稳态性能。DYNGEN 具有 GENENG 和 GENENG 2 的组合能力，用于计算发动机稳态性能；此外，还增加了计算瞬态性能的能力。DYNGEN 可用于分析单轴和双轴涡轮喷气发动机或双轴和三轴涡轮风扇发动机，无须修改核心程序。DYNGEN 使用修正的欧拉方法来求解模拟发动机动力学的微分方程。这种新方法无须最小化迭代求解的方程数量，因此，可以消除瞬态发动机模拟中通常使用的一些近似。当与纯稳态模拟的结果进行比较时，这种新方法倾向于产生更好的一致性。修正的欧拉方法还允许用户指定用于微分方程求解的大时间步长（约 0.10 s）。这在运行长瞬态时节省了计算机执行时间，包括程序的使用示例，并将程序结果与现有的双轴涡轮风扇混合计算机模拟结果进行了比较。目前，计算机水平远超 20 世纪 70 年代，因此，采用 DYNGEN 进行发动机加减速等非稳态计算，计算时间并不长。

第 3 章
稳定边界试验方法

按照现有的航空发动机气动稳定评定规范，首先需要确定风扇/压气机的原始可用稳定裕度。原始可用稳定裕度取决于稳定边界和共同工作点，稳定边界或者共同工作点不准确都会影响原始可用稳定裕度的确定，最终影响稳定性综合评估结果的可靠性，因此，如何准确地评估风扇/压气机的稳定边界非常重要。根据发动机的研制流程，首先获得风扇/压气机部件的稳定边界，然后获得在航空发动机整机环境下风扇/压气机的稳定边界。

3.1 部件稳定边界试验方法

从航空发动机的研制流程看，在完成发动机整机研制之前，需要完成风扇/压气机部件的研制，所以，一般在风扇/压气机加工完成后，需要开展风扇/压气机部件的气动稳定性研究，最先完成的就是稳定边界试验。

图 3.1 所示为典型的单轴压气机部件试验台，可以用于测量压气机稳定边界。试验台包括大型进气室、进气喇叭口、进口管道、压气机、出口管道、快速打开的节流阀、电机或涡轴发动机。电机或涡轴发动机用于提供功率，驱动压气机旋转，目前的压气机试验台普遍是用电机驱动的，电机可以前置或者后置，电机位置不同会影响整个试验台，进气室和喇叭口可以保证提供较为均匀的气流，快速打开的节流阀可快速恢复喘振，主要原因是在测量压气机稳定边界时，不可避免地会导致压气机进入旋转失速或喘振状态，必须尽快退出，防止压气机受损。压气机台架试验通过控制电机功率和转速，固定压气机转速，通过改变节流阀的开闭角度或范围，调节通过压气机的空气流量，获得若干个恒定转速下的不同流量的总压比、效率，获得压气机特性曲线以及稳定边界。

在获得压气机稳定边界的试验过程中，为获得较为精准的压气机稳定边界，在接近稳定边界时，需要小幅度调整阀门开度，使流量很缓慢地变化，如果阀门调节幅度

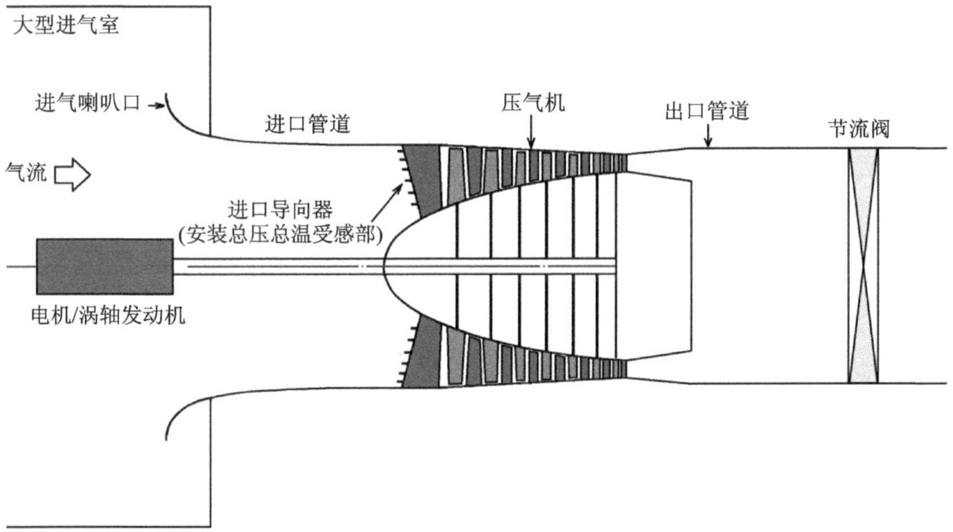

图 3.1　单轴压气机部件试验台

过大，则会导致在较大的流量工况点压气机发生喘振及稳定边界位置向大流量方向偏移，影响测量准确度。

单轴风扇/压气机试验流程如下：

① 读取环境压力和环境温度。

② 打开节流阀，使之处于最大开度位置。

③ 接通电机电源，提高电机功率，增加电机转速。

④ 维持电机转速在某个位置，减小节流阀开度，记录各测量参数，包括喇叭口外壁面静压、压气机进口总压和总温、压气机出口总压和总温；然后根据测量参数，计算出工作点位置，并用计算程序在计算机上实时显示工作点位置。

⑤ 继续减小节流阀开度，获得下一个工作点；在计算机上观察工作点位置的变化情况，并将已获得的工作点连成一条等转速线。

⑥ 监测动态压力信号，一般在压气机进口布置若干动态总压探针，观察动态压力信号的变化情况：如果压气机稳定工作，动态压力一般以非常小的幅值波动，则可以认为幅值基本不变；如果动态压力出现较大幅度规律性的波动，频率等于旋转失速或喘振频率，则认为该工作点是失稳工况点，其上一个稳态工作点位于稳定边界。

⑦ 增加节流阀开度，提高流通面积，增大流量。

⑧ 调节电机转速，并维持电机转速不变。

⑨ 重复节流阀开度调节，获得另外一条等转速线以及稳定边界点。

⑩ 重复上述过程，获得不同转速的稳定边界点，将所有稳定边界点连成一条线，获得该风扇/压气机的稳定边界。

对于涡扇发动机而言，很多时候需要研究涵道比变化对风扇/压气机特性和稳定边界的影响，所以，在试验条件允许的情况下，还可以开展双轴双涵试验，如图 3.2 所示，风扇和压气机的旋转轴各自连接一台电机，实现风扇和压气机转速分别控制；另外，风扇外涵出口管道和压气机出口管道分别连接节流阀，通过控制节流阀开度，调节涵道比。控制风扇外涵出口管道节流阀位置不变，调节压气机出口管道节流阀，可以获得内涵风扇和压气机整体的等转速特性和稳定边界。维持内涵出口管道节流阀位置不变，调节风扇外涵出口管道节流阀，可以获得风扇外涵的等转速特性和稳定边界。

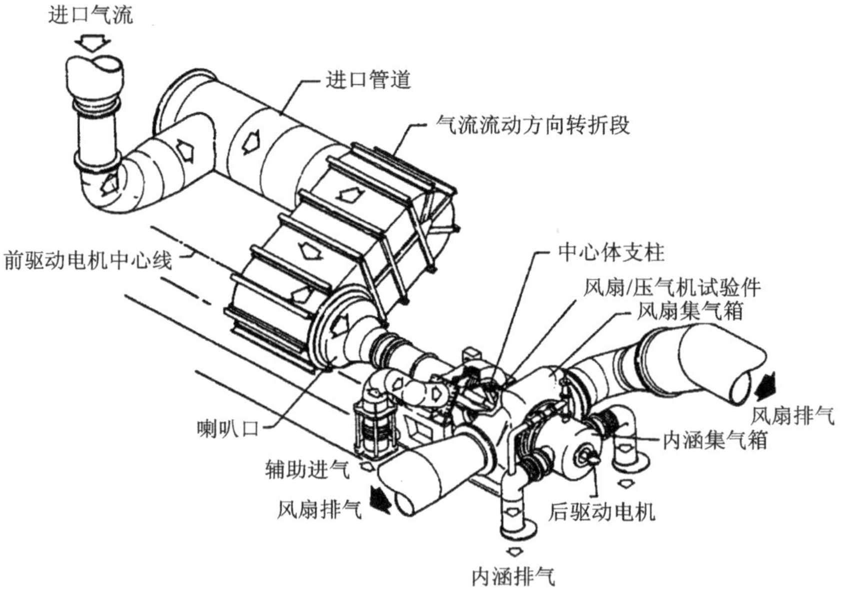

(a) 试验台组成示意图

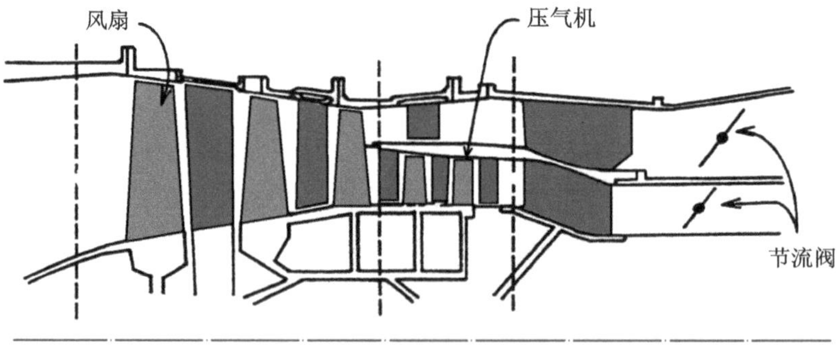

(b) 压气机几何流道示意图

图 3.2　双轴双涵风扇/压气机部件试验台

3.2　整机稳定边界试验方法

航空发动机整机试验用于获得发动机的总体性能和稳定性，可以验证风扇/压气机部件试验的结果（例如风扇/压气机台架试验），并确定各部件相互作用对发动机整机系统稳定性和性能的影响，也就是说确定风扇/压气机的等转速线、稳定边界位置是否相同。另外，航空发动机整机试验还能评估发动机工作环境的影响。环境因素包括飞行马赫数、高度、雷诺数、非标准日条件、外部发动机热环境，以及在实现发动机热平衡之前的性能或稳定性特征发生变化的飞行瞬态的影响。

发动机可以直接连接海平面，或者放到高空台试验舱，在均匀进气条件下开展航空发动机基准性能和稳定性测试。图 3.3 所示是室内发动机整机试验台，室内试验室的试车台架分为两种，分别是支撑式或悬挂式。室内试验台的好处是不受环境因素的影响，雨雪天气照样可以进行试验。图 3.4 所示是室外发动机整机试验台。室外试验台的好处是空旷，除了可以开展均匀进气试验外，还可以开展多种特殊进气条件的稳定性试验。

图 3.3　航空发动机整机室内试验台

图 3.4　航空发动机整机室外试验台

航空发动机室内试车台与室外试车台的主要差异如下：

① 室外试验时，在没有风的情况下，发动机远前方的气流速度为零，发动机进口流场均匀度很高，气流压力保持为大气环境压力；室内试验时，发动机进气流场远前方速度不等于零，进口流场一般不均匀，进气压力低于大气压力。

② 室外试验时，发动机尾喷口周围是大气静止状态，尾喷口截面静压等于环境压力；室内试验时，尾喷口后放有引射筒和排气消声装置，在不同程度上存在排气反压，一般尾喷口界面静压大于环境压力。

③ 室外试验时，发动机采用悬挂式台架，离地面较高，因此可以忽略地面对发动机测量结果的影响；室内试验时，受到试验室内部空间的限制，采用地面支撑式或者台架悬挂式，都会或多或少地有地面或壁面效应的影响，导致发动机进口流场速度均匀性偏低，影响试验结果。

对于涡扇发动机，在整机环境下获得风扇/压气机稳定边界的典型方式如下：

① 起动发动机至指定的转速，如 100％设计转速，减小尾喷管喉道面积，在此过

程中需要控制燃油流量维持风扇转速不变，最终使得风扇首先失稳，获得风扇部件的稳定边界。

② 改变燃油流量，调节风扇/压气机转速，重复步骤①，减小尾喷口面积，获得其余转速的稳定边界。

③ 维持发动机在某个转速，改变主燃烧室燃油流量，调节尾喷口面积，维持高压压气机转速不变；随着燃油流量增加，涡轮前燃气温度增加，最终使得高压压气机首先失稳，获得高压压气机部件的稳定边界。

④ 改变燃油流量，调节风扇/压气机转速，重复步骤③，增加主燃烧室燃油流量，获得其余转速的稳定边界。

图3.5所示为高空试验台设施中典型的直接连接发动机试验装置。该装置的显著特点是能够改变发动机进口空气的总温、总压、速度，模拟不同飞行高度、飞行速度条件下发动机整机的性能和稳定边界。

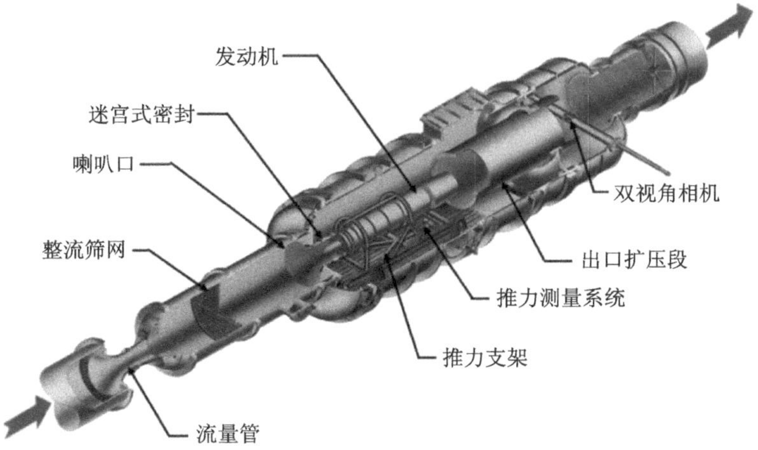

图3.5　航空发动机整机高空试验台

3.3　部件和整机稳定边界的差异和处理

在发动机实际使用中，经常会发现风扇/压气机部件的稳定边界与整机不同，在早期的初步设计阶段，尚未开展风扇/压气机试验，仅有各部件的数值仿真结果，此时建议用整机稳定性仿真分析程序，获得整机环境下风扇/压气机部件的稳定边界，替换风扇/压气机部件特性的稳定边界。当风扇/压气机完成部件试验以后，建议将部件试验特性代入整机稳定边界仿真程序，修正稳定边界。在发动机试制阶段，发动机整机完成试验，建议在整机环境下完成稳定边界试验，修改风扇/压气机稳定边界。

第4章
进气压力畸变对稳定性影响试验

由于总压畸变是影响航空发动机气动稳定性的一项重要的降稳因子，因此在发动机研制过程中，当风扇/压气机部件和发动机整机试制完成后，均需要开展相应的进气压力畸变试验。按照发动机研制流程，首先进行风扇/压气机部件试验，然后进行发动机整机试验。

风扇/压气机部件试验是在压气机部件试验台上开展的，利用移动式插板产生压力畸变，插板一般放置在发动机上游3倍管径处。利用电机将风扇/压气机保持在某固定转速的共同工作点，然后采用移动式插板，逐渐增加插板在进气管道中插入的深度，直至风扇/压气机出现旋转失速和喘振，即获得该转速下的临界综合压力畸变指数，风扇/压气机在均匀进气条件下的稳定裕度除以临界综合压力畸变指数，可获得该转速下的压力畸变敏感系数，调整电机转速，最终获得不同转速下的风扇/压气机压力畸变敏感系数。根据该压力畸变敏感系数和相应飞行工况下的发动机进口综合压力畸变指数(如果飞机研制单位无法提供发动机进口综合压力畸变指数，一般可以按照9%或则12%给定，根据发动机配装飞机的具体情况适当增加或者减小)，获得相应的压力畸变局部需用稳定裕度。在整机完成试制之前，可以用部件的试验结果替换综合评定中原来的规范值。

当完成发动机整机试制后，同样用移动式插板获得不同转速下发动机的临界综合畸变指数。由于发动机失稳时是风扇或压气机其中任何一个部件首先失稳，因此只能获得在发动机整机环境下风扇或压气机其中任何一个部件的临界综合畸变指数，根据该压力畸变敏感系数和相应飞行工况下的发动机进口综合畸变指数，获得相应的风扇或压气机的压力畸变局部需用稳定裕度，并用该结果替换原来的部件试验结果。

4.1　试验目的

4.1.1　压气机部件的插板试验

试验目的如下：

① 确定进气畸变条件下压气机的特性；

② 确定压气机压力畸变的临界值；

③ 确定压力畸变对压气机稳定性影响的敏感系数；

④ 确定压力畸变通过压气机后的衰减特性。

4.1.2　发动机整机的插板试验

试验的目的是：测定进口压力畸变的临界综合畸变指数、扰流板的临界堵塞高度比，以确定压力畸变敏感系数和批生产、大修时发动机的堵塞高度比。

4.2　压力畸变发生装置

4.2.1　网格式压力畸变发生器

网格式压力畸变发生器，在工程上分为两种：一种是标准网，这是经常使用的。标准网格包括周向畸变和径向畸变，径向畸变又分为叶尖畸变和轮毂畸变。每转一次 180°周向畸变，可在 180°的周向范围内形成低压区。径向畸变则在 360°范围内产生叶尖或轮毂低能气流。另一种是能模拟进气道流场的模拟网。标准网用来建立畸变指数基元与发动机稳定裕度损失的相关方程，以确定发动机的畸变敏感系数。模拟网用来再现进气道畸变图谱，验证发动机性能的变化及发动机的稳定性。欧美的发动机研制单位通常用畸变网格装置来模拟进气道试验所获得的峰值畸变图谱，从而避免了在广泛的压缩系统的发展试验中采用高响应的测量和数据处理系统。图 4.1 所示为典型的网格式压力畸变发生器。

在稳定的发动机试验条件下，若转动畸变网格装置，就能实现以最少量的传感器得到气动界面和发动机内部较详细的畸变数据；并且在发动机油门杆不变的条件下，可评定发动机与控制系统的相互作用，在进行发动机性能和稳定性验证试验时，美国军用标准推荐采用网格畸变模拟器。

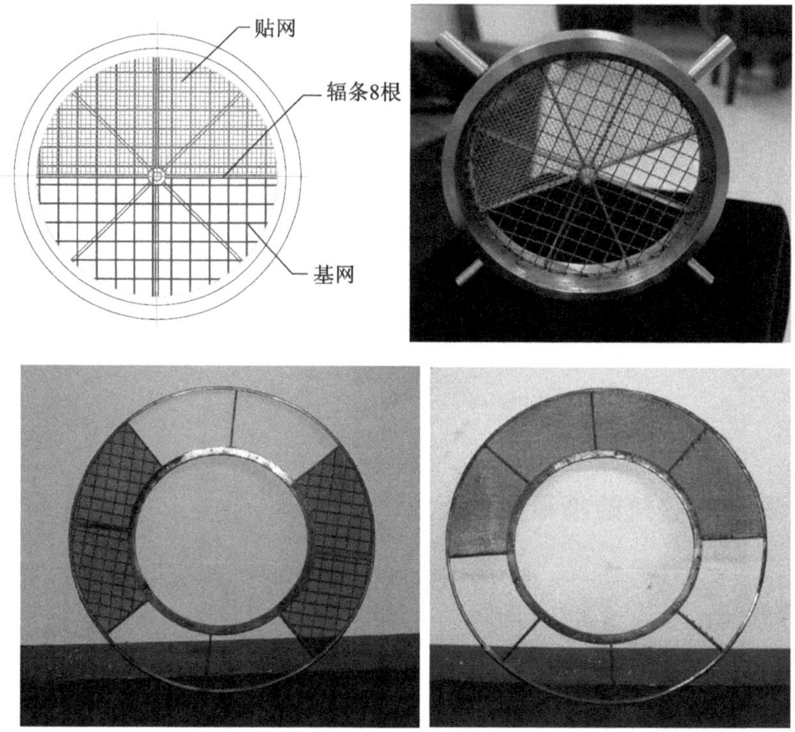

图 4.1　网格式压力畸变发生器

网格式压力畸变装置由支架、托网、基网和贴网组成，而贴网又有各种不同的规格和形状。当气流通过模拟网时，网后各点上压力不同，可形成特定的畸变图谱。由于它是一种纯稳态的压力畸变模拟装置，所以具有以下显著的优点：

① 制作和使用比较简单；

② 经过校正后，可用于具有同一进气道/发动机结构的不同试验设备中；

③ 在发动机（压气机）进口的气动界面（AIP）上只需采用有限的稳态测量装置，而不用配置高响应的动态数据采集和处理系统；

④ 对于某一选定的畸变图谱，利用模拟网设计程序进行模拟网设计，只要通过2～3次网格制作的反复试验校正后即可满足技术要求，达到所需要的精度；

⑤ 研制周期短；

⑥ 成本低廉。

但是，畸变网格也有缺点，即其压力损失取决于网格的孔隙比（堵塞比）和来流的速度，如果要进行若干个进气道畸变图谱的模拟，则需要更换网格，从而造成试验时间的浪费。

4.2.2　插板扰流器

插板扰流器是俄罗斯推荐使用的一种扰流装置，广泛用于发动机的研制和定型。插板扰流器是一块实心的扰流板，气流通过扰流板形成低压区，扰流板的边缘形成紊流，在发动机进口产生周向总压畸变和紊流度。可移动式的插板扰流器通用性好，扰流范围宽，变化插入深度可实现发动机喘振，这时的插入深度称为临界深度，相对应的指数称为发动机的临界畸变指数，这组参数是评估发动机对畸变的响应及检查批量生产和大修发动机是否合格的重要技术依据。

插板扰流器的工作原理：将插板扰流器的试验结果与超声速进气道的激波附面层干扰所测得的结果进行比较，其统计特性是十分相似的，这表现在：总压脉动幅值；以幅值概率密度表示的随机压力脉动；总压概率密度函数；总压脉动纵向时间尺度。

图 4.2 所示为二元进气道模型在 $Ma=2.0$ 时出口截面处测得的总压恢复系数

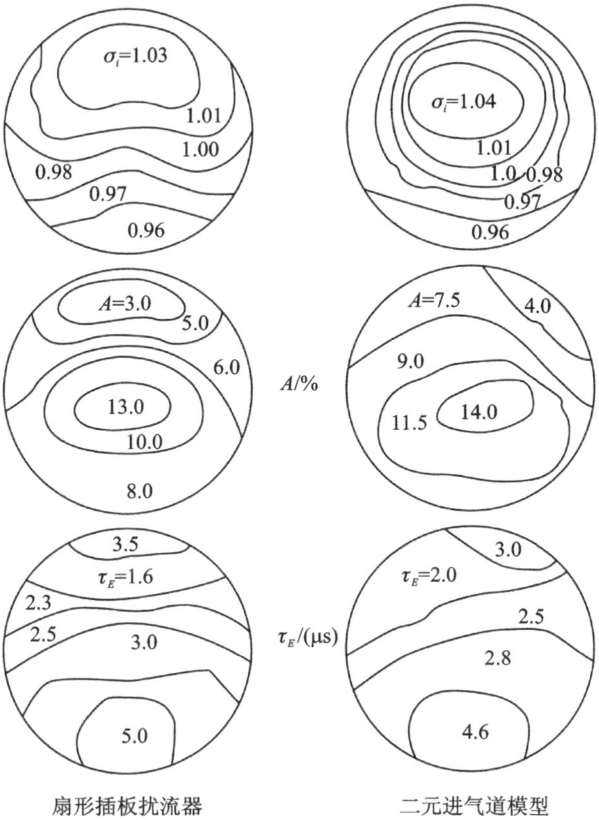

图 4.2　插板扰流器与二元进气道模型流谱的比较

σ_i、总压脉动幅值 A 和脉动相关时间 τ_E 的分布，与插板扰流器低压区角度 $\theta^-=120°$、遮挡面积 $\bar{h}=0.25$ 的相应参数和相应流谱的比较。试验表明，扇形插板扰流器和二元进气道模型的图谱、紊流度和相关时间都十分一致，这表明插板扰流器是模拟激波附面层干扰的一种装置。

试验表明，插板扰流器在发动机进口可造成不均匀的总压扰动，在任何情况下，总压畸变都随着发动机转速的增加而增加，紊流度也相应增加。图 4.3 所示为某型发动机插板扰流器在不同位置时发动机的综合压力畸变指数与折合转速的关系曲线。曲线表明，随着发动机转速上升，综合压力畸变指数是增加的。当插板插入深度低于 205 mm 时，在全转速范围内，发动机没有失去稳定性。而当发动机折合转速一定时，随着插板插入深度的增加，发动机的综合压力畸变指数也增加，但发动机失去稳定性的折合转速是减小的。当插板插入深度为 349 mm，折合转速 $\bar{n}_c=73\%$ 时，发动机就失去了稳定性，无法进一步提高转速。

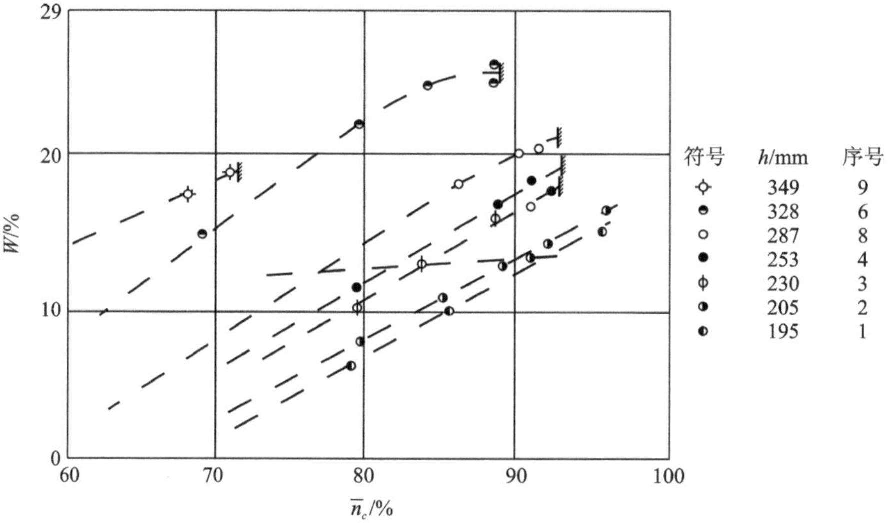

图 4.3 发动机进口综合畸变指数随插板扰流器高度的变化曲线

综上所述，美、俄在畸变试验中所采用网格模拟装置和插板扰流器的共同特点是安装简便、结构简单。美国在进气道/发动机相容性研究过程中，研究了众多的总压畸变装置，如空气喷气畸变模拟器、随机频率模拟器和平面波发生器，最终还是选用了网格模拟装置。网格模拟装置是在进气道中瞬时畸变峰值的基础上进行研制的，要匹配费用高昂的动态数据采集和处理系统，调试一个选定的畸变图谱，并要在专用试验器上经过 2～4 次网格制作的反复试验，才可达到需要的精度。网格装置的不良特性是压力损失取决于网格的孔隙度和来流速度。因此，若要进行若干个(发动机通用规范是 5 个)进气道畸变图谱模拟，就需要更换网格，从而引起试验时间的浪费。而俄罗斯的插板扰流器，只模拟畸变指数，不模拟图谱，也不建立畸变峰值与发动机失速的关系，对进气道的脉动气流认为是平稳随机流动，所以畸变指数由两部分组成：一部分是稳态值，另一部分是准动态紊流度。所以用一个移动式扰流板就能得到不同转速下的发动机临界畸变指数。由于美、俄两国的畸变指数量度的尺度不同，对同一台发动机的同一状态，美国定义的发动机失稳的临界畸变指数将大于俄罗斯的临界畸变指数。但从工程角度看，俄罗斯的移动式插板更通用、更简便，且符合工程发展的实际。

除了广泛使用的单板式插板扰流器，还有双板式，如图 4.4 所示。从插板畸变发生器的原理来看，仅用一块插板通常会形成一个低压区和一个高压区相对分布的图谱，产生唯一对应的稳态畸变和动态畸变。这不能充分反映多低压区，稳、动态总压畸变大范围变化的特征。而单个的组合插板设计复杂且只能一次性地用于某种特定工况下，并不具有普适性。因此，在这种情况下采用双插板畸变发生器产生的结果将比单插板更为准确且方便，实际的总压畸变符合性更好。

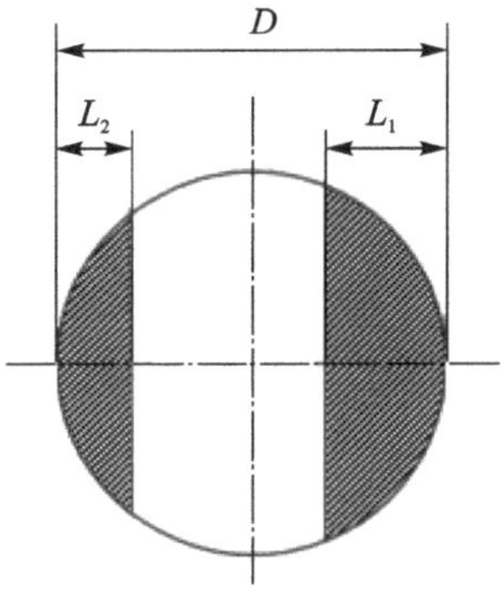

图 4.4　典型的双插板畸变发生器

南京航空航天大学曾开展单个平板、对称双平板、一块扇形板、两块呈一定角度的平板四种插板结构形式在某双级低速轴流压气机试验器上的试验。试验发现，在相同堵塞系数下，单个平板插板的综合压力畸变指数最大。从堵塞系数的角度看，采用单个平板插板作为进口总压畸变评定的标准插板，其结果可能是保守、严格的。该结论是否符合实际，有待在多台发动机整机和压气机试验验证。俄罗斯中央航空发动机研究所和我国的航空兵研究所均开发了具有反馈调节功能的可调双插板畸变发生器，采用液压驱动，实现对流场畸变状态的控制。相关的研究表明，不同形式的插板还会影响综合压力畸变指数中稳态畸变分量和动态畸变分量的比值，进而影响临界压力畸变指数，导致进口总压畸变评定结果不同。

4.3　试验方法

4.3.1　压气机部件的插板试验方法

压气机总压畸变的试验操作方法如下：

① 压气机特性的试验转速应在不少于 5 个折合转速下进行试验，试验时逐渐关闭排气阀门，测定压气机的等转速特性曲线；

② 所研究的转速范围应包括发动机典型使用状态并满足评定内容的要求，符合该压气机在发动机系统中的工况；

③ 当不能直接测量压气机进、出口的总压场时，要将扰流板放在不同周向位置重复测量压气机特性曲线的关键数据点，若手动移动扰流板，则应保证压气机驱动装置完全停车；

⑤ 当出口节流阀关闭位置保持不变时，压气机稳定工作不少于 2 min 时，则认为压气机工况是稳定的。

测量参数主要如下：

① 双纽线进气道内壁周向 6 点静压；

② 位于 AIP 截面的 6 支周向均布测压耙，每耙测点不少于 6 点且位于等环面中心，以测量总压的时间平均值；

③ 大气温度和压力；

④ 压气机出口的时间平均总压测量沿半径不少于 6 点(最好沿周向有几点)，所用的测量装置应保证测量值为出口导向器的栅距平均值；

⑤ 位于压气机进口 AIP 界面 6 点以上的非定常脉动总压沿周向大致均布，安装在相对半径为 0.9 处的位置；

⑥ 压气机轴的扭矩；

⑦ 压气机转速。

4.3.2 发动机整机的插板试验方法

1. 发动机稳态试验

① 将扰流板的堵塞高度比置于 $\bar{H}_u=0$ 的位置。

② 根据发动机承制方的要求，暖机后将油门杆推到给定的工况。

③ 逐步向内移动扰流板直至发动机失稳，起始步将扰流板移到 $\bar{H}_u=10\%$处，最后移到失稳处。每次扰流板位置固定后，发动机工作 3 min，若发动机能稳定工作就认为是稳定工况，前 2 min 只监控稳定性，在最后 1 min 进行所有参数的测量。

④ 重新起动发动机，重复步骤①和②的工作过程，从步骤③的扰流板最后一个稳定位置开始以小步长向内移动扰流板来确定极限扰动值。

⑤ 在扰流板的最大允许高度下记录的综合压力畸变指数值 W 是总压畸变的极限值，扰流板最大允许高度($\bar{H}_u$)测定精度应不低于通道直径的 0.2%。

⑥ 发动机试验工况的范围应包括发动机典型使用状态并满足评定内容的要求，建议包括下列折合转速：75%、80%、85%、90%、95%、100%。

⑦ 根据试验结果，得到下列关系曲线：

$\Delta\bar{\sigma}_0(\bar{H}_u,\bar{n}_{CL})$，$\varepsilon_{AV}(\bar{H}_u,\bar{n}_{CL})$，$W(\bar{H}_u,\bar{n}_{CL})$，$W_{cr}(\bar{H}_u,\bar{n}_{CL})$，$\bar{H}_{ucr}(\bar{H}_u,\bar{n}_{CL})$

当测量了高压压气机进口的参数时，可求出低压压气机（风扇）总压畸变传递系数：

$$\bar{W}(\bar{H}_{u},\bar{n}_{\mathrm{CL}})=W_{\mathrm{H}}/W_{\mathrm{F}} \tag{4.1}$$

式中：W_{H} 为高压压气机进口的综合压力畸变指数；W_{F} 为风扇进口的综合压力畸变指数。

2. 发动机加速性试验

本阶段试验的目的是找出高压压气机的临界工作条件，作为今后发动机试制生产和批生产的检验准则，以验证扰流板造成的总压畸变在遭遇加速过程中高压压气机非定常节流对发动机的综合作用。

发动机承制方要事先进行专门的发动机及其自动控制系统的试验，试验要测定油门杆移动时高压转子回程转速 $\bar{n}_{\mathrm{CHW}}$（在“慢车”—“中间”过程中，供油量急剧上升和高压压气机可用稳定裕度达到最小的转速）。该转速也可以用过渡工况计算程序来确定。

试验按下列顺序进行：

① 在发动机技术条件的范围内，完成自动控制系统的调节，保证加速时间最短。

② 按照发动机承制方的试车规程起动发动机，进行发动机暖机后进入“中间”工况。

③ 把扰流板安装到极限不均匀度一半左右的位置，而扰流板的极限不均匀度是当 $\bar{n}_{\mathrm{CH}}=\bar{n}_{\mathrm{CHW}}$ 时由低压转子转速为 $\bar{n}_{\mathrm{CL}}$ 稳定工况试验中测得的。

④ 按“中间”—“慢车”—“中间”方式完成遭遇加速，并且在“中间”—“慢车”和“慢车”—“中间”的过程中油门杆移动的时间不超过 1 s。油门杆回推（“慢车”—“中间”）的开始瞬间应是减速过程中高压转子转速已经达到 $\bar{n}_{\mathrm{CHW}}\pm2\%$值以后。

⑤ 如果按步骤④重复 5 次都未记录下失稳或零星“爆音”，则该工况被认为是稳定工况。

⑥ 根据步骤④和⑤的结果，逐渐增加或减小扰流板的高度，以便找到最大允许高度（$\bar{H}_{u\mathrm{cr}}$）。扰流板高度值的精度应不低于通道直径的 0.5%。

3. 接通“最大”（全加力）试验

发动机在总压畸变流场条件下接通最大状态的试验研究的目的是要解决以下问题：

① 如果发动机在加力燃烧室点火前预先打开喷口的自动控制系统，那么就要测定喷口打开和发动机接通加力工况的同步性。

② 相反的情况下，就要评估加力燃烧室点火所需的局部稳定裕度 $\Delta \mathrm{SM}_{\mathrm{AB}}$。评估是通过间接准则 $\Delta\bar{H}_{u}$ 进行的。试验程序如下：

a. 按照研制单位的试车规程起动发动机，暖机后进入“中间”工况（$\bar{n}_{\mathrm{CL}}=100\%$），此时扰流板 $\bar{H}_{u}=0$；

b. 将扰流板安装到该工况的极限允许位置 $\bar{H}_{ucr100\%}$；

c. 将油门杆推到"最大"状态位置；

d. 如果在接通加力过程中发动机失稳，则应停车，减小扰流板堵塞面积，重复进行前面 3 步，最后得到该过程的扰流板最大允许高度 $\bar{H}_{ucr\Lambda B}$；

根据 $\bar{H}_{ucr\Lambda B}$ 与 $\bar{H}_{ucr100\%}$ 的差值，并利用风扇部件试验的结果和发动机稳态工况下的总压畸变试验获得的扰流板极限尺寸，就能求出局部稳定裕度 $\Delta SM_{\Lambda B}$。如果该值大于 1%，而且发动机安装了能保证预先打开喷口的自动控制系统，那么就要采取必要措施来重新调整自动控制系统。

4.4 压力畸变的影响

NASA 对小涵道比涡扇发动机 PW1128 开展了压力畸变对发动机气动稳定性影响的研究，如图 4.5 所示。

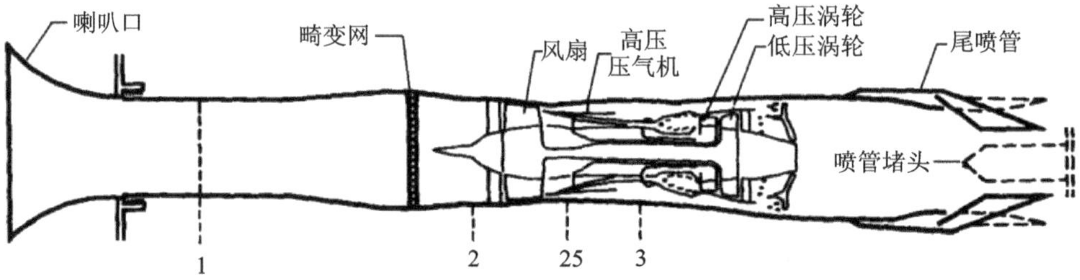

图 4.5　PW1128 发动机

PW1128 发动机由 3 级风扇、10 级高压压气机、2 级高压涡轮、2 级低压涡轮，以及面积可调的收敛扩张尾喷管等组成。研究了周向畸变区范围等于 180°，相对转速等于 90.2%和 100.2%设计转速时的特性曲线和稳定边界的变化情况，为此需要测量特征截面的总压、静压、总温，以获取流量、总压比、总温比和效率等参数，测量布局如图 4.6 所示。喇叭口下游布置了 4×8 点总压梳状探针和周向 4 个静压孔，风扇进口布置了 7×5 点总压梳状探针和 3×6 点总温梳状探针，风扇出口布置了 3×10 点总压梳状探针和 4×10 点总温梳状探针，高压压气机出口布置了 3×6 点总压梳状探针和 3×5 点总温梳状探针。

图 4.7 所示为 180°总压畸变对发动机稳定性的影响，用风扇特性表示，可以看出稳定边界明显右移，导致稳定裕度降低。当相对转速为 90.2%和 100.2%设计转速时，畸变发生器产生的总压畸变指数不同，用 $\Delta P/P$ 表示，分别是 0.042 和 0.072。

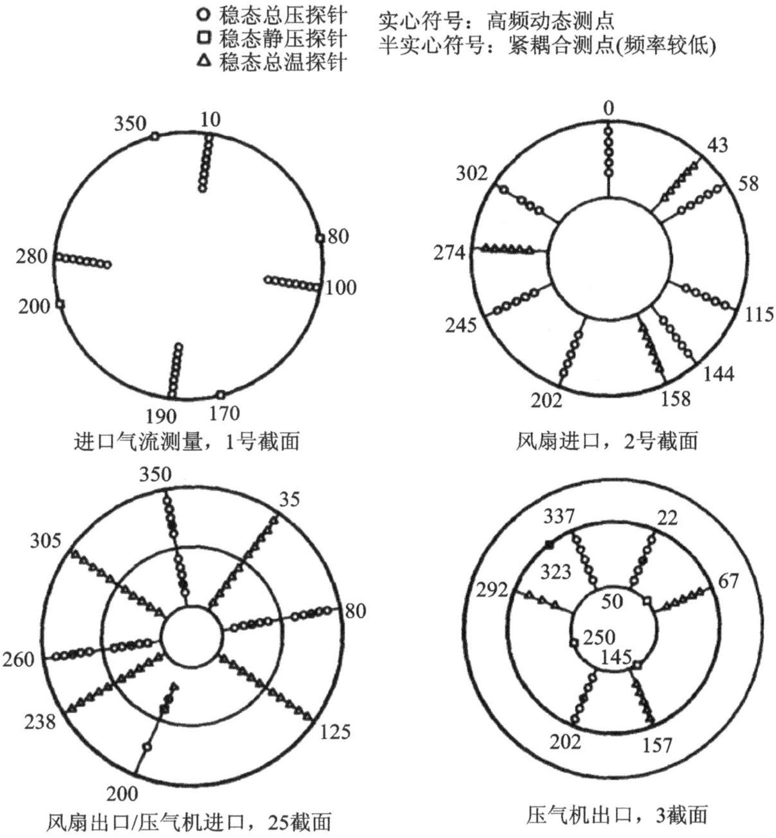

图 4.6　测量布局

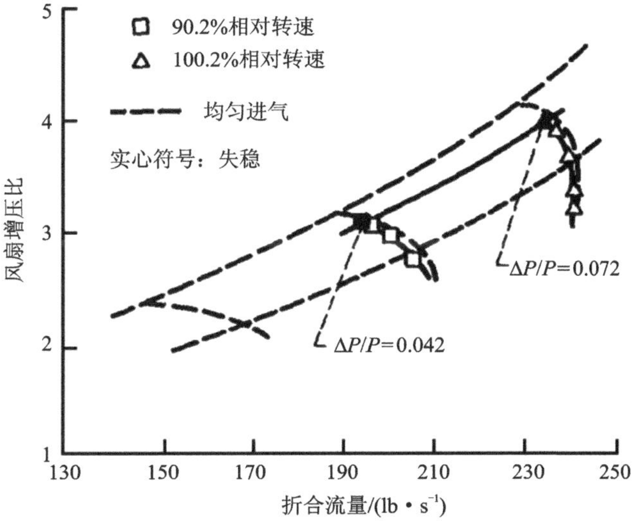

图 4.7　周向总压畸变对风扇稳定性的影响

第 5 章
进气温度畸变对稳定性影响试验

使用氢气燃烧的方式产生温度的不均匀分布以及温度的瞬变来研究进气总温畸变对航空发动机气动稳定性的影响。当固定发动机在某一个转速时，提高温度不均匀度直至发动机失稳，从而获得临界温度畸变指数和温度畸变敏感系数。根据实际情况遭遇的温度畸变，获得该飞行工况温度畸变需用稳定裕度，替换原来的规范值。

舰载机在使用蒸汽弹射时，弹射器和弹射轨道会出现蒸汽泄漏，最终会威胁舰载发动机的稳定性，影响飞行安全。1966 年，以 TF30 - P - 6 涡扇发动机为动力的美军 A - 7A 飞机最初在地面进行蒸汽弹射试验期间，由于吸入高温水蒸气而导致发动机进入喘振状态。为解决该型飞机的发动机喘振问题，美军重新设计了弹射装置的结构，使得蒸汽泄漏量明显减少；同时，改善了蒸汽弹射装置的布局形式，最终解决了吸入水蒸气导致发动机稳定性降低的问题。在此后的 20 多年间，未再出现同类故障。然而，到了 1988 年，配装两台 F404 发动机的 F - 18 飞机在弹射起飞过程中，又多次发生因吸入高温水蒸气而导致双发失稳，并且在排气中出现火球。从那时起，蒸汽吸入对发动机稳定性的影响再一次引起各航空大国的普遍关注。

JSSG—2007A 的第 3.3.2.7 条对蒸汽吸入影响进行了专门的规定，在发动机进口蒸汽含量不低于 2%，温升率不低于 2 840 ℃/s，最大温升不低于 100 ℃，温度畸变范围不超过发动机进口面积 25%的情况下，吸入这种高温蒸汽后，发动机不能出现失速、喘振、熄火、机械/结构损坏，或者造成发动机推力永久性丧失。

5.1 试验目的

温度畸变试验主要在地面试车台上进行。试验范围取决于发动机的使用特点和结构形式，也取决于高、低压压气机的特性及其匹配性，这些信息均来源于预先的试验数据和结果。如果被试发动机有原型机，且原型机已有全面的试验数据，原型机与被试发动机差别不大，只是在高、低压压气机稳定裕度及其匹配上有差别，那么可利用间接稳定性准则进行评定，以便将试验工作量降到最低。

发动机进口温度畸变试验的目的如下：

① 测定发动机稳态和过渡态进口温度畸变临界值与发动机工况的关系曲线；

② 确定发动机温度畸变的敏感系数；

③ 优化防喘系统扩稳机构并进行效能评定。

5.2　温度畸变发生装置

美国 NASA 刘易斯研究中心设计开发了全尺寸温度畸变模拟发生器，基本结构如图 5.1 所示，其中核心部件为氢气燃烧装置(见图 5.2)，位于发动机喇叭口上游。燃气发生器的火焰稳定器结构可以是支杆或者凹腔，在 360°范围内将独立的凹腔型火焰稳定器放置在 8 个可独立控制燃烧的扇形区域内。通过控制氢气流量实现温度的调整，改变温度畸变值。通过控制燃气供应的区域，实现温度畸变范围的控制。通过控制高速阀门的开关时间，获得不同的温升率。测量不同温度畸变形式和温升率下发动机不同转速的特性线，获得温度畸变对发动机稳定裕度的影响。

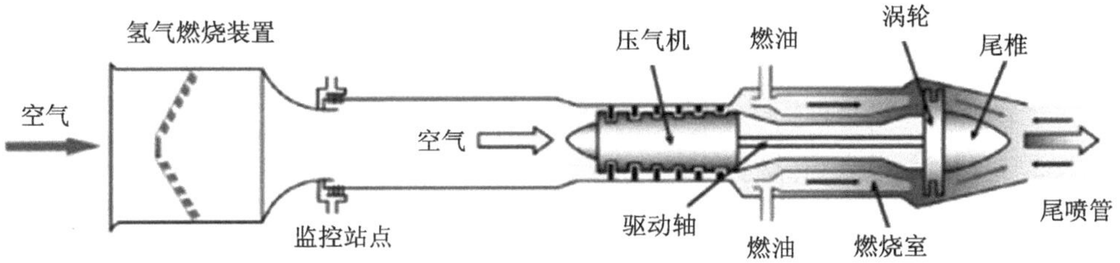

图 5.1　氢气燃烧温度畸变模拟器试验台示意图

俄罗斯的温度畸变发生器试验装置如图 5.3 所示。氢燃烧器距发动机进口 4 m，由稳定器、喷氢杆和支架组成。氢稳定器由 24 根径向 V 形槽稳定器组成，喷氢杆也有 24 根。氢稳定器和喷氢杆都均匀分布在 360°的圆形截面上。发动机进口空气加温分为 6 个区，每 60°扇形区构成一个完整的稳定栅，6 个扇形区内共有 12 根长、12 根短的径向稳定器。径向稳定器内安装了喷氢杆，为了使氢气分布均匀，保证氢气供到径向稳定器的回流区内，长、短喷氢杆上的喷氢孔按一定规律开孔，开孔方向与气流逆向，喷出的氢气与稳定器后的空气相混合，确保了沿稳定器长度方向的氢气与空气的比值基本不变，长短稳定器之间由拉杆及锁紧装置连接在一起，为保证热变形条件下的结构可靠性，采用球形铰接方式。

氢气供给和分配系统由高响应电磁阀、流量控制器(可更换节流咀)、可变充填容积室组成。可变容积在 360～1 070 cm^3 范围内变化，实际使用中选择了大、小两种

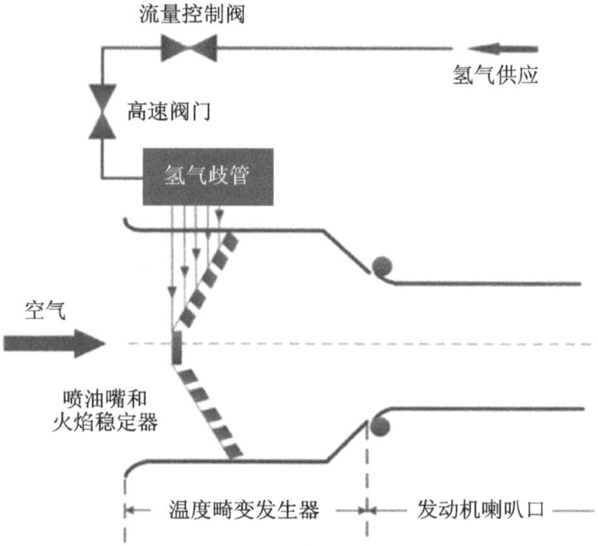

图 5.2　氢气燃烧装置示意图

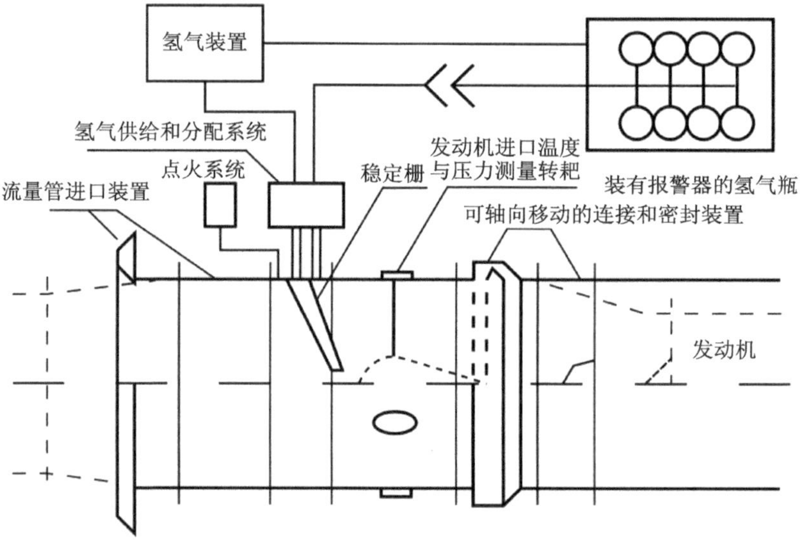

图 5.3　温度畸变发生器装置原理图

容积室，根据试验需要选择相应的容积室，容积越小，温升率越高。控制系统的氢气压力是由 PB 减压阀来控制的，压力的变化范围为 200～5 000 kPa。6 个扇形区的同步性低于 0.01 s，氢气供给和分配系统如图 5.4 所示。

图 5.5 所示为温度畸变发生器的工作特性。表 5.2 列出了俄、美两国在温度畸变发生器特性方面的对比情况。

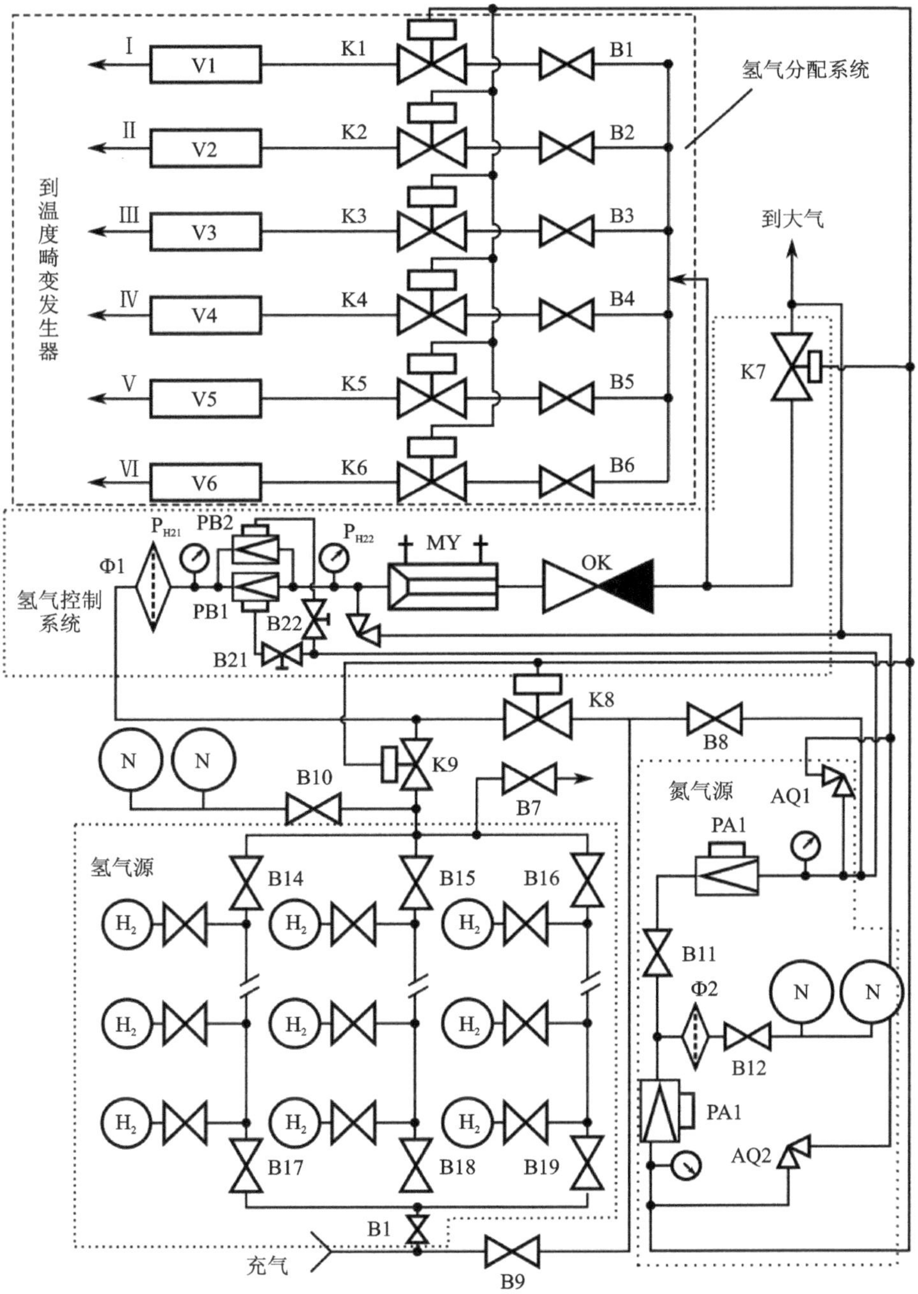

图 5.4　温度畸变发生器系统图

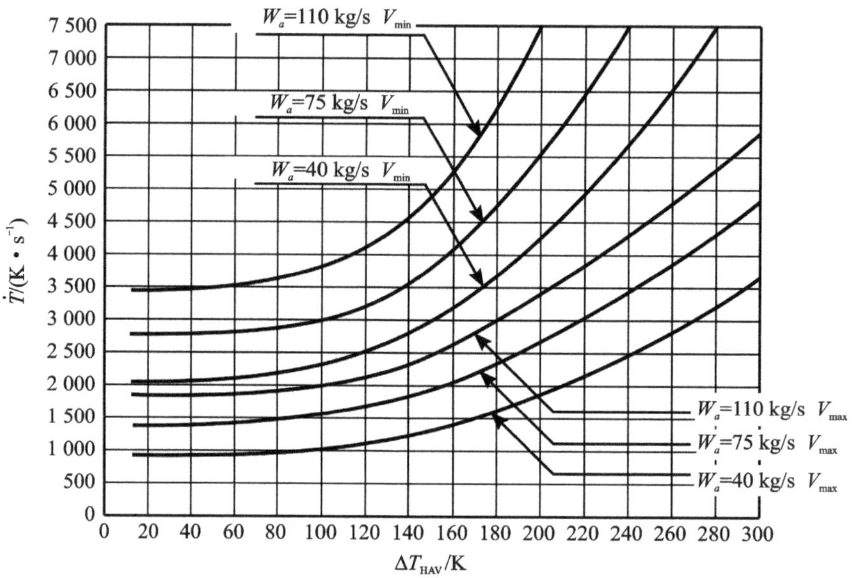

图 5.5　发动机进口流量 W_a =40～110 kg/s 时，温度畸变发生器的工作范围

表 5.2　温度畸变发生器特性对比

技术指标		俄罗斯	美　国
同步性		0.01 s	
可控制燃烧扇形区		360°分 6 区，每区 60°	360°分 4 区，每区 90°
可变容积/cm^3		360～1 070	410,410,820,820,1 229
减压阀后压力/kPa			350
气源压力/kPa		15 000	11 760～12 740
压力调节范围/kPa			147～1 470
温度场不均匀性		<15%	
供氢系统稳定性		氢气压力在 300 kPa 以上时，在 0.5 s 内压力变化大于 5%	
工作范围	温升率/(K·s^{-1})	10～4 500	
	相对温升/K	10～200	
点火可靠性			
温度畸变发生器气动特性		氢气压力低	

温度畸变发生器的组成、工作原理及工作特性大体上是一致的，但氢气燃烧装置有所不同，俄罗斯采用径向式的稳定栅，而美国采用周向式。

5.3 试验方法

测定温度畸变临界值的试验，按发动机研制单位和订货单位商定的大纲进行。由于温度畸变发生器和发动机前的测量装置会造成附加的损失，所以在温度畸变试验之前，应先测定发动机的工作线及进气管路的总压恢复系数 σ_i。σ_i 可能会导致风扇工作线向稳定边界偏移，这是在喷管亚临界工作状态下由进口节流造成的，此时要根据试车台的布局修正发动机的可用稳定裕度。

在稳态和过渡工况下，用逐步（按规定的步长）增加“热”区的加热量直到发动机出现不稳定工作的方法，确定温度畸变的临界值。

为了提高测定临界温升的精度，用变步长的方法来增加温升，在接近失稳点时改用小步长的温升，直到发动机进入不稳定工况。

建议发动机试验工况为 $\bar{n}_{CL}=0.75$，0.80，0.85，0.90，0.95 和 1.0，在给定温度畸变发生器和温度畸变参数（“高温区”的周向范围、温升率和温度扰动的持续时间）下，获得发动机进口临界加热量，温度畸变参数由温度畸变发生器再现：

① 再现加热区最大温升率 $\dot{T}_{max}$，在给定温度扰动持续时间 $\tau_B=0.5$ s 的条件下，逐步增大“高温区”的周向范围，由 $\theta^+=\theta^+_{max}$ 到 $\theta^+\approx 360°$，以测定面平均相对临界温升与“高温区”周向范围的关系曲线。根据试验结果，求出对应于临界温升最小值的周向范围 θ^+_{cr}。

② 在固定 $\theta^+=\theta^+_{cr}$ 和 $\tau_B=0.5$ s 的条件下，由 $\dot{T}=\dot{T}_{max}$ 到 $\dot{T}=10$ K/s 逐渐减小温升率，以确定发动机转速一定时，面平均相对温升与温升率的关系曲线。

③ 给定 $\theta^+=\theta^+_{cr}$ 和 $\dot{T}=\dot{T}_{max}$ 的条件下，增大温度畸变持续时间（从 0.5 s 到 2.0 s），以确定面平均相对温升与温度畸变持续时间的关系。

④ 发动机在过渡工况（加速和减速）下工作时，在 $\theta^+=\theta^+_{cr}$，$\dot{T}=\dot{T}_{max}$ 和 $\tau_B=0.5$ s 的温度畸变条件下，测定临界加热值。按照试验大纲，在过渡过程的不同阶段再现温度畸变。根据发动机转子的转速当前值，考虑到温度畸变发生器点火惯性和火焰从温度畸变发生器传到发动机进口所需的时间引起的温度扰动延迟，确定接通温度畸变发生器的时间。

温度畸变试验时需要测量的参数如下：

① 温度畸变发生器前双纽线进气道壁面的静压，沿周向不少于 6 点，发动机进口截面相对半径 $\bar{R}=0.9$ 处沿周向的总压不少于 3 点，以确定发动机进口空气流量。

② 温度畸变发生器后测量截面上小惯性温度受感部应不少于 18 个，沿周向均匀分布在 3 个等环面上，测量截面距发动机进口应不大于一个发动机进口直径，如果

风扇进口有导流叶片，允许将温度传感器直接安装在导流叶片上。

③ 在压气机特征截面上，周向相对位置处布置2点动态总压（或静压）。特征截面有：高、低压转子间的外涵和内涵截面、引气截面、轴流压气机和离心压气机之间的截面、压气机出口截面等。

④ 风扇出口内外涵总压不少于6点，内外涵各一半，用径向测压耙测量。

⑤ 防喘系统失速信号器输出指令及执行机构的开关指令。

动态压力测量应保证测点的幅频特性在2～300 Hz范围内是平直的，后部的下降斜率不小于40 dB每十倍频程，在恒幅的频率范围内频率特性的不均匀度不大于±5%，被测压力脉动振幅范围内振幅不均匀度不大于±3%，压力受感部的内径不小于2.5 mm，测点到传感器的长度不大于0.5 m。进行压力、温度组合畸变试验时，如压力畸变模拟器采用扰流板，则脉动压力测量应采用动态受感部，记录的频响不小于1 kHz，受感部安装在相对半径 $\bar{r}=0.9$ 处，沿圆周均布的数量不少于6个。

记录装置可采用高速并行计算机采集系统或多通道磁带机。

5.4 温度畸变的影响

温度畸变临界值的试验结果处理由初次处理和二次处理组成：初次处理是修正沿流道的测量参数值，并用图形绘出发动机进口的瞬时温度场；二次处理的目的是求出随时间变化的温度畸变参数（δT、θ_P^+、$\dot{T}$）。所得的结果表示成：温度畸变持续时间、“高温区”周向范围和温升率不同时，发动机进口面平均相对温升临界值（δT_{cr}）与发动机工况的相互关系。上述给定值取决于发动机型号和预期的使用条件。

在发动机每一次达到温度畸变临界值时，利用沿发动机流道测量的动态总压或静压，确定最先失去稳定性的压气机。首先发生出口压力急剧下降，而其前面的压力又同时增高的那一台压气机，就认为是决定发动机稳定性的压气机。

记录了发动机内失速过程始发处，就能确定温度畸变与发动机高、低压压气机可用稳定裕度的关系。

在发动机进口温度畸变试验中，温度畸变试验要确定最先失稳的压气机，以确定温度畸变条件下发动机的敏感系数，因而需要具有确定最先发生不稳定的高、低压压气机的试验方法。

1. 确定高压压气机最先出现不稳定性的试验

如果高压压气机最先发生不稳定，典型的试验方法是降低风扇稳定裕度，检查在温度畸变条件下，是否由风扇决定发动机的稳定性。

降低风扇稳定工作裕度的办法是减小发动机尾喷管的临界面积，即将喷管调节片调整到最小面积，强制将喷管移到极限允许位置或装上附加的节流装置（工艺喷

口)。发动机的试验过程如下:

① 逐步缩小喷管调节片的面积;

② 在喷管调节片的每一个位置,测定发动机进口温度畸变临界值,并确定发动机上哪一个压气机转子最先失稳;

③ 继续试验,判断风扇在发动机内是否最先失稳;

④ 记下尾喷管的位置和相应的临界温升值,根据这些值评定温度畸变对风扇稳定裕度的影响程度;

⑤ 如果喷管调节片已经达到最小位置,仍然在高压压气机内失去稳定性,那么在今后分析风扇所需稳定裕度时,可以认为在发动机使用工况范围内温度畸变对风扇的稳定性影响不大,可不予考虑。

2. 确定风扇最先出现工作不稳定性的试验

采用提高风扇稳定裕度的方法直至高压压气机成为失稳源,其试验程序如下:

① 逐步增加尾喷口调节片的面积;

② 测定发动机进口温度畸变临界值,并确定发动机上的哪个转子最先失稳;

③ 继续试验,判断高压压气机是否为发动机的不稳定工作源;

④ 根据尾喷管面积到达的位置和相应的临界加热值,评定温度畸变对高压压气机稳定裕度的影响程度;

⑤ 如果调节片已经到达极限可能的最大位置,仍在风扇处失稳,那么今后在分析高压压气机所需稳定裕度时,可以认为在发动机使用工况的整个范围内,温度畸变对高压压气机的稳定性影响不大,可不予考虑。

对当今使用的发动机而言,温度畸变对发动机的影响主要是导致高压压气机工作不稳定,但也存在极少数发动机首先在风扇或者低压压气机上发生工作不稳定。

5.4.1　小涵道比涡扇发动机

我国开展过温度畸变对发动机稳定性影响试验和数值模拟研究。发动机温度畸变试验装置系统由氢燃烧器、点火系统、氢气供给和分配系统、流量管、发动机进口温度测量转耙、氮气系统所组成,通过空间温度畸变和温升率来模拟进口温度畸变,如图 5.6 所示。

氢燃烧器距发动机进口 4 m,均匀分布在 360°的圆形截面上,它由 V 形槽稳定器和喷氢杆所组成,发动机进口空气加温分为 6 个区,每 60°扇形区构成一个完整的燃烧区。燃烧区由长、短径向稳定器构成。合理地选择稳定器结构参数,以保证径向温度场均匀和稳定燃烧。径向稳定器内安装了喷氢杆,为了使氢气分布均匀,长、短喷氢杆上的喷氢孔按一定规律开孔。由于喷氢孔的直径自壁面向中心是变化的,故基本确保了沿稳定器长度方向的氢气与空气的比值基本不变。氢气供给和分配系统由高响应电磁阀、流量控制器(可更换节流咀)、可变充填容积室组成。可变容积在

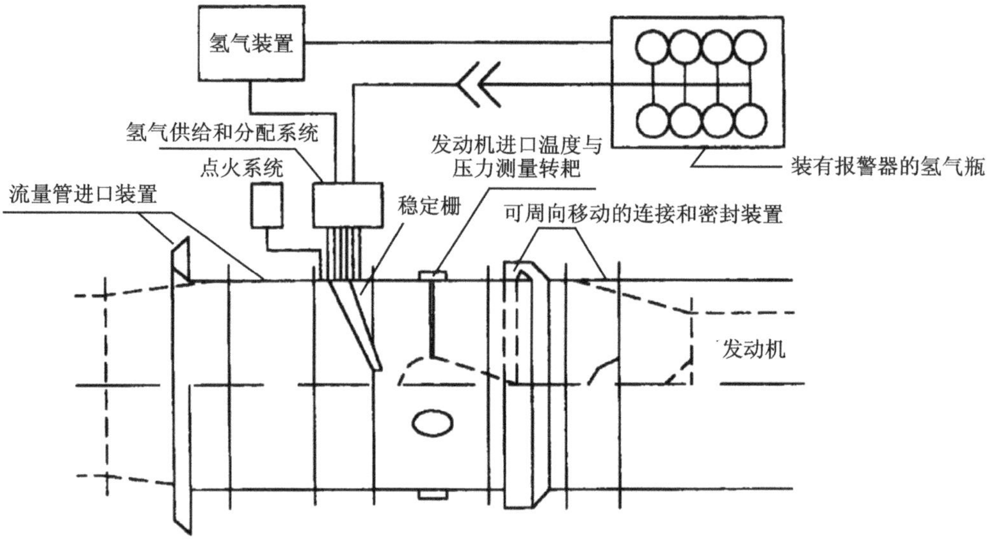

图 5.6 发动机温度畸变试验装置系统

360～1 070 cm^3 范围内变化，实际使用中选择了大、小两种容积室，根据试验需要选择相应的容积室，容积越小，温升率越高。控制系统的氢气压力是由一个减压阀来控制的，压力的变化范围为 200～5 000 kPa。6 个扇形区的同步性低于 0.01 s。这样，通过改变容积室容积可形成不同温升率，控制不同燃烧区域的氢气流量，即可在发动机进口产生不同畸变强度的空间温度场。试验结果表明，温升率的变化将导致发动机进口面平均相对临界温升相应的变化，温升率越高，面平均相对临界温升越低。其原因是，当温升率增加时，发动机供油及转速来不及变化，而空气量又急剧下降，且压力变化又因空气堵塞变化不大，从而导致发动机的工作点急剧向压气机喘振边界移动，温升率越高，进入发动机的不稳定工作边界工作点的轨迹越短。

采用有效的畸变传递模型，就进气温度畸变对某发动机稳定性和性能的影响进行了较深入的数值研究，详细地分析了温度畸变对发动机稳定性和性能的影响，探讨了温度畸变在发动机系统中的传递和分布情况。结果表明：对于发动机进口空间温度畸变，发动机稳定裕度损失更多地取决于畸变强度而非周向范围；而对于与时间相关的温度畸变，发动机进口温升率比周向范围的影响更为显著。

图 5.7 所示为低压转子折合转速等于 95%设计转速时，氢气燃烧区扇形角 Y 与“高温区”范围角 θ^+ 的关系曲线。定义“高温区”外延扩展角为“高温区”扇形角度与燃烧区扇形角度之差，可以看出，随着燃烧区扇形角增加，“高温区”扇形角与燃烧区扇形角逐渐趋于一致，亦即“高温区”的外延扩展角逐渐减小，这是由于高温气流受到温差引起的热传导和辐射的影响。当燃烧扇形区增加时，“高温区”气流辐射的影响随之减小，所以，“高温区”外延扩展角将降低。

图 5.8 所示为低压转子折合转速等于 95%设计转速时，“高温区”范围角 θ^+ 与

面平均相对临界温升的关系曲线。当“高温区”范围角等于 132°时，其面平均相对临界温升最低，等于 16.2%，与此相应的临界温升 $\Delta T_{2cr}=50.7\ K$。这表示这组温度畸变参数对发动机稳定性影响最大。采用发动机进口相对临界温升与“高温区”范围来评定温度畸变对发动机稳定性影响时是极其重要的，工程上用这组参数选择温度畸变发生器的工作参数，测定发动机工况与临界相对温升的关系，实际上在飞机发射武器时，导弹尾流的“高温区”范围角 $\theta^+=0°\sim210°$，持续时间等于 1～2 s。试验结果表明，发动机“高温区”范围的临界温升在武器发射所引起的温度畸变范围之内。

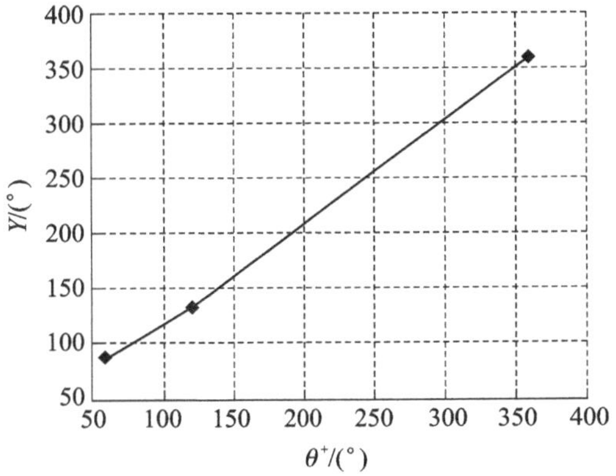

图 5.7　燃烧区扇形角与“高温区”范围角的关系

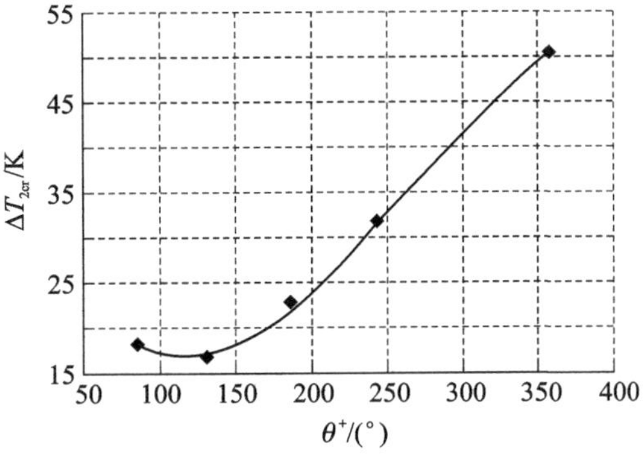

图 5.8　“高温区”范围角与面平均相对临界温升的关系

图 5.9 所示为氢气燃烧区扇形角 $Y=120°$，环境温度 $T_0=7$ ℃时，发动机工况与面平均相对临界温升的关系曲线。试验表明，在氢气燃烧区扇形角一定时，随着发动机低压转子转速的增加，面平均相对温升是下降的。在最小氢气燃烧区扇形角(Y_{min})时，发动机低压转子折合转速 n_{1c} 由 60%上升到 95%，δT_{2cr} 由 21.1%下降到 16.9%；在最大氢气燃烧区扇形角(Y_{max})时，随着转速上升，δT_{2cr} 由 23.5%下降到 20.2%。这表明，发动机进口面平均临界温升的变化不大，意味着发动机工况对温度畸变敏感系数的变化也不大。

图 5.10 所示为氢气燃烧区扇形角 $Y=120°$，环境温度 $T_0=7$ ℃时，发动机进口面平均相对临界温升与温升率的关系曲线。可以看出，温升率的变化将导致发动机进口面平均相对临界温升相应的变化，温升率越高，面平均相对临界温升越低。其原因是，当温升率增加时，由于发动机供油及转速来不及变化，而空气量又急剧下降，且压力变化又因空气堵塞变化不大，从而导致发动机的工作点急剧向压气机喘振边界移动，温升率越高，进入发动机的不稳定工作边界工作点的轨迹越短。当发动机低压转子折合转速为 95%、80%和 60%时，最大容积与最小容积面平均相对临界温升之比分别为 1.2%、1.211%、1.11%。面平均相对临界温升的变化，将影响发动机的温度畸变敏感系数的变化。某型涡扇发动机的温度畸变敏感系数在 11.6%～17.1%

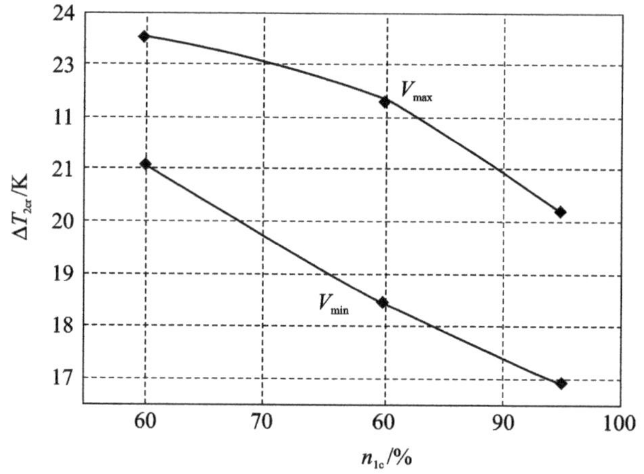

图 5.9　发动机工况与面平均相对临界温升的关系

范围内变化。所以，在进行温度畸变的发动机稳定性评定时，要与飞机承制方仔细讨论温升率参数的选择。

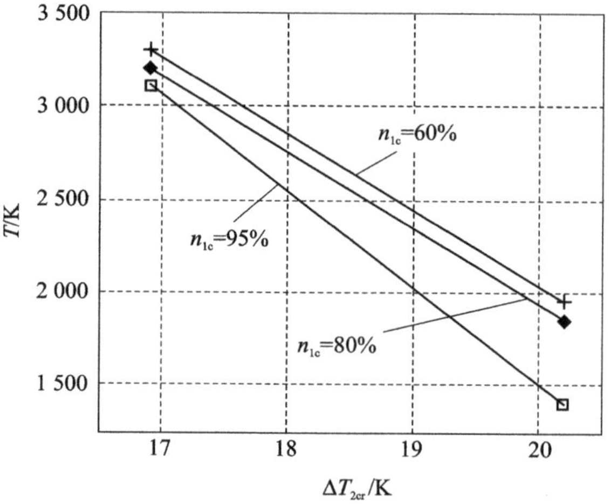

图 5.10　发动机面平均相对临界温升与温升率的关系

通常用温度畸变敏感系数来定量评估武器发射引起的温度畸变对发动机稳定性的损失。敏感系数定义为单位面平均相对临界温升的压气机稳定裕度损失为

$$\alpha_T = \frac{SM_{avi}}{\delta T_{2cr}} \tag{5.3}$$

式中：SM_{avi} 和 δT_{2cr} 分别表示高压压气机可用稳定裕度和面平均相对临界温升。

图 5.11 所示为温度畸变系数与发动机状态的关系曲线。可以看出，发动机温度畸变敏感系数与氢气的填充容积（即温升率）有关，在最小氢气容积（即温升率 $T=3\ 020\sim3\ 300$ K/s）条件下得到的 $\alpha_T=1.1\sim1.62$，在最大氢气容积（$T=1\ 400\sim$

1 950 K/s)条件下得到的 $\alpha_T=0.97\sim1.36$。初步认为,用最小容积数据作为发动机温度畸变的敏感系数,与目前大多数发动机温度畸变敏感系数 $\alpha_T=2\sim4$ 相比,其稳定性是相当好的。

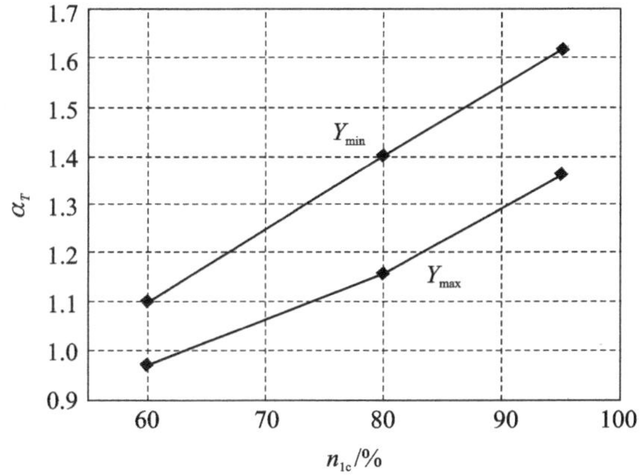

图 5.11　温度畸变敏感系数与发动机状态的关系

5.4.2　大涵道比涡扇发动机

对 YTF34 大涵道比涡扇发动机开展温度畸变影响研究,如图 5.12 所示,为了详细分析温度畸变的轴向传递,以及温度畸变造成的压力畸变的轴向传递情况,进行了详细测量,测量布局如图 5.13 所示。

图 5.12　位于高空试验舱的 YTF34 发动机

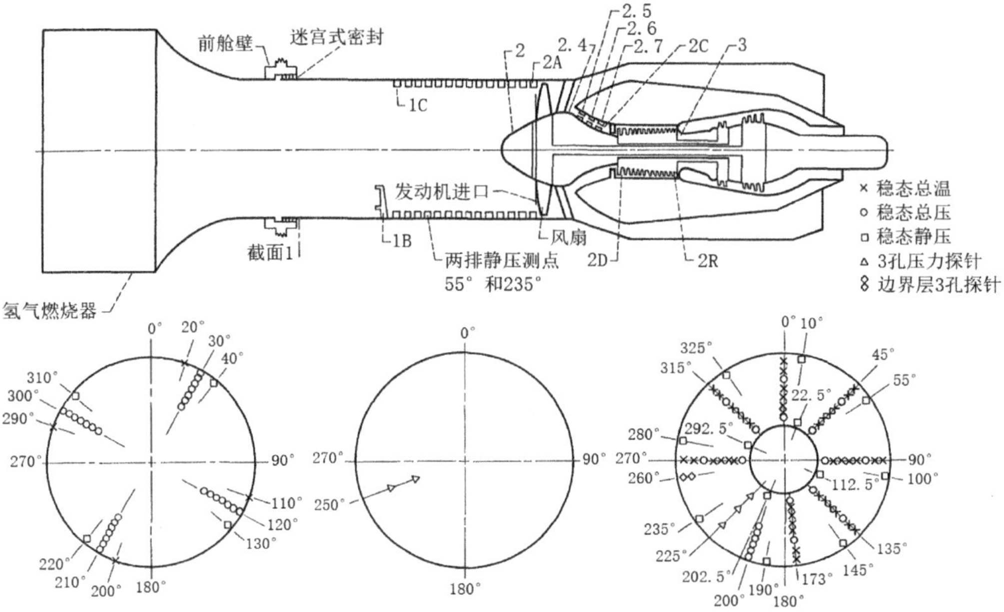

截面1：流量测量
发动机上游126.64 cm

截面1B：畸变网下游
发动机上游57.62 cm

截面2：风扇进口
发动机上游14.96 cm

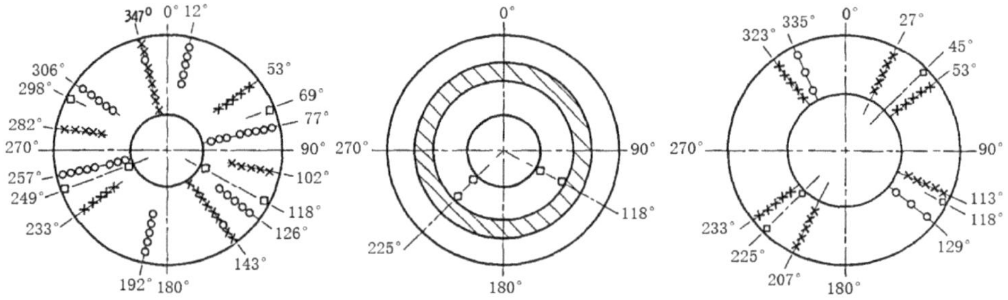

截面2.4：风扇出口

截面2.5，2.6和2.7：风扇至压气机转接段

截面2C：压气机进口

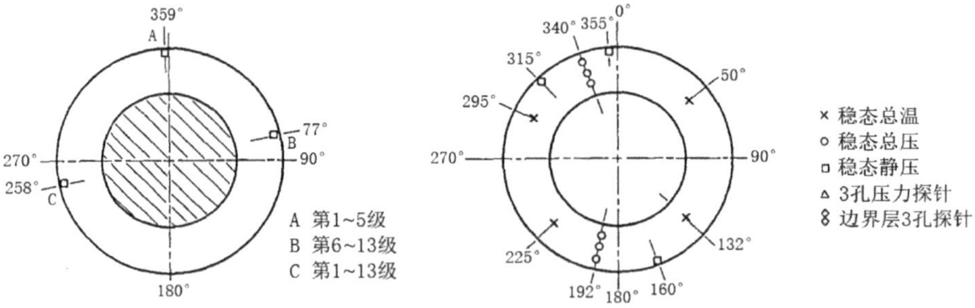

截面2D至2R：压气机级间

截面3：压气机出口

图 5.13 测量界面分布

图 5.14 所示为风扇进口截面总温周向分布。可以看出，产生两种不同周向范围的总温畸变区，“高温区”范围分别等于 90°和 180°，“高温区”温升随着“高温区”范围的增大而逐渐减小，“低温区”温度也会随着“高温区”范围的增大而逐渐减小。

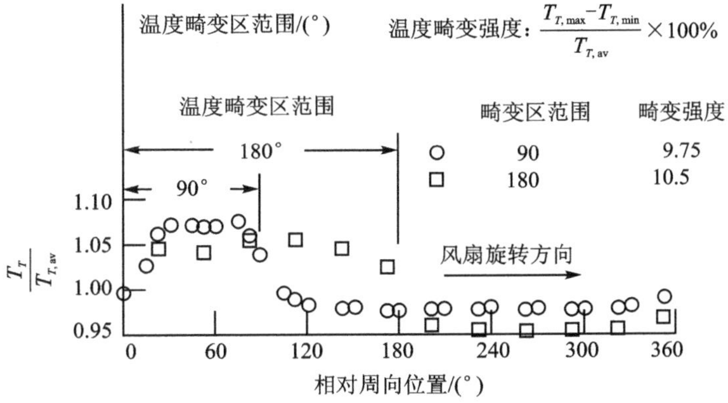

图 5.14　测量界面分布

第 6 章

进气压力温度组合畸变对稳定性影响试验

发动机进口流场畸变，尤其是压力和温度组合畸变，是发动机工作过程中经常遇到的物理现象。该现象对发动机的稳定性和性能有着不利的影响。首先，亚临界的进口流场畸变（其畸变强度小于发动机进口畸变临界值）会降低发动机的稳定工作能力，减小发动机的空中推力，增加燃油消耗率。其次，超临界的进口流场畸变（其畸变强度大于发动机进口畸变临界值）会导致发动机不稳定工作，使发动机完全丧失空中推力，从而导致空中停车，严重时造成机毁人亡的事故。因此，深入研究进口流场畸变对发动机稳定性影响的机理，定量确定进口流场畸变对发动机稳定裕度的影响程度，是发动机稳定性研究中必须解决的关键技术。

通常，压力畸变主要影响风扇的稳定性，而对压气机的影响要相对小一些。与此相反，温度畸变主要影响压气机的稳定性，而对风扇的影响较小。压力和温度组合畸变对发动机稳定性的影响与单独的压力畸变和温度畸变的影响是不同的，并且更复杂，不同形式的组合畸变，即不同强度的压力和温度组合畸变以及二者间的相互位置不同，对发动机系统的稳定性影响也不一样。因此，研究不同形式组合畸变对发动机稳定性的影响是非常必要的。

6.1 试验目的

在实际使用条件下，温度畸变和压力畸变极少单独出现。因此，在稳定性试验中，必须完成温度和压力组合畸变试验。试验的目的是确定压力和温度畸变的各种组合对发动机稳定性的影响。压力与温度的不同组合是指低压区和高温区在发动机进口的相互位置。

6.2　试验装置

美国 NASA 刘易斯研究中心设计了模拟发动机进气压力温度组合畸变的试验平台，图 6.1 所示为组合畸变模拟装置的示意图。图中温度畸变模拟器位于发动机入口气动交界面约 4 倍管道直径位置，通过控制小型独立气态氢燃烧室，可以实现圆周范围内以 30°扇形区域单独燃烧控制，能够达到的技术指标为温升率范围 111～611 K/s，瞬时平均温度可以实现高于环境温度 422 K。总压畸变模拟器为常规多孔板形式，位于气动交界面约 1 倍管道直径处，通过控制开孔率来改变总压畸变值。Braithwaite 等人利用该压力温度组合畸变模拟发生器测试了 J85－GE－13 涡喷发动机，通过单独的进气温度畸变测试、单独的总压畸变测试以及压力温度组合畸变测试后获取发动机的工作特性，并利用试验数据检验了平行压气机模型和简化平行压气机模型的有效性。

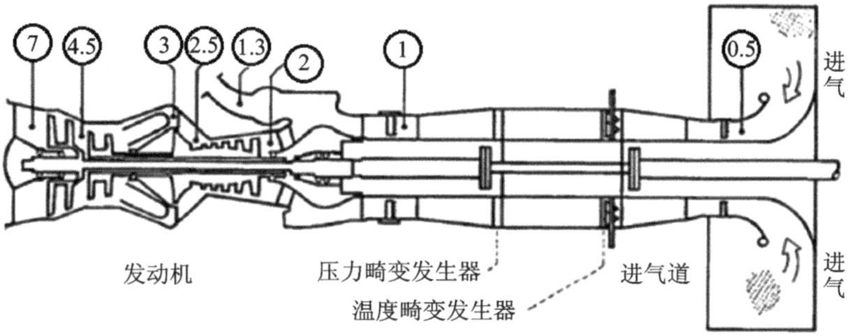

图 6.1　进气压力/温度组合畸变模拟器示意图

6.3　试验方法

组合畸变试验在地面试车台上进行，温度畸变由温度畸变发生器产生，压力畸变由扰流板产生（扰流板是固定式的，也可以是径向移动的）。扰流板安装在管道的圆柱段上，距发动机进口距离约为 3 倍发动机进口直径；温度畸变发生器安装在扰流板的上游，二者的距离不少于两个通道直径，组合畸变试验的测量参数与温度畸变试验相同。

组合畸变试验的发动机工况的选择与压力畸变的试验工况相同，其试验步骤如下：

① 顺序安装插板的 3 个不同位置，插板的堵塞面积是不同的，以实现 3 种不同

扰动，其扰动值分别是临界压力畸变值(W_{cr})的25%、50%和75%左右；

② 在3种压力畸变值下，接通温度畸变发生器，逐步增加加热量，求出极限允许加热值；

③ 首先在"低压区"和"高温区"重合($\theta_{P,T}=0°$)的情况下试验，测取加热临界值，然后在相反位置上($\theta_{P,T}=180°$)测取加热临界值，"低压区"和"高温区"的相对位置可由温度畸变发生器不同的点燃区来控制。

试验中对发动机进口总压畸变值不直接进行测量，而是利用单独的压力畸变试验结果 $W=W(\bar{H}_U,\bar{n}_{CL})$ 来求得，而压力畸变指数 W 的确定，则要利用发动机前的现有的总压测量值来修正温度畸变发生器的影响。

根据试验结果求出"高温区"和"低压区"在不同位置的温度畸变临界值与压力畸变指数的关系曲线。这种典型关系曲线如图6.2所示。

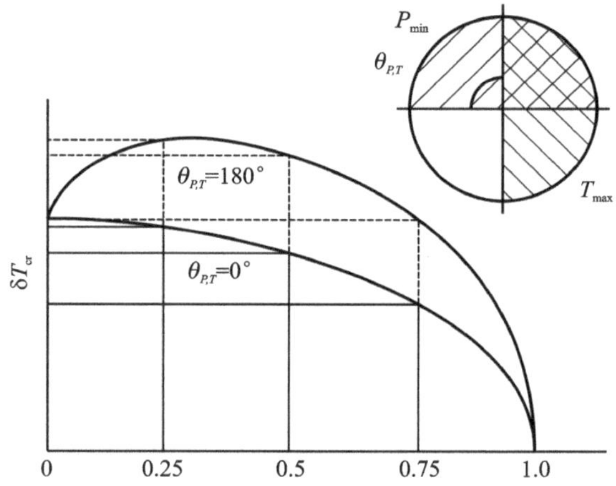

图6.2 温度和压力组合畸变试验相互影响的关系曲线

每次组合畸变达到临界值时都要确定是高压还是低压压气机最先失稳，为此要利用沿发动机流道的总压或静压测量结果来进行判断。记录压气机内失速过程的首发位置，能确定组合畸变值和方位与发动机高、低压转子可用稳定裕度的关系。

6.4 压力温度组合畸变的影响

NASA 刘易斯研究中心的 Charles M. Mehalic 和 Roy A. Lottig 进行了稳态进气温度畸变对 J85 - GE - 13 型涡轮发动机的失速边界的影响，以及周向和径向温度畸变及压力温度组合畸变对 J85 - GE - 13 涡轮喷气发动机性能的影响。试验过程在 Lewis 研究中心的推进系统实验室的高空台中进行。该设施能够模拟从海平面到 24 390 m 的高度，气流流量分别为 218 kg/s 和 22.7 kg/s。采用直接连接装置，进气喇叭口安装在前舱壁上游的压力通风系统中。喇叭口设计为在额定发动机气流下的喉部，马赫数为 0.6。得出结论：就失速时压气机压比的损失而言，最严重的温度畸变模式是轮毂径向温度畸变，而相对扇形的周向模式最不严重。压力温度组合畸变的影响取决于高温和低压区域的位置。当这些区域重合时，发生最严重的失速压比损失。

本次试验中使用的通用电气 J85 - GE - 13 发动机，是一种加力涡轮喷气发动机，在海平面最大加力状态下，发动机推重比等于 7.2。发动机由连接到两级涡轮机的八级轴流式压气机、环形燃烧器、加力燃烧室（本试验中未使用）和可变面积排气喷嘴组成。压气机具有可变的入口导向叶片，其与级间（第 3、4、5 级）排放阀机械连接，使得当阀门完全打开时叶片偏转最大。入口导叶安装角和级间排气时间是入口温度和发动机折合转速的函数。

图 6.3 所示为畸变装置安装示意图及氢燃烧器。使用气态氢燃料燃烧器来产生

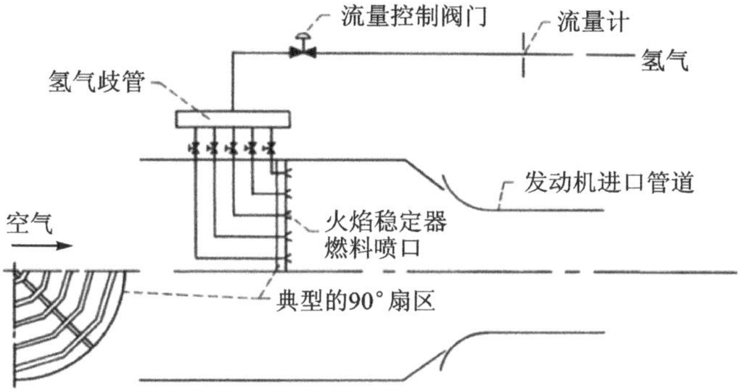

(a) 安装示意图

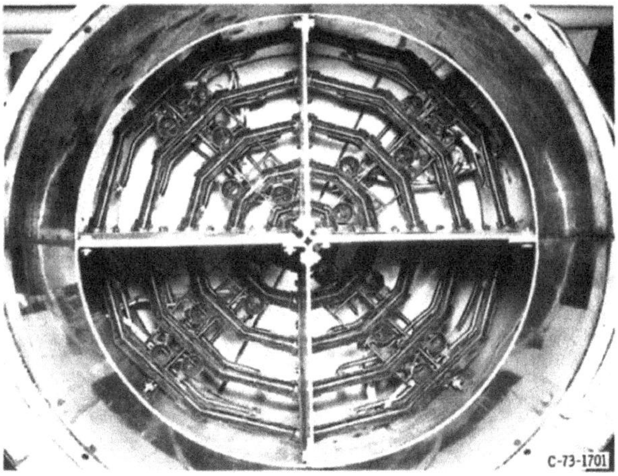

(b) 上游视图

图 6.3　畸变装置安装示意图及氢燃烧器

压气机入口温度畸变。使用氢气是因为它具有良好的点火特性和快速的火焰传播速度。燃烧器安装在进气口喇叭口的压力通风系统上游。发动机入口气流在通过燃烧器时被加热，燃烧器被分成4个90°扇区。每个扇区包含5个环形V形槽。用慢响应远程操作控制阀来改变氢气流量并提供温度控制。每个扇区都有自己的控制系统，允许从1个扇区到4个扇区的操作，从而可以生成从周向范围的90°~360°的模式布局。而且，通过切断到外壁附近管道的氢气流，产生了轮毂径向温度畸变模式。压力畸变是利用位于距离压气机进口上游一个发动机直径距离附近的筛网产生的，如图6.3(b)所示。

图6.4所示为试验过程的测点布局。试验中测量总压、静压和温度。在发动机进口截面布置了12×5点的总温探针，在发动机出口截面布置了4×5点的总温探针。

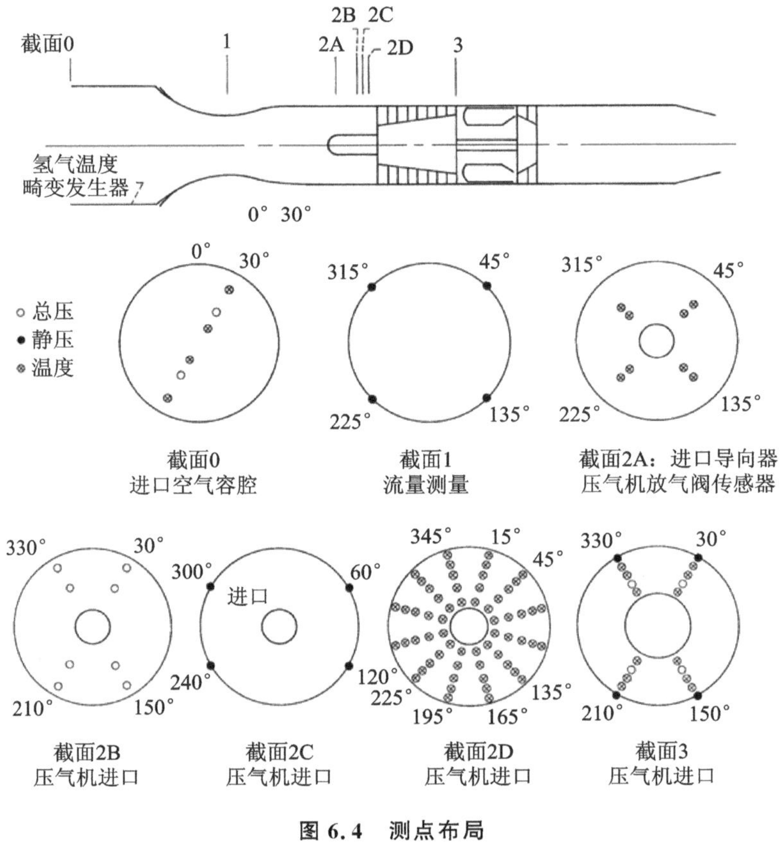

图6.4 测点布局

使J85-GE-13涡轮喷气发动机经受稳态温度及压力温度组合畸变，以研究它们对压气机运行边界和性能的影响，得到以下结果：

① 同一畸变强度，轮毂径向温度畸变模式布局导致最大的压气机失速压比损失，如图6.5所示。

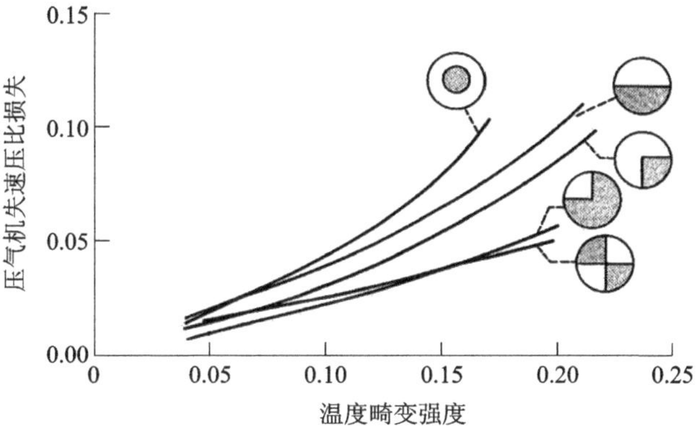

图 6.5　不同温度畸变形式对失速压力损失的影响

② 周向温度畸变模式的失速压比的损失取决于范围和幅度，180°范围内有最大损失，见图 6.5。

③ 总范围为 90°的多个小扇区的温度畸变布局对压气机性能的影响小于相同幅度的单个扇区。这种多重布局导致所有测试畸变的性能降低量最小，见图 6.5。

④ 发现压气机失速压比损失与畸变强度有关，并取决于折合转速，如图 6.6 所示。

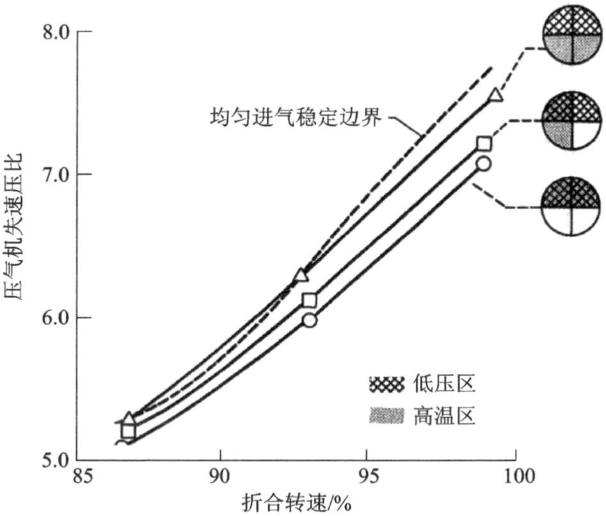

图 6.6　压力温度组合畸变对失速点压力影响

⑤ 压力温度组合畸变试验时，压气机性能和工作边界的恶化取决于高温区与低压区的相对位置。当这些区域位于相同位置时发生最严重的影响，在高温区和低压区位置相对时产生最小的影响，如图 6.6 所示。

⑥ 当入口雷诺数指数降低时，发现周向温度畸变的影响更严重。

NASA 刘易斯研究中心的 Charles M. Mehalic 进行了进口温度和压力畸变对涡扇发动机稳定性的影响试验研究，并在高空台进行了试验，以确定稳态入口温度畸变、压力畸变以及压力温度组合畸变对 PW1128 涡扇发动机稳定性的影响。稳态温度畸变由气态燃料氢燃烧器产生。通过安装在燃烧器和发动机入口之间的入口管道中的筛网产生压力畸变。试验过程是在刘易斯研究中心的推进系统实验室的两个高空台中的一个进行的。高空台直径为 24 ft(1 ft=0.304 8m)，长 39 ft，并且能够模拟从近海平面到 80 000 ft 高度的试验条件，最大气流速率分别为 480 lb/s 和 50 lb/s (1 lb=0.453 6 kg)。调节设备可用于提供－50～600 ℉温度范围内的空气。发动机使用直接连接模式安装，在试验舱前舱壁上游的压力通风系统中安装有进气喇叭口，发动机安装在一个二维(轴向和横向)推力支架上；在所需的压力和温度下，通过进气喇叭口提供调节的空气。通过试验台前端的冷却空气环提供冷却空气，并且试验期间可以使用排气装置来维持试验台中所需高度下的大气压力。

PW1128 发动机是一种小涵道比、高压比的双轴涡轮风扇发动机，由两级低压涡轮驱动的三级风扇、两级风冷高压涡轮机驱动的十级压气机，以及环形燃烧器、混流式增压器和可变面积收敛-扩散式排气喷嘴组成。在温度畸变测试期间没有使用混流式增压器，但是作为安装的一部分包括排气喷嘴塞，以提供小于标准喷嘴的排气喷嘴喉部区域。

使用气态燃料氢燃烧器在发动机入口处产生稳态温度畸变。使用氢气是因为它具有良好的点火特性和快速的火焰传播速度，对于给定的燃料空气比要求温度升高快，并且是清洁燃烧。燃烧器安装在进气管喇叭口上游的气室中(见图 6.7(a))。燃烧器分为 4 个独立控制的区域，能够从上死点向任一方向旋转 30°。区域从右上角开始标识为 1～4，并从上游按顺序编号。当发动机入口气流通过燃烧器时在选定的区域内被加热。每个区域都包含 6 个环形管道，由 1 个径向管道和 6 个周向管道(每个环形管道中一个)支撑，带有用于注入氢气的小孔。6 个涡流式导流燃烧器在每个区域点燃了每个管道的氢气。位于燃烧器外部的氢气管道通过管道和远程操作的流量

氢气燃气器安装在进气容腔

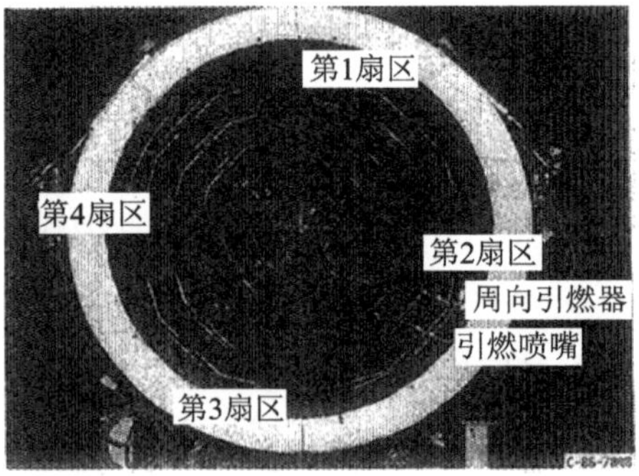

上游视图

图 6.7　氢燃烧器

控制阀连接到每个区域的 6 个周向管道。氢气管道通过额外长度的管道和远程操作的流量控制阀连接到氢气供应源处。通过控制每个区域的氢气流量，周向畸变的范围为 90°、180°、270°和 360°。此外，通过关闭选定管道的氢气，可以生成轮毂和尖端-径向温度畸变。

压力畸变是由一个安装在风机入口上游入口管道下半部分的 180°扇形（分成 5 部分）的 1/2 筛网（直径为 0.063 in(1 in=25.4 mm)）产生的。紧耦合（响应有限）压力传感器安装在风扇入口、风扇管道、高压压气机入口和高压压气机出口处，可以获得有限数量的高响应压力测量值。这些测量分别是由高压压气机入口处和出口处的 Kulite 传感器进行的。

PW1128 涡扇发动机在各种条件下进行了测试，包括稳态入口温度畸变、压力畸变以及压力温度组合畸变。位于发动机入口上游的气态燃料氢燃烧器用于产生周向和径向温度畸变模式；入口管道中的筛网产生入口压力畸变；具有组合的温度和压力畸变的测试条件包括改变高温区域和低压区域的相对位置，得到以下结果：

① 由设定某个布局的氢燃烧器产生的温度畸变：周向布局具有很小的径向参数，同样，径向布局具有很小的周向参数。

② 周向温度畸变区位置经过风扇后会发生偏移，在转子旋转方向旋转约 70°；虽然温度畸变强度经过风扇后衰减了约 50%，但由于高压压气机工作点离稳定边界相对较近，温度畸变容易引起压气机的流动不稳定性，导致高压压气机在风扇之前或接近同一时间失速。

③ 轮毂径向温度畸变，在通过风扇时衰减 4%～17%，在风扇中引起流动不稳定的结果与周向入口温度畸变的结果类似。

④ 叶尖径向温度畸变导致风扇在 80.8%和 91.2%设计转速失速并导致风扇压比损失分别为 10.6%和 5.7%。径向温度畸变在 96.2%风扇设计转速似乎会导致高压压气机失速。由于高压压气机入口处的周向畸变强度大约是在较低转速下观察到的 2 倍，因此在 96.2%风扇转速下的周向畸变强度可能是一个影响因素。

⑤ 周向入口总压下降导致风扇失速。在风扇转速为 90.2%设计转速下，畸变强度为 4.2%，导致失速压比下降 6.2%。在风扇转速为 100.2%设计转速下，畸变强度为 7.2%，导致失速压比下降 8.3%。

⑥ 压力温度畸变抵消彼此对稳定性影响的能力得到证明，高温区与低压区重合时引起的畸变导致高压压气机失速。当测试高温区与低压区重合的组合畸变时，高压压气机稳定性的影响降低到令风扇起动失速的程度。

第 7 章
旋流畸变对稳定性影响试验

航空发动机进口形成旋流畸变的主要原因包括：① 战斗机采用腹部和两侧进气、发动机置于尾部时，为提高总压恢复系数且兼顾隐身的需求，进气道设计成S形；② 在战斗机进行机动飞行、遭遇侧风、发射导弹等特殊情况下，除了产生总压畸变或总温畸变，也会形成旋流畸变。旋流畸变作为一种新型的降稳因子，虽然没有列入我国现有的稳定性评定规范和标准中，但研究人员已经开展了相关的研究，日后也会将旋流畸变加入规范中，作为一个降稳因子予以评估。本文已经将其作为一个降稳因子，因此，共有16个降隐因子。

7.1 试验目的

旋流畸变作为降低发动机稳定性的重要因素，需要通过试验评估其对稳定性的影响。旋流畸变试验主要在地面部件和整机试车台上进行。可以参考压力畸变的试验，通过试验确定旋流畸变指数、旋流畸变对稳定裕度的影响、旋流畸变敏感系数和旋流畸变需用稳定裕度等参数。

7.2 旋流畸变发生装置

20世纪80年代末，德国的Fottner等对旋流畸变进行了研究，研制了一种三角翼旋流畸变发生器，通过手动调节三角翼与来流的夹角产生不同强度的对涡。图7.1所示为一种典型的三角翼式旋流畸变发生器。Genssler等的研究表明，具有一定攻角的三角翼能产生对涡旋流，对涡旋流的强度与三角翼的攻角相关。Pazur和Schmid等在风洞中设置三角翼并通过改变攻角产生了不同强度的对涡旋流，进而研究了对涡旋流畸变对压气机性能的影响。研究结果表明，对涡旋流畸变使压气机的性能下降，效率降低。三角翼式旋流畸变发生器结构简单，能够方便地调节对涡的强度和位置，并且加工制造的成本低、周期短。但其弊端也十分突出，这种类型的旋流畸变发生器生成的旋流种类比较单一，只适用于产生对涡旋流，不能模拟出在实际飞行中产生的结构形式复杂的旋流类型。

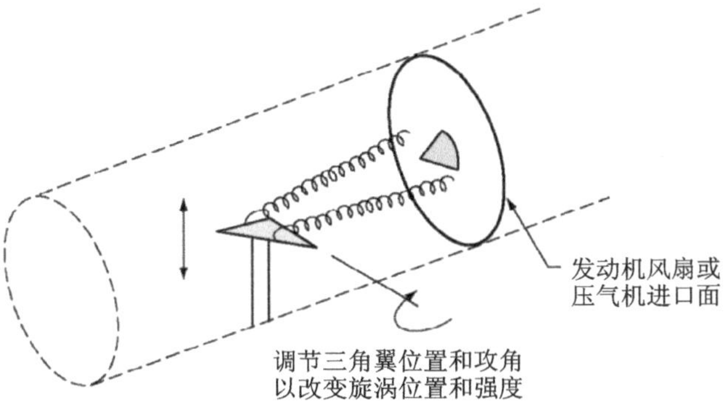

图 7.1　三角翼式旋流畸变发生器

2002 年，美国空军阿诺德工程发展中心设计了一种叶片式旋流畸变发生器，利用叶片的尾迹涡和端部的泄漏涡产生旋流，试验产生了切向达 25°的旋流。国内南京航空航天大学(简称南航)的彭成一和张堃元等先后通过试验证实了叶片式旋流畸变发生器可以产生基本旋流流场。试飞院的姜健等设计了一种叶片转折角、叶片高度和叶片数可调的叶片式旋流畸变发生器，数值模拟和研究了不同设计参数对旋流畸变结构和强度的影响。该发生器可以产生不同强度的整体涡、局部涡和对涡，切向角最大可达 28°。2015 年，南航的屠宝锋等设计了一种叶片式旋流畸变发生器，可以产生单涡和对涡，切向角最大可达 25.1°，并在一台压气机试验台上开展了数值模拟和试验，研究旋流畸变对压气机气动稳定性的影响，如图 7.2 所示。目前，南航屠宝锋等新发展了一种可变弯度叶片式旋流畸变发生器，可以通过自动控制装置实现在线调节旋流类型和强度，产生整体涡、对涡和局部涡，且整体涡最大强度超过 30°，对

图 7.2　叶片式旋流畸变发生器

涡最大强度超过 15°，拥有国家发明专利，且完成了风洞试验验证。

箱式旋流畸变发生器是由美国霍尼韦尔公司的 Sheoran 于 2008 年提出的，在随后几年一直持续研究，如图 7.3 所示。这种旋流畸变发生器放置在压气机或者发动机的进口，将喇叭口包含在里面，通过简单改变腔体的外形，可以产生 5 种不同形式的旋流畸变：正向整体涡、反向整体涡，正向为主的偏置双涡、反向为主的偏置双涡和对涡。其切向角最大可达 58°。箱式旋流畸变发生器的优点在于可以通过改变进气方式和调节挡板产生多种不同类型的旋流，并且腔室型结构在发动机前没有类似于叶片式和三角翼式这种易断裂和吸入发动机的不稳定结构。但腔室型旋流畸变发生器仍然只能产生一般结构形式的旋流畸变场，不能模拟出在实际飞行中产生的结构形式复杂的旋流类型，并且只能对产生的旋流场进行粗略调整，不能对流场细节进行精确控制。

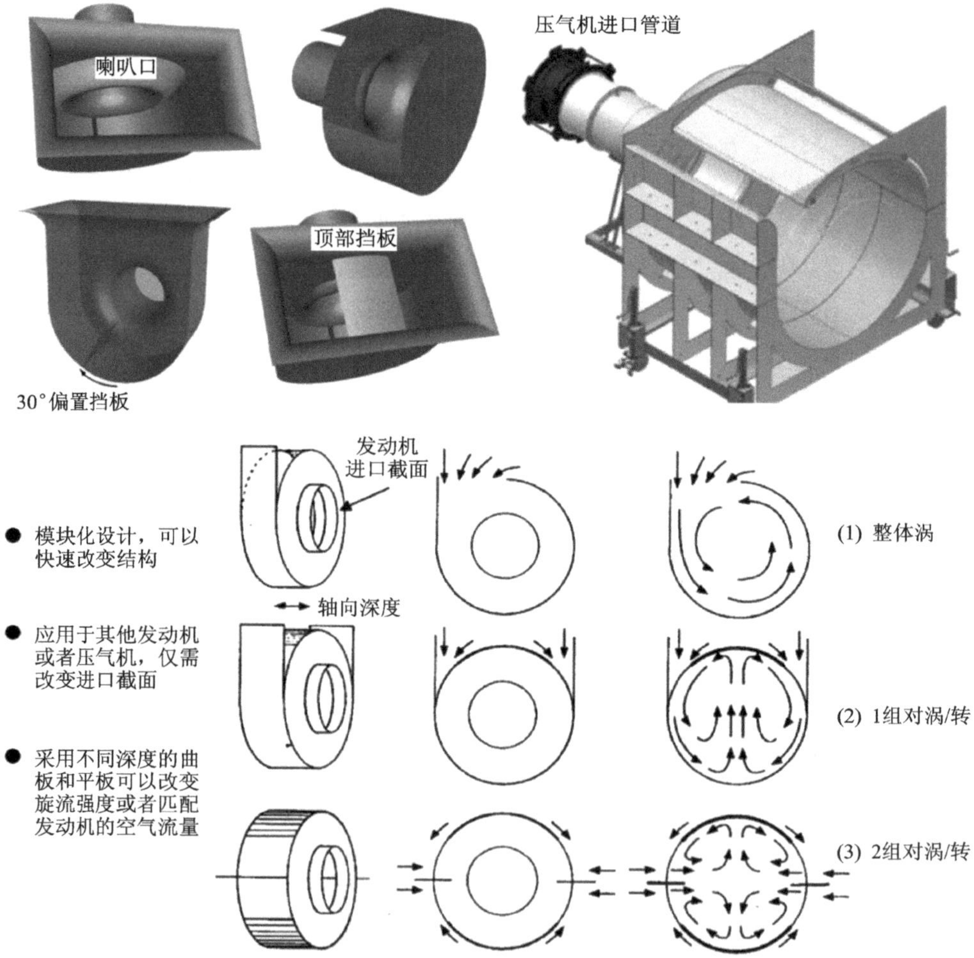

图 7.3　箱式旋流畸变发生器

美国弗吉尼亚理工大学 O'Brien 等设计的 StreamVane 是一种非常复杂的旋流畸变发生器，由很多形式各异的支板组成；这些支板的形状和布置方式是根据进气道出口流场分布特征进行专门设计的，可以模拟真实的旋流流场，如图 7.4 所示，也可以称为旋流畸变网。这种旋流畸变发生器的突破性在于可以模拟任意结构样式的旋流图谱，打破了以往旋流畸变发生器只能模拟整体涡和对涡旋流的局限性。虽然旋流畸变网结构稳定，模拟精度高，控制简单，但存在以下两个问题：

① 旋流畸变网设计过程烦琐，需根据目标流场反复调整叶片稠度、弦长以及安装角等叶型参数。为提高设计效率，缩短设计时间，南京航空航天大学的叶飞基于紊流涡模型以及线性叠加理论建立了旋流模拟理论模型，并编写了软件，输入旋流涡数量及相关旋流参数，即可较为准确地设计旋流畸变网。空军工程大学的王加乐等基于所设计的可控扩散叶型（CDA 叶型），探究了叶片稠度、AIP 位置、安装角增量、马赫数以及圆形旋流畸变网的直径等参数对叶片生成旋流的影响，并拟合出计算公式，

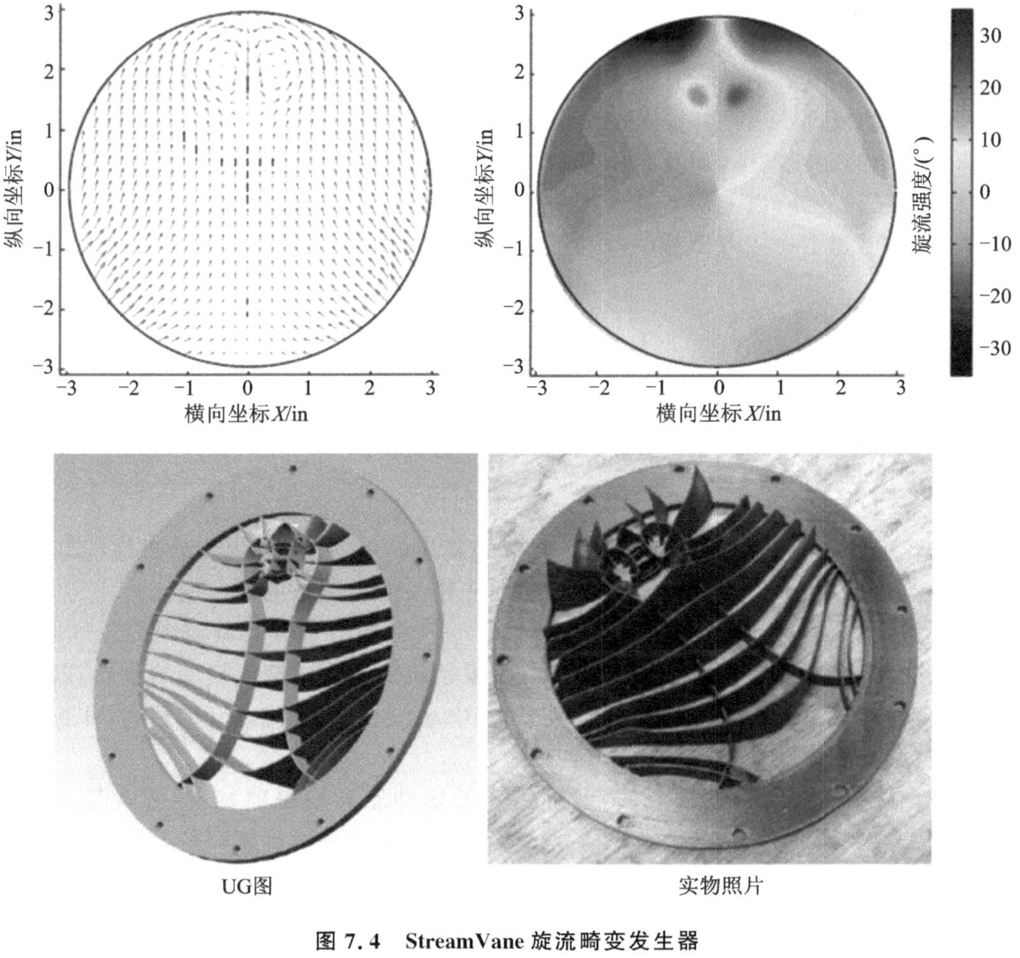

UG图　　实物照片

图 7.4　StreamVane 旋流畸变发生器

有效缩短了设计时间。

② 每个旋流畸变网仅能模拟一个流场，而进气道在实际飞行中会随着飞机飞行姿态和状态的变化产生大量的不同结构、不同强度的流场，若采用旋流畸变网来复现这些流场，必定需要设计大量的旋流畸变网，通过更换不同的旋流畸变网来实现不同的畸变流场模拟。若通过旋流畸变网模拟一个飞行包线进气道出口的所有流场，其模拟效率极低，每个旋流畸变网的利用程度极低，造成资源过度浪费，还要在试验台更换不同的旋流畸变发生器来模拟不同的目标流场，在试验时要频繁开关电动机或者频繁开车、停车，每次试验前都要调整校核试验台状况。因此，如何构建一个模拟精度高、利用率高、适用性强的虚拟/模拟进气模型就成为当前亟待解决的问题。

总体而言，现有的这几种旋流畸变发生器各有优势，但也存在不足之处。三角翼式旋流畸变发生器过于简单，旋流形式和强度可调节范围很窄；常规叶片式旋流发生器比较适用于压气机和发动机试验，结构和调节都较为简单，但是气流切向角调节一般很难超过 30°，主要原因是气流转折角超过一定值后，叶片吸力面附面层分离，导致无法产生较大的切向气流；箱式旋流畸变发生器虽然可以产生较为丰富和强度很大的旋流，但是其最初的设计是用于研究 APU 的，尺寸比较小，对于尺寸较大的涡喷/涡扇发动机并不适用；StreamVane 作为一种定制的旋流畸变发生器，虽然可以模拟非常复杂的旋流畸变，但其结构复杂，设计和制作成本高，且一个畸变装置只能模拟单个工况。另外，以上所有的旋流畸变发生器在试验过程中，旋流强度和类型都不易调节，需要先更换或者调整一些部件后，重新开始试验。

7.3 试验方法

7.3.1 旋流畸变指数

旋流畸变指数必须能够用于评估典型的旋流畸变对进气道/发动机性能和稳定性的影响。采用与风扇/压气机叶片气动性能相关的可测量的周向气流角，将其定义为旋流角度，这种旋流畸变指数能够将风扇/压气机的稳定性与旋流畸变关联起来。旋流畸变指数应能定量地表示不同进气道/发动机中出现的旋流畸变的差异，以便比较分析，在进气道/发动机的设计和改进环节中，合理评估旋流畸变的影响，并获得进气道/发动机旋流畸变的容限值。

在评估总压进气畸变影响时，我们需要考虑动态和稳态畸变，这两者是不一样的。而关于旋流畸变，迄今为止的大部分工作都只涉及稳态旋流畸变的影响，少数几个已经解决的案例表明采用这种方式是有效的，即可以暂时不考虑动态旋流畸变。因此，本文建议使用稳态方法，除非一些新的研究表明动态旋流畸变的影响不容忽视。

旋流畸变指数类似于 ARP1420 中的周向压力畸变指数，可以利用试验或计算中获得的 AIP 气动界面的旋流角数据，计算得到旋流畸变指数，因为旋流畸变与压力畸变不同，其具有方向性，因此该指数还与发动机的旋转方向有关。

根据同向涡和反向涡的数据，定义了 4 个旋流畸变指数，分别是旋流扇形面平均偏流角 SS(Sector Swirl)、旋流强度指数 SI(Swirl Intensity)、旋流方向性指数 SD(Swirl Directivity)和旋流对数 SP(Swirl Pairs)。

扇形旋流，包括两个参数，表征某个指定径向环的旋流畸变，SS_i^+ 表示同向涡，SS_i^- 表示反向涡。

旋流强度，表征 AIP 气动界面每一个径向环位置的周向气流角。

旋流方向，表示 AIP 气动界面每一个径向环气流的整体旋转方向，相对于压气机的旋转方向而言，该值介于－1 和＋1 之间。

旋流对数，在 AIP 气动界面每一个径向环上，同向和反向涡流对的数量。

1. 周向旋流畸变单元

图 7.5 所示为典型的周向单个旋流畸变在某个径向环的周向偏流角分布形式，以此为例说明 4 种旋流畸变指数的计算方法。在计算中，对于每一个径向环，采用面积平均的方法进行计算。

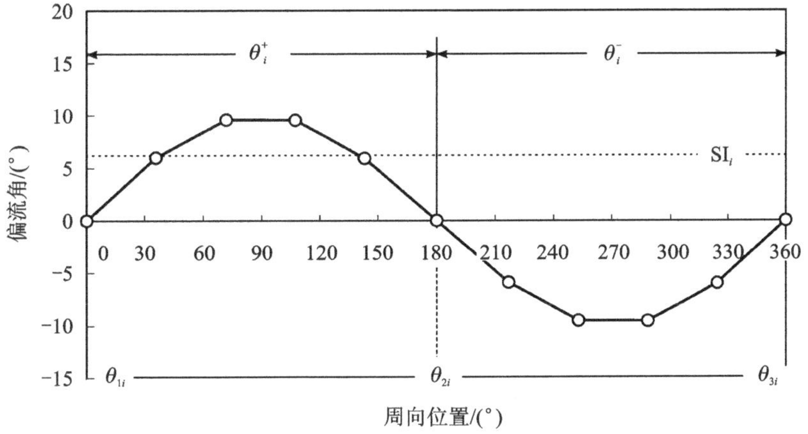

图 7.5　典型的单个旋流周向偏流角分布情况

θ_i^+ 是指同向涡的周向范围，单位：(°)；θ_i^- 是指反向涡的周向范围，单位：(°)。对于图 7.5 中的旋流形式，旋流方向在两个周向角位置发生变化，分别是 $\theta_{1i}=0°$ 和 $\theta_{2i}=180°$，则

$$\theta_i^+=\theta_{2i}-\theta_{1i},\quad \theta_i^-=\theta_{3i}-\theta_{2i} \tag{7.1}$$

(1) 旋流扇形面平均偏流角 SS(Sector Swirl)

当旋流畸变第 i 个径向环的周向偏流角沿周向的分布确定后，同向涡和反向涡

区域的扇形角面平均偏流角可以用以下积分形式计算获得：

$$SS_i^+ = \frac{1}{\theta_i^+}\int_{\theta_i^+}\alpha(\theta)_i\,d\theta,\quad SS_i^- = \frac{1}{\theta_i^-}\int_{\theta_i^-}\alpha(\theta)_i\,d\theta \tag{7.2}$$

式中：$\alpha(\theta)_i$ 表示随周向角度变化的气流偏流角；SS_i^+ 和 SS_i^- 的单位为(°)。

(2) 旋流强度指数 SI(Swirl Intensity)

旋流强度指数 SI 表征了旋流的强度，单位为(°)，用下式计算：

$$SI_i = \frac{SS_i^+ \times \theta_i^+ + |SS_i^-| \times \theta_i^-}{360} \tag{7.3}$$

(3) 旋流方向性指数 SD(Swirl Directivity)

对于单涡，旋流方向性指数可以用下式计算：

$$SD_i = \frac{SS_i^+ \times \theta_i^+ + SS_i^- \times \theta_i^-}{SS_i^+ \times \theta_i^+ + |SS_i^-| \times \theta_i^-} \tag{7.4}$$

对于一个按照正弦波分布的对称双涡旋流，$SD_i = 0$，表示 AIP 气动界面第 i 个半径环存在着一对幅值相等、方向相反的旋流。对于一个纯粹的同向整体涡，$SS_i^- = 0°$，SS_i^+ 是一个正的有限值，$SD_i = +1$；而对于一个纯粹的反向整体涡，$SS_i^+ = 0°$，SS_i^- 是一个负的有限值，$SD_i = -1$。同向偏置对涡的 SD_i 介于 0 和 +1 之间，反向偏置对涡的 SD_i 介于 −1 和 0 之间。

(4) 旋流对数 SP(Swirl Pairs)

旋流对数 SP_i 表示第 i 个径向环存在旋流对的个数，采用如下公式计算：

$$SP_i = \frac{SS_i^+ \times \theta_i^+ + |SS_i^-| \times \theta_i^-}{2 \times \max\{[SS_i^+ \times \theta_i^+], [|SS_i^-| \times \theta_i^-]\}} \tag{7.5}$$

对于一个纯粹的整体式旋流，第 i 个径向环的偏流角 $\alpha(\theta)_i$ 沿着周向分布是一个常数。而对于一个偏置整体涡，$\alpha(\theta)_i$ 沿着周向是变化的，但是其值始终大于 0 或者小于 0，使得 SS_i^+ 或者 $SS_i^- = 0°$，SI_i 等于整体涡旋流的平均偏流角，同向整体涡的 $SD_i = +1$，反向整体涡的 $SD_i = -1$。对称双涡的 $SP_i = 1$，同向整体涡和反向整体涡的 SP_i 均等于 0.5，同向偏置对涡和反向偏置对涡的 SP_i 均介于 0.5 和 1 之间。

2. 周向单个旋流畸变指数算例

(1) 对称双涡

图 7.6 所示为一个典型的对称双涡的偏流角沿周向的分布情况以及 4 个旋流畸变指数的计算值。0°～180°之间是同向旋流，180°～360°之间是反向旋流，同向旋流和反向旋流的平均偏流角幅值相同、方向相反。对称双涡式旋流畸变是一个正弦波，其幅值等于 10°，因此第 i 个径向环的扇形面平均偏流角 $SS_i^+ = 6.2°$，$SS_i^- = -6.2°$，旋流强度指数 $SI_i = 6.2$，旋流方向性指数 $SD_i = 0$，旋流对数 $SP_i = 1$。

(2) 偏置对涡——幅值不对称

图 7.7 所示为幅值不对称分布的偏置对涡的偏流角沿周向的分布情况。同向涡

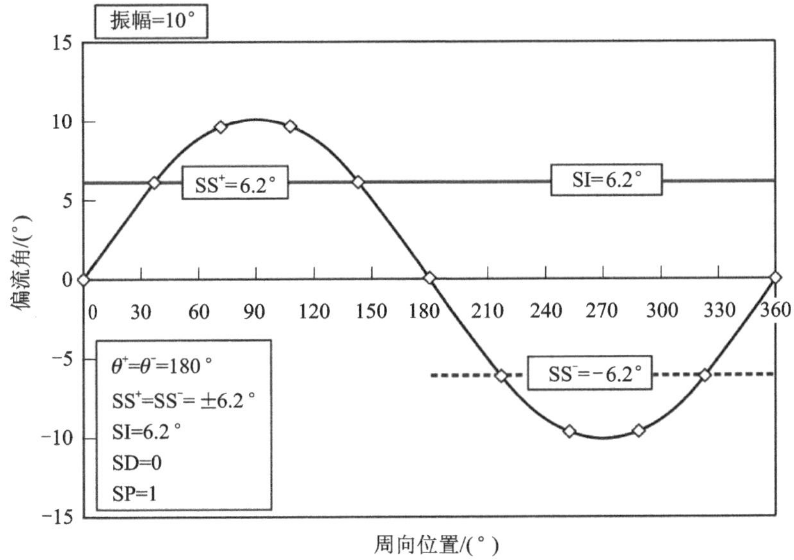

图 7.6　对称双涡偏流角周向分布及旋流畸变指数

的最大幅值等于 20°，反向涡的最大幅值等于 10°，同向涡和反向涡的周向范围相等，均为 180°，此时，第 i 个径向环的扇形面平均偏流角 $SS_i^+=12.3°$，$SS_i^-=-6.2°$，旋流强度指数 $SI_i=9.2°$，旋流方向性指数 $SD_i=0.33$，旋流对数 $SP_i=0.75$。

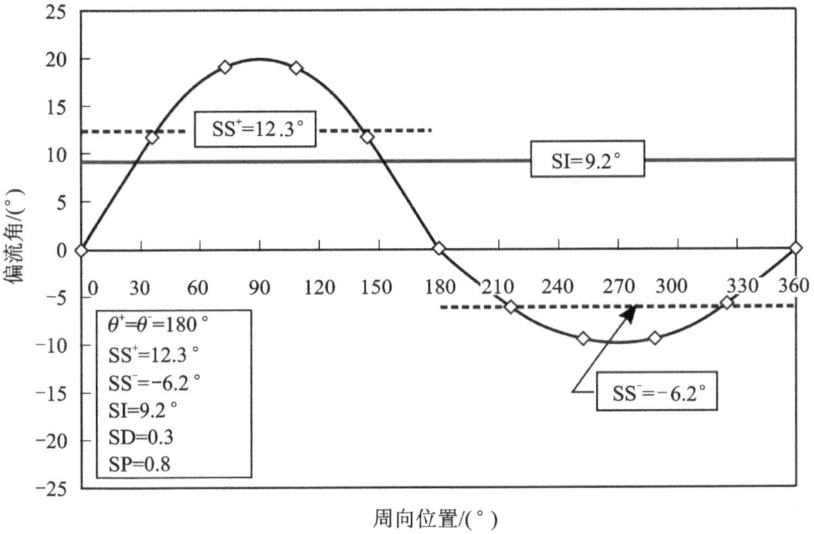

图 7.7　幅值不对称分布的偏置对涡偏流角周向分布及旋流畸变指数

(3) 偏置对涡——范围不对称

图 7.8 所示为周向范围不对称分布的偏置对涡的偏流角沿周向的分布情况。同向涡周向范围等于 252°,反向涡周向范围等于 108°,同向涡的最大幅值等于 20°,反向涡的最大幅值等于 10°,此时,第 i 个径向环的扇形面平均偏流角 $SS_i^+=10.5°$,$SS_i^-=-5.1°$,旋流强度指数 $SI_i=8.9°$,旋流方向性指数 $SD_i=0.7$,旋流对数 $SP_i=0.6$。

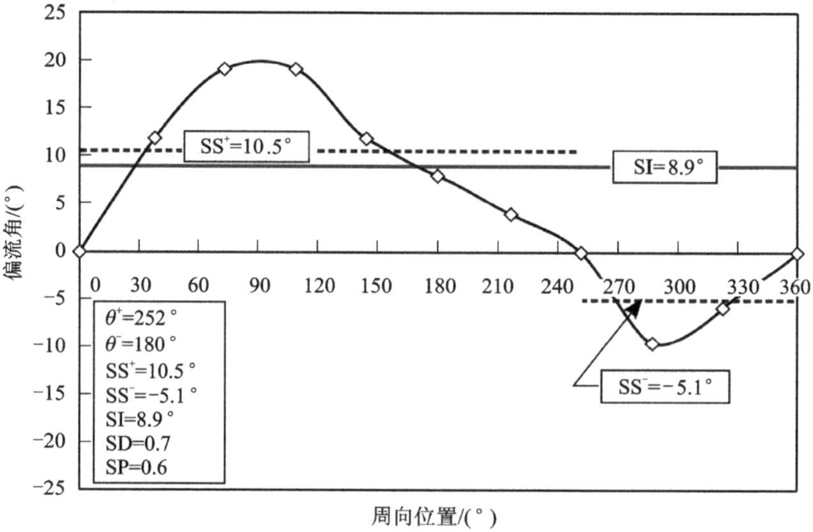

图 7.8 周向范围不对称分布的偏置对涡偏流角周向分布及旋流畸变指数

(4) 单涡——旋流角周向不变

图 7.9 所示为旋流角周向不变的同向单涡或同向整体涡的偏流角沿周向的分布情况,同向涡周向范围等于 360°,反向涡周向范围等于 0°,同向涡的最大幅值等于 10°,此时,第 i 个径向环的扇形面平均偏流角 $SS_i^+=10°$,$SS_i^-=-5.1°$,旋流强度指

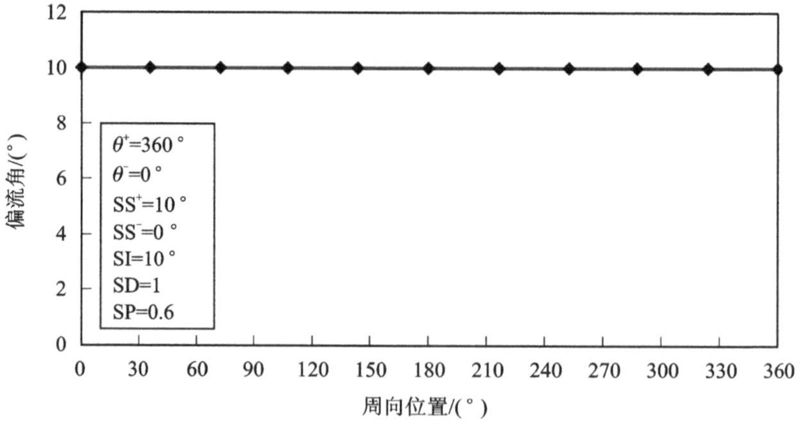

图 7.9 偏流角沿周向不变的单涡偏流角周向分布及旋流畸变指数

数 $SI_i=10°$，旋流方向性指数 $SD_i=1.0$，旋流对数 $SP_i=0.5$。

7.3.2 旋流畸变指数和稳定裕度关联方法

AIR5686 中提出的旋流畸变对发动机稳定性影响的评定方法与 SAE ARP1420 中的压力畸变类似，将压气机稳定性的变化与旋流和压力畸变指数联系起来。对于压力畸变、温度畸变和旋流畸变而言，稳定边界压比损失和稳定裕度损失的定义是相同的。稳定边界压比损失与相应的畸变指数的相关性需要通过压缩系统试验来获取。多年来，通过压力畸变和温度畸变的试验已经收集了相当多的数据。虽然，关于纯整体涡旋流畸变对压气机稳定性的影响是可以用理论直接解释的，但是很少有公开的数据能够用于理解成对旋流畸变（如：对称双涡、偏置对涡）对压气机稳定性的影响。AIR5686 规范给出了两种稳定边界压比损失与旋流畸变指数的关联公式，这些公式基于分析评估方法，量化这些影响的试验测试正在持续进行，因此，需要对规范进行定期更新。

参考 SAE ARP1420 中关于进气压力畸变中稳定边界压比损失的定义，进气旋流畸变情况下的稳定边界压比损失可以如下表示：

$$\Delta PRS=\left(\frac{PR1-PRDS}{PR1}\right)\times 100\% \tag{7.6}$$

式中：ΔPRS 是等折合流量下的稳定边界压比损失；PR1 是均匀进气条件下的稳定边界压比；PRDS 是进气旋流畸变条件下的稳定边界压比，如图 1.12 所示。

发动机等折合流量下的原始可用稳定裕度 $\Delta SM_{available}$，用公式 2.2 计算获得，则在进气旋流畸变情况下，等折合流量下的稳定裕度损失 ΔSM 为

$$\Delta SM=\left(\frac{PR1-PRDS}{PRO}\right)\times 100\%=\Delta PRS\times\frac{PR1}{PRO} \tag{7.7}$$

将式(7.7)与式(7.6)式合并，可得：

$$\Delta SM=\Delta PRS\left(1+\frac{SM_{ava}}{100\%}\right) \tag{7.8}$$

从 RB211 的研究结果看，对于发动机稳定性的影响需要考虑总压畸变和旋流畸变的共同作用，因此在计算发动机总的稳定边界压比损失时可以将总压畸变和旋流畸变情况下各自的稳定边界压比损失计算出来然后相加，另外再加上两者耦合作用对稳定边界压比损失的影响，计算公式如下：

$$\Delta PRS=\Delta PRS_P+\Delta PRS_S+B\times\Delta PRS_{PS} \tag{7.9}$$

式中：

ΔPRS_P 是指单独由总压畸变导致的稳定边界压比损失，ARP1420 使用了小扰动理论分析获得其计算公式，采用下式计算：

$$\Delta PRS_P=\sum_{i=1}^{N}\left[KC_i\times\left(\frac{\Delta PC}{P}\right)_i+KR_i\times\left(\frac{\Delta PR}{P}\right)_i+K_i\right]\times 100\% \tag{7.10}$$

ΔPRS_S 是指单独由旋流畸变导致的稳定边界压比损失，可以采用以下两种公式计算：

第 1 种计算公式为

$$\Delta PRS_S = \max\{[KSI_i(SI_i) + KSD_i(SD_i) + KSP_i(SP_i) + C_i]_{i=1:N} \times 100\%\} \tag{7.11}$$

式中：用到了旋流畸变指数，包括旋流强度指数 SI、旋流方向性指数 SD 及旋流对数 SP；下角标 i 表示第 i 个径向环；KSI_i 表示旋流强度指数敏感系数；KSD_i 表示旋流方向性指数敏感系数；KSP_i 表示旋流对数敏感系数；N 表示径向环的个数。

第 2 种计算公式为

$$\Delta PRS_S = \max\left[\left(KS_i^+ \times SS_i^+ \times \frac{\theta_i^+}{\theta_{ref}} + KS_i^- \times SS_i^- \times \frac{\theta_i^-}{\theta_{ref}}\right)_{i=1:N}\right] \times 100\% \tag{7.12}$$

式中：KS_i^+ 表示同向旋流扇形面平均偏流角；KS_i^- 表示反向旋流扇形面平均偏流角；θ_{ref} 表示旋流畸变基准扇形范围角。

参数 $B \times \Delta PRS_{PS}$ 主要是考虑当发动机遭受旋流畸变和总压畸变共同作用时，稳定边界压比的损失并不等于两种进气畸变单独作用时影响值的相加，因此，有理由相信旋流畸变和总压畸变有相互之间的耦合作用，使得发动机稳定边界压比损失发生变化。其中：ΔPRS_{PS} 是关于旋流畸变指数和压力畸变指数的函数，但是具体如何求解目前还不清楚，包括参数 B 的取值，都需要今后通过研究获得。参数 B 可以是正值或者负值，当其值为正时，表示旋流畸变和压力畸变的耦合作用对稳定裕度有恶化作用；反之，当其值为负时，旋流畸变和压力畸变的耦合作用对稳定裕度有好处。

7.3.3 测量方法

可以采用 3 种测试技术获得进气旋流畸变流场。第 1 种利用单支稳态五孔压力探针，第 2 种利用五孔稳态压力探针梳，第 3 种利用 $0.87R_{max}$ 五孔探针。

第 1 种方法利用单支稳态五孔压力探针，配合二坐标位移机构，调整测点位置。试验时，二坐标位移机构带动探针移动，探针位置改变后停 5 s 开始采集数据，采集时间10 s。测量位置为周向 48 点×径向 12 点，获得详细的整个 AIP 界面气流方向角，以及不同径向位置的旋流畸变指数和旋流畸变图谱。对测试结果进行参数影响研究，对比分析周向测点数量等于 48、36、24 和 12 时旋流畸变指数和旋流畸变图谱的差异，对比分析径向测点数量等于 6 和 12 时旋流畸变指数和旋流畸变图谱的差异。通过单支稳态五孔压力探针的详细测量研究，兼顾测量时间和测量准确度，确定整体涡和对涡测量时对周向和径向测点数量的最佳要求。图 7.10 所示为单支稳态五孔压力探针测点布局示意图。

采用第 2 种方法进行发动机部件或者整机试验时，在 AIP 截面周向均布 1 支五

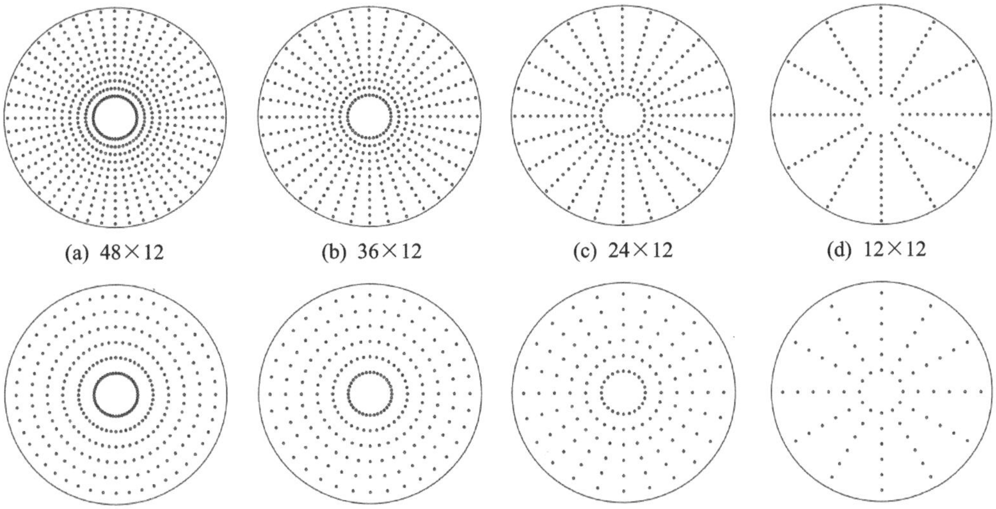

(a) 48×12　(b) 36×12　(c) 24×12　(d) 12×12

(e) 48×6　(f) 36×6　(g) 24×6　(h) 12×6

图 7.10　单支稳态五孔压力探针测点布局示意图

孔压力探针梳，每支探针梳上等环面布置 6 个五孔稳态压力测点。为了获取更密测点数下的畸变指数，将探针梳布置在可以周向旋转的机匣段上，通过旋转该机匣，使测量梳和静压测点可以覆盖整个 AIP 测量截面。获取旋流畸变指数的过程为：首先设置旋流畸变发生器与 AIP 截面距离为 2.5D，将旋转机匣沿周向等间隔旋转 35 次，每次的旋转角度为 10°，旋转后停 5 s 开始采集，采集时间 10 s；然后将每支探针梳沿径向提拉一定距离，改变探针梳的径向位置进而加密探针梳的径向测点数；最后综合两次压力测量的结果，计算该方案下的旋流畸变指数。以上述测量结果为基准，逐步简化测点布局，进而获得不同测点布局下的稳态畸变指数，筛选出最佳的满足旋流畸变指数测试准确度要求的测点布置方案。

采用第 3 种方法进行发动机部件或者整机试验时，沿周向布置 12 根特殊的五孔探针，探针测点位于 0.87R_{max}，测量该径向位置的气流角周向分布，获得该径向位置的旋流畸变指数，如图 7.11 所示。对测试结果进行参数影响研究，对比分析周向测点数量等于 6、8、10 和 12 时对旋流畸变指数的影响。

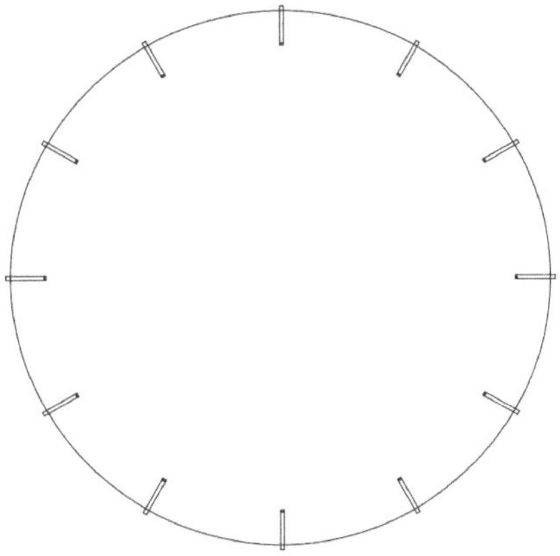

图 7.11　0.87R_{max} 五孔压力探针布局示意图

通过上述测试技术的对比研究，最终确定采用何种方法和测试布局能够在缩短测试时间的情况下尽可能准确测量旋流畸变场。对于第3种方法，由于只是针对87%叶高位置测量旋流场，以此代表整个AIP界面的旋流特征，因此需要构建一个0.87R_{max}五孔探针测量结果修正模型，以提高0.87R_{max}五孔探针测量旋流畸变场的准确性。

7.4 旋流畸变的影响

Schmid等对LARZAC 04涡扇发动机开展了旋流畸变影响研究。LARZAC 04涡扇发动机(见图7.12)采用了两级跨声速风扇、4级高压压气机、环形燃烧室、单级高压涡轮和单级低压涡轮，核心机和风扇外涵道分开排气，因此，可以对风扇和高压压气机分开节流，由于风扇没有导向器，很适合用于研究旋流畸变的影响。

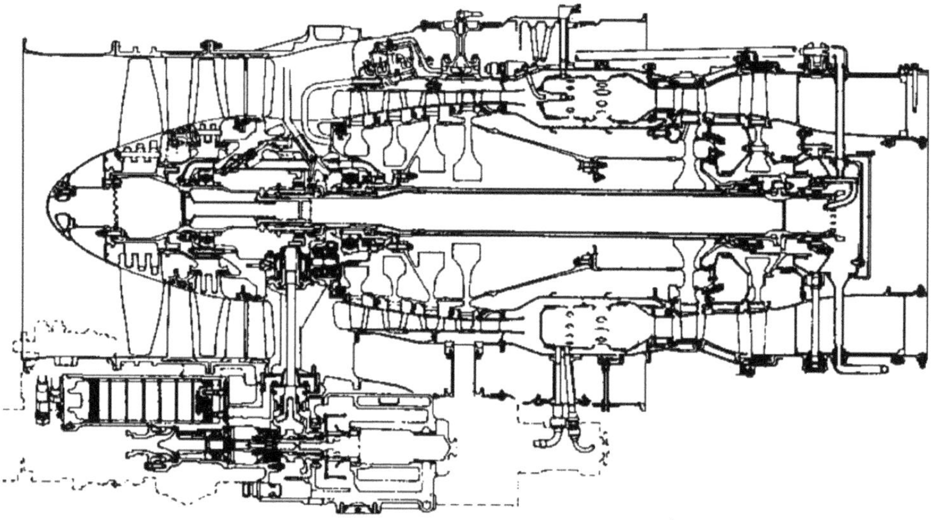

图7.12 LARZAC 04涡扇发动机

图7.13所示为测量布局，测量温度、总压和静压，获得风扇、高压压气机的总压比、总温比、效率。图7.14所示为同向整体涡和反向整体涡对风扇特性的影响。可以看出，同向整体涡和反向整体涡均导致风扇稳定边界右移、总压比减小、效率降低，其中反向整体涡的影响更明显。另外，对稳定性的影响与转速有关，转速越大，稳定裕度降低越显著。

旋流畸变还导致发动机推力降低、耗油率增加，如图7.15和图7.16所示，反向整体涡造成推力的下降最为显著，整体上随着转速的增加，推力下降幅度增加，在40%设计转速，推力下降约1%，在90%设计转速，推力下降约7%。随着转速的增加，耗油率增加，变化幅度增大。当处于反向整体涡时，在40%设计转速，耗油率增加约1.3%，在90%设计转速，耗油率增加约4.7%。

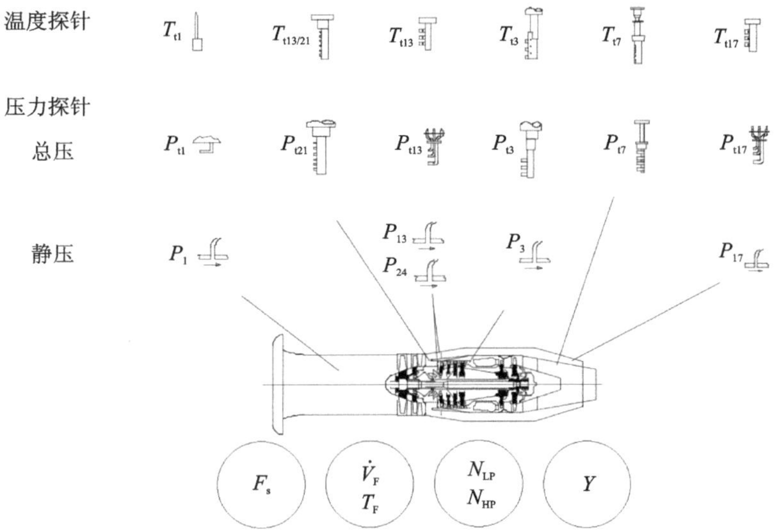

图 7.13　测量布局

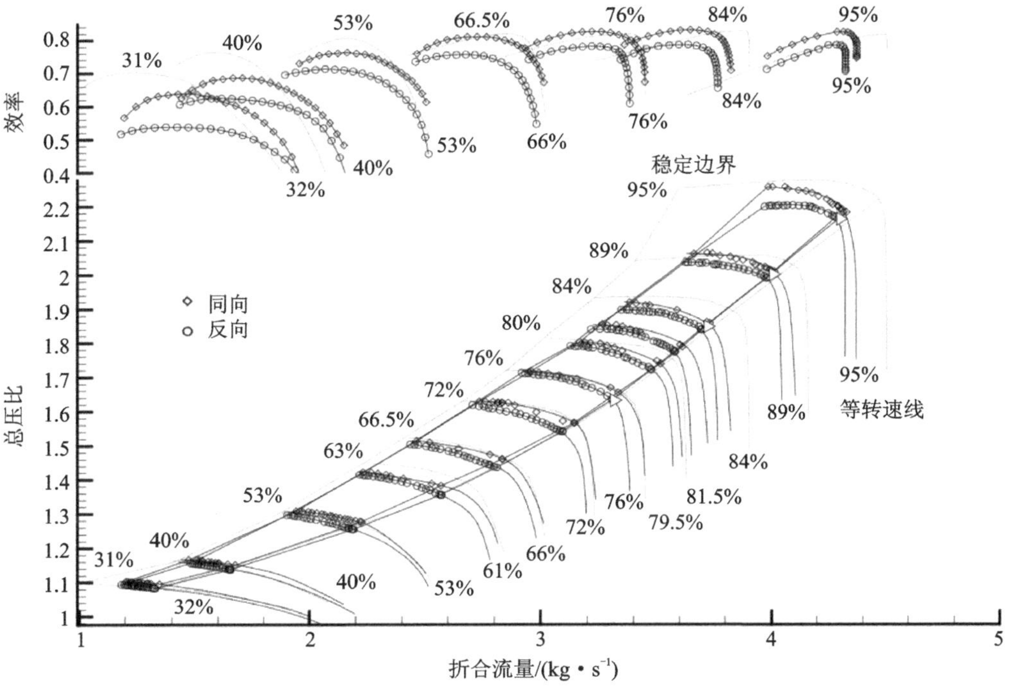

图 7.14　旋流畸变对风扇特性影响

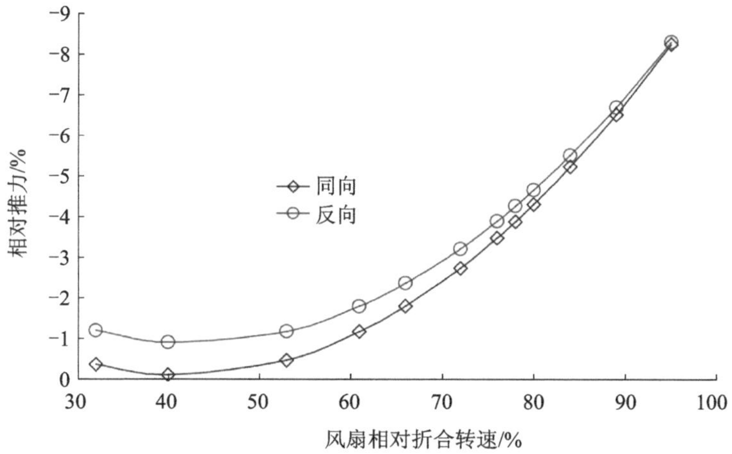

图 7.15　旋流畸变对发动机推力的影响

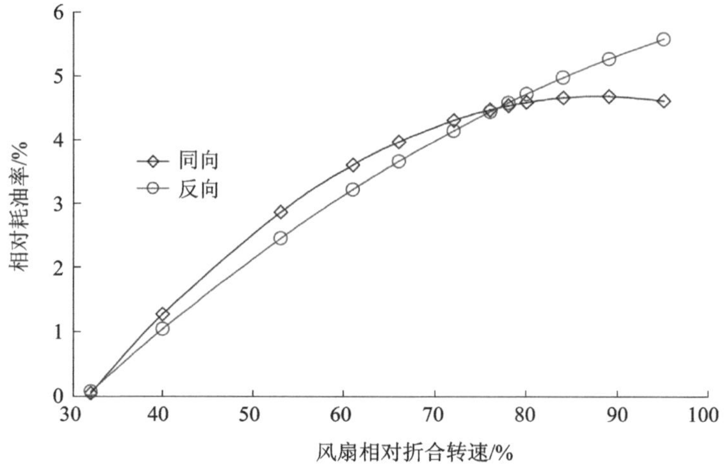

图 7.16　旋流畸变对发动机耗油率的影响

第 8 章
雷诺数对稳定性影响试验

当飞行器高空飞行(尤其是高空小表速飞行)时,由于大气密度远小于地面,风扇/压气机的工作雷诺数低,导致风扇/压气机的效率、通流能力降低,稳定工作范围变窄,进而影响发动机的性能和气动稳定性。低雷诺数效应的物理本质在于雷诺数对叶片附面层转捩及附面层抗分离能力的影响。

图 8.1 所示为典型的轴流压气机叶片附面层随雷诺数的变化及对压气机效率的影响。根据叶片附面层的不同,可将雷诺数范围划分为 3 个区域,各区域间的分界分别称为层流分离边界(laminar separation boundary)和湍流粗糙壁边界(surface roughness boundary),雷诺数跨越这两个边界会造成压气机性能的显著改变。

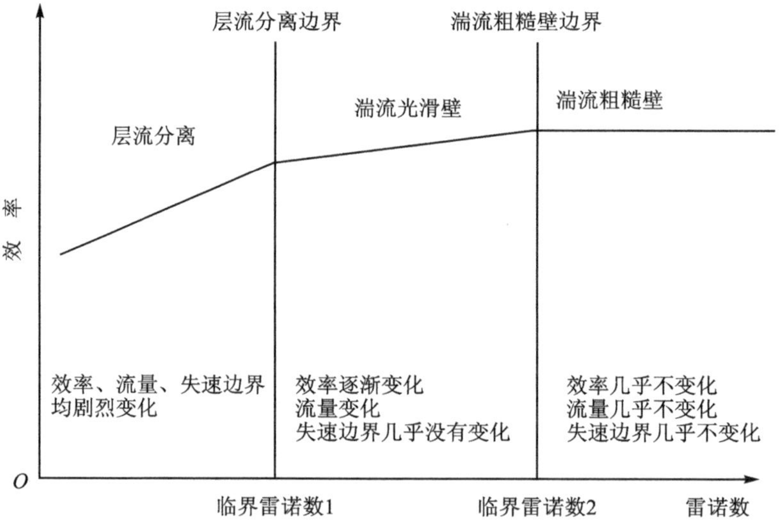

图 8.1 雷诺数对压气机叶片附面层的影响

当雷诺数小于层流分离边界(图 8.1 中左边的分界线)的雷诺数(一般等于 1.2×10^5)时,叶片附面层为层流附面层。由于层流附面层抗逆压力梯度的能力差,容易分离，因而叶片不能维持大的气流转折和气动负荷，压气机做功能力差、效率低。

图 8.1 的中间区域为湍流光滑壁区。这是压气机通常的工作雷诺数区域。在这一区域，压气机效率与雷诺数的关系遵从指数函数的规律，随马赫数和平均级展弦比的不同，幂指数在 0.05～0.2 之间变化。

在湍流粗糙壁边界（图 8.1 中右边的边界）右侧，为湍流粗糙壁区的雷诺数范围，压气机的效率不再随雷诺数变化，压气机效率与雷诺数的关系曲线呈一条水平线。当代航空发动机在低空高速飞行时，高压压气机的雷诺数较易进入湍流粗糙壁区。

图 8.1 可以定性地解释低雷诺数效应对压气机性能的影响，当雷诺数低于湍流粗糙边界雷诺数（根据国内文献的说法也可以称为自模化雷诺数）时，随着雷诺数的降级，压气机叶片附面层更容易分离，从而造成压气机做功能力下降，即压比下降、效率降低。

通过深入开展雷诺数效应对压气机气动性能与稳定性影响试验验证，能够获取雷诺数变化对压气机部件特性的影响规律，揭示在高空低雷诺数环境下压气机性能和稳定性的衰减机理和规律，并在此基础上发展高空低雷诺数条件下压气机性能的经验修正方法。

8.1　试验目的

从国内外公开发表的文献来看，研究低雷诺数效应对发动机稳定性的影响通常要进行以下 3 种不同层次的试验：

① 低雷诺数条件下的叶栅试验；

② 低雷诺数条件下的风扇/压气机试验；

③ 低雷诺数条件下的航空燃气涡轮发动机试验。

不同层次试验的目的也有所不同，其中低雷诺数条件下的叶栅试验的目的主要包括：

① 开展低雷诺数条件下压气机叶栅内部流动机理及特性研究；

② 为建立低雷诺数条件下压气机叶栅的损失模型和落后角模型提供经验数据；

③ 开展低雷诺数条件下的压气机气动设计研究。

低雷诺数条件下的风扇/压气机试验的目的主要包括：

① 获取低雷诺数条件下风扇/压气机的总性能、级性能和级间流场等特性；

② 获取低雷诺数对压气机气动性能影响的定量修正关系；

③ 模拟真实飞行环境下（小表速）的压气机性能特性；

④ 评定变雷诺数环境下压气机气动特性。

低雷诺数条件下的航空燃气涡轮发动机试验的目的主要包括：

① 获取高空、低雷诺数条件下的发动机性能；

② 获取雷诺数对发动机稳定裕度损失影响的定量关系；

③ 开展高空、低雷诺数条件下发动机扩稳方法研究。

8.2 试验装置

8.2.1 各类低雷诺数试验装置

1. 低雷诺数条件下的叶栅试验装置

虽然很多叶栅试验设备或称叶栅风洞不具备模拟低雷诺数环境的条件，但是却未必需要为了开展低雷诺数条件下的叶栅试验而建立专门的设备。

低雷诺数条件下的叶栅试验可借助模拟飞行器高空飞行条件的风洞开展。试验时，用风洞模拟高空飞行条件（来流总温、总压），在风洞的试验段安装叶栅试验装置即可。

图 8.2 所示为一个在风洞试验段安装的叶栅试验装置。该装置用于研究低雷诺数条件下的叶栅流动特性。图 8.3 所示为不同雷诺数条件下叶背表面流场结果的差异。

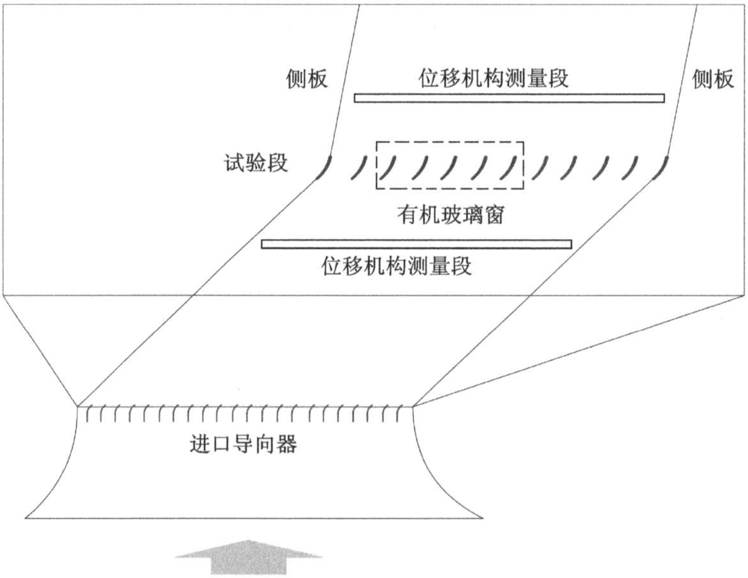

图 8.2 风洞试验段安装的叶栅试验装置

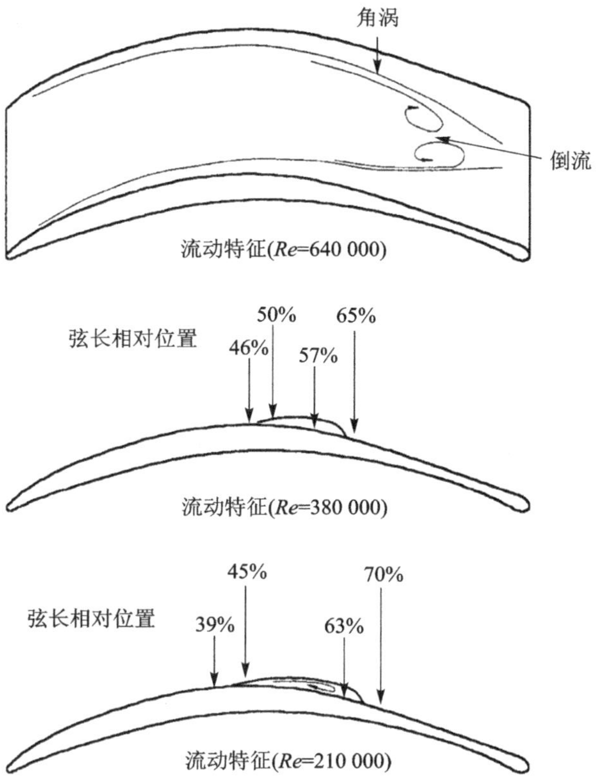

图 8.3　不同雷诺数条件下叶背流场结果的差异

2. 低雷诺数条件下的燃气涡轮发动机试验

低雷诺数条件下的航空燃气涡轮发动机试验可借助发动机的高空模拟试验装置开展。高空模拟试验装置可以提供发动机高空、低雷诺数试验的进气和排气条件，因此，不必专门建立低雷诺数条件下的燃气涡轮发动机试验装置。

美国的 NASA Glenn 研究中心曾借助小发动机用的直连式高空台开展 PW545 发动机的低雷诺数影响试验(见图 8.4)。这项研究是航空领域关于低雷诺数效应对发动机影响研究的典型。

当前，通过高空模拟试验考核高度低雷诺数条件下的发动机性能和稳定性已成为航空发动机研制过程中必不可少的内容。

3. 简化试验装置

在航空领域，通过试验的手段准确地模拟低雷诺数效应的影响，需要试验设备具有模拟高空飞行条件的能力，即要能够模拟高空飞行条件下的大气温度和压力。不过，这样的试验设备造价很高，试验时的运行成本也很高。

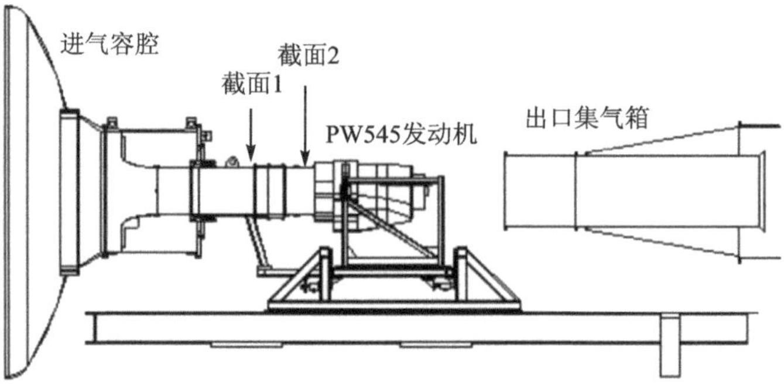

(a) 发动机低雷诺数试验装置示意

(b) 高空舱内的发动机

图 8.4　PW545 发动机的高空低雷诺数试验

于是，有一些学者通过简化的试验设备进行低雷诺数效应的研究，简化试验的思路主要有两类：

(1) 改变来流总压

这一类的试验设备通常是通过增加进气总压损失的方法减小来流总压，从而改变风扇/压气机的工作雷诺数。

这类通过总压损失改变雷诺数的试验设备成本较低，也容易实现，甚至不需要建立新的试验台，只在原有的常规试验台上增加节流阀、阻流板等可产生总压损失的设备即可。

不过，风扇/压气机试验除雷诺数外还要保证所需的马赫数。在保证所需马赫数范围的前提下，不改变总温，只改变总压，则雷诺数的变化范围受到限制。

(2) 改变叶片特征尺寸

通常通过改变叶片的尺寸大小来改变风扇/压气机的工作雷诺数。这种方法可实现的雷诺数范围比改变总压的方法更小，难以满足低雷诺数效应研究的需要。

8.2.2　典型低雷诺数风扇/压气机试验器

风扇/压气机进口雷诺数影响试验一般可采用全尺寸试验件按全参数状态或基于相似原理的模拟方法进行试验。采用模拟方法试验时，变雷诺数压气机试验应具备几何相似、运动相似和动力相似条件。对于已满足几何相似的压气机试验件，一般只需满足压气机进口马赫数和进口雷诺数相等，工程上则认为保证了压气机与原型机之间的运动相似和动力相似。

压气机进口雷诺数影响试验可采用大气吸气或管网供气的方式开展。当采用大气吸气方式开展试验时，由动力装置驱动试验件运转至目标转速，调节进口气流压力改变试验件进口雷诺数，调节试验件出口压力改变试验状态，获取变雷诺数条件下试验件气动、结构、稳定性等特性。当采用管网供气方式开展试验时，由动力装置驱动试验件运转至目标转速，调节进口气流压力和温度改变试验件进口雷诺数，调节试验件出口压力改变试验状态，获取不同雷诺数条件下试验件气动、结构、稳定性等特性。

压气机进口雷诺数影响试验一般在典型的连续可变雷诺数压气机试验器上开展，试验器结构简图见图 8.5，其与常规压气机试验器主要的不同点在于存在供气管网和抽气管网。试验时，动力装置驱动试验件运转，空气由大气或供气管网流入进气调节阀和稳压箱，被吸入试验件，经增压后，通过排气系统流入大气或抽气管网中排出。

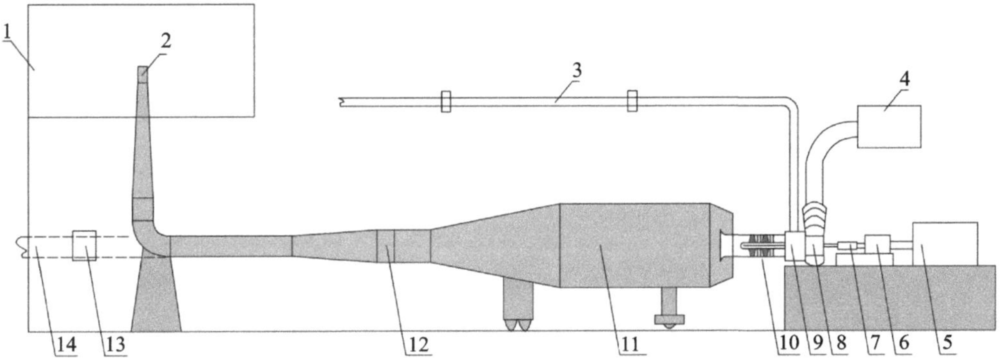

1—进气室；2—流量管；3—引气系统；4—抽气管网或大气；5—动力装置；
6—一级齿轮增速器；7—扭矩测量仪；8—排气系统；9—二级齿轮增速器；
10—试验件；11—稳压箱；12—进气调节阀；13—流量测量装置；14—供气管网

图 8.5　连续可变雷诺数压气机试验器结构简图

根据试验器进气系统、排气系统的工作状态，压气机进口雷诺数影响试验一般分为以下 4 类：

① 进口大气吸气、进气节流、出口大气排气；

② 进口大气吸气、进气节流、出口管网抽气；

③ 进口管网供气、进气节流、出口大气排气；

④ 进口管网供气、进气节流、出口管网抽气。

1. 进/供气系统

进/供气系统根据进气方式可分为进气系统和供气系统两部分。进气系统一般由流量管、进气调节阀、稳压箱等组成；供气系统一般由供气管网、流量测量装置、进气调节阀、稳压箱等组成。其中，进气调节阀和稳压箱可为共用部件，其余可根据进气方式进行更换。进/供气系统应具有良好的密封性，需要定期进行密封性检查。密封性试验时，在试验要求的最大真空度下保持 3 min，压力回升不大于 1 kPa。

2. 供气管网

供气管网由低温供气管路、低压供气管路、掺混器、放空管路和调节阀门等组成。供气管网压力和温度可调，实现试验件进气雷诺数宽范围调节。

3. 流量测量装置

当采用管网供气方式时，试验件进口物理流量一般采用多孔板流量计、阿牛巴流量计等测量。为保证流量测量精度，流量计可根据量程分为若干组，以满足不同试验件的流量测量需求。流量计的流量测量应根据供应商给出的相关方法计算。

4. 抽气管网

抽气管网主要由抽气管路、补气管路和调节阀门等组成。抽气管网最小可调压力应满足试验件出口压力调节要求。

8.2.3 测试参数

压气机进口雷诺数影响试验的主要测试参数与均匀进气条件下的压气机试验一致，主要包括：

1. 进口空气质量流量

压气机进口空气质量流量是通过防尘吸气室内部的流量测量装置来测取。在压气机试验器中常用的流量测量装置为双纽线流量管，流量管前段为进气喇叭口，其内壁型面按照双纽线公式进行型面曲线设计，以保证流量管测量截面处的速度场均匀。流量管后段为流量测量段，其内壁为一圆柱形直段，在其测量截面处布置若干个壁面静压测点，参与计算空气质量流量。

为了保证流量测量精度，通常要求流量管内的气流马赫数范围为 0.2～0.6。因此，为符合不同流量压气机试验件的流量测量需求，压气机试验器一般会配备多组不同口径的流量管，根据试验的需要选择合适的流量管。

2. 进口总压

压气机进口总压是通过在压气机进口的气动界面处布置的梳状总压探针测取，根据需要可沿周向布置一支或多支。对于存在进口支板的压气机试验件，还应布置不少于一支的耙状总压探针测取支板尾迹，对进口总压进行修正。

3. 进口总温

压气机进口总温是通过在稳压箱或压气机进口布置的铂电阻温度计或梳状总温探针测取。

4. 出口总压

压气机出口总压测量一般布置在压气机出口的一段平直段上，对于单级压气机，出口总压测量截面距末排静子叶片排气边缘应为 $0.5b$～$0.7b$（b 为压气机末级静叶算数平均半径叶片弦长的轴向投影）；对于多级压气机，出口总压测量截面距末排静子叶片排气边缘应为 $1.0b$～$3.0b$。

测量方法一般有如下几种：

① 采用 1 支沿径向移动的耙状总压探针测量不同径向高度的压气机出口总压，耙状总压探针周向测量宽度应不小于 1.2 倍叶尖栅距；

② 采用位移机构或旋转机匣带动单点组合探针测量覆盖 1.2 倍栅距的扇形面内的总压；

③ 采用多支耙状总压探针测量压气机出口总压，耙状总压探针分别置于出口测量截面径向不同高度处；

④ 采用多支梳状总压探针测取不同栅距内的总压，探针位于叶栅通道的不同位置，模拟测取一个物理叶栅通道内的总压。

5. 出口总温

压气机出口总温测量方法与出口总压测量方法类似，此外，还可以采用反串法直接测量压气机进出口温差电动势，计算压气机温升效率。

6. 转　速

转速测量设置在动力装置轴或被试压气机传动轴上，一般采用磁电式传感器、频率计等，也可采用扭矩测量仪测取。

7. 扭矩及附面层厚度

扭矩采用扭矩测量仪测取。

在压气机进口和出口，一般采用多点附面层总压探针或单点移动式附面层探针测取压气机进口和出口的内外壁附面层总压，按小于主流区 99% 速度计算速度附面层厚度。

8.2.4 数据处理

试验件进口雷诺数 Re 计算如下：

$$Re = \frac{\rho_{s,1} V_1 b_1}{\mu} \tag{8.1}$$

式中：b_1 一般取第一级转子中径处的弦长；气流速度 V_1、气流密度 $\rho_{s,1}$、动力粘性系数 μ 按以下公式计算：

$$V_1 = \frac{V_a}{\sin \beta_1} \tag{8.2}$$

$$\rho_{s,1} = \frac{P_{s,1}}{RT_{s,1}} \tag{8.3}$$

$$\mu = \frac{1.459 \times 10^{-6} T_{s,1}^{3/2}}{T_{s,1} + 110.6} \tag{8.4}$$

由上述参数构成的压气机转子的速度三角形如图 8.6 所示。

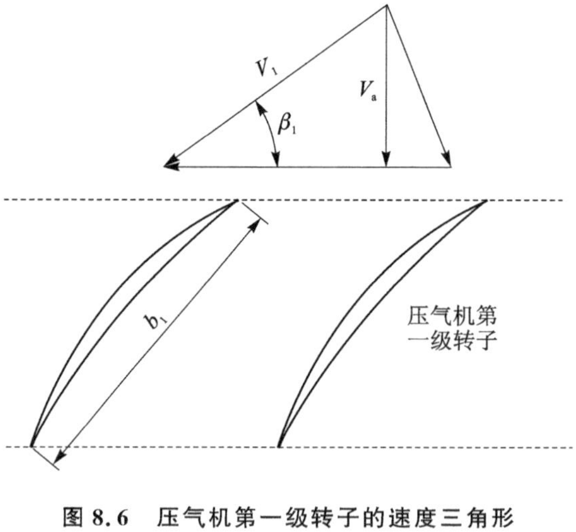

图 8.6　压气机第一级转子的速度三角形

式(8.1)中的 b_1 在更广泛的意义上是代表压气机的特征尺寸。关于压气机的特征尺寸，部分文献提供了其他的选择，比如：压气机的进口直径、第一级转子叶高、第一级转子前缘到喉道的距离等。值得注意的是，采用不同的特征尺寸计算的雷诺数以及雷诺数对压气机特性影响的定量关系在数值上是不同的。

8.3 试验方法

压气机进口雷诺数影响试验与常规压气机试验方法类似。其不同点在于：在常规压气机试验中，压气机进口压力仅能通过控制进气节流阀开度来调节，压气机出口反压仅能通过控制排气节流阀开度来调节。而在压气机进口雷诺数影响试验中，当采用管网供气时，压气机进口压力须通过调节管网供气压力和进气节流阀开度联合控制，同时可以控制管网低温供气和大气掺混调节压气机进口温度；当采用抽气管网排气时，须通过控制抽气管网压力和排气节流阀开度联合控制压气机出口反压。

试验过程具体步骤与要求如下：

① 试验前检查，按相关操作程序进行试验前检查。

② 动力装置起动，按相关操作规程进行动力装置起动和运行。

③ 试验器与试验件正常运行检查。

④ 调节试验件转速至目标转速，需要调节静叶角度、级间引气量，需要与转速同步调节。

⑤ 调节试验件进口条件(压力和温度)，使进口雷诺数至目标值。

⑥ 调节试验件排气压力，使试验件运行至目标状态，待试验件状态稳定后，进行各性能参数及其他数据采集。重复此步骤直至取得一条完整的性能特性线。

⑦ 重复步骤④～⑥，直至完成本次试验内容。

⑧ 缓慢降低动力装置转速，直至停车。

⑨ 进行必要的试验后检查。

当采用大气吸气方式时，可调节进气节流阀改变试验件进口条件。

8.4 雷诺数的影响

雷诺数 Re 是衡量流体粘性对航空发动机增压及涡轮部件性能影响的重要准则之一。根据研究，当压气机进口雷诺数高于临界雷诺数(3.5×10^5)并在自模区时，雷诺数的变化对压气机的内部流动特性影响较小；但当雷诺数低于临界值时，压气机内部流动将以分离泡的形式实现从层流向湍流的转换，同时损失上升、叶片力减小、落后角增加；当闭式分离泡在进一步降低的雷诺数下转而变为大尺度开式分离时，压气机叶栅通道逐步丧失其应有的流动特征，叶栅流动损失急剧上升，雷诺数对压气机的负面影响将逐渐显现出来，并使发动机的工作环境不断恶化，这也就是所谓的低雷诺数效应。

目前，高空长航时无人机在军、民用领域具有广阔的应用前景和巨大的性能优势，已成为各个航空强国竞相发展的新型航空武器平台。高空长航时，无人机一般采用小型大涵道比涡扇发动机为动力，其小尺寸、高空、低马赫数巡航特点所确定的低雷诺数工作条件是它区别于普通航空动力的典型特征。此时，低雷诺数效应将导致发动机推力减小、耗油率增大，对飞行器飞行高度、有效载荷以及留空时间等重要战术性能指标的实现带来巨大影响。

在压气机试验领域，低雷诺数效应对航空发动机风扇/压气机部件性能和稳定性的影响越来越引起人们的重视。现有航空发动机在高空低雷诺数条件下的典型特征是气动性能和稳定性下降，难以满足需要，而喘振和旋转失速是轴流风扇/压气机运行中出现的危害极大的不稳定工况。随着雷诺数因飞行高度的增加而降低，压气机稳定性下降，使得喘振和旋转失速对高空低雷诺数下工作的航空发动机的危害尤为突出。因此，提高压气机在低雷诺数下的稳定性成为发展高空低雷诺数条件下高性能航空发动机设计技术的重要内容。为满足模拟高空低雷诺数效应对风扇/压气机性能影响的试验研究的要求，可变雷诺数压气机试验器可在风扇/压气机研制阶段进行模拟高空环境和工作状态的考核试验，分析低雷诺数效应对压气机气动性能及稳定特性的影响规律，为低雷诺数条件下压气机气动设计的优化改进提供数据支持，解决低雷诺数对高空发动机工作性能特性影响的难题，缩短发动机研制周期，降低整机研制费用和技术风险。

第 9 章
高空台稳定性试验

9.1 高空台

航空发动机的工作范围非常宽广，需要在不同的飞行高度、飞行速度范围内工作。发动机能够在飞行包线内任一点连续、稳定、可靠地工作，提供持续的推力。根据环境条件和使用状态，一般可把整个发动机工作包线分为几个区域：高空低速区、高温区和大气动负荷区。高空低速区空气压力低，进入发动机气流雷诺数很小，容易引起压气机和涡轮效率下降，稳定裕度减小，甚至有可能导致发动机失稳。高温区是在大马赫数飞行区，发动机进口温度高，热端部件冷却条件恶化，使发动机总工作寿命受到影响。大气动负荷区里发动机各部件承受很大的气动负荷、压力和扭矩，可能出现叶片的失速和颤振。对这些区域必须通过专门的试验，采取措施，保证发动机能连续、稳定和可靠工作。

受到高空低雷诺数效应的影响，直接使用相似理论获取发动机的高空性能和稳定性存在很大的偏差，因此为了模拟发动机在高空下的工作，准确获取发动机在高空高速下的性能和稳定性，必须开展其全工作包线范围的高空模拟试验。

高空模拟试验，一般是将发动机装在高空试验舱里，模拟飞机飞行过程中发动机进口的压力和温度边界条件，测得发动机稳态和瞬态性能参数，以此评定发动机在实际飞行条件下的功能和性能。随着作战飞机飞行范围的扩大、机动性的提高、民用飞机安全性和经济性的改善以及对发动机的性能和稳定性要求越来越高，发动机高空模拟试验在航空发动机技术发展中的作用越来越重要。为了提高民用飞机的适航能力和军用飞机的作战能力，高空模拟试验在发动机研制过程中所占的比重正在日益增大，航空发达国家均把发展高空模拟试验设备及其试验技术作为先进航空发动机技术发展的战略性措施。世界上航空科技大国都在不断地研制新的高空模拟试验设备，研究新的航空发动机高空模拟试验技术。

我国的第一座高空台于 20 世纪 90 年代完成，总设计师是刘大响院士，图 9.1 所示为该高空台照片。当时，该高空台的规模在世界上是继美、俄、英、法后居第五位，在亚洲是第一位，被称为“亚洲第一台”。其最大功率 170 MW，可以模拟飞行高度 25 km，飞行马赫数 2.5，试验对象是流量为 120 kg/s 以下、最大推力 200 kN 的涡喷和涡扇发动机。

图 9.1　我国第一座高空台

美国有多座高空台，GE 公司、P&W 公司、军方都有各自的高空台，图 9.2 所示为 GE 公司位于俄亥俄州埃文代尔的一座高空台，2020 年 12 月 22 日 GE 公司在该高空台开始 XA100 的测试。2021 年 5 月，GE 公司完成了首台 XA100 自适应循环发动机的测试，实现了美国空军的自适应发动机过渡计划的目标。

图 9.2　美国 GE 公司位于俄亥俄州的高空台

美国阿诺德工程发展中心 AEDC 高空试验台，隶属于美国空军，其中最重要的两个试验舱是 C－1 和 C－2，这两个试验舱包括供气系统、加温系统、试验间、抽气系统、抽气冷却系统和冷却塔，总长为 500 m，宽为 150 m。这两个舱可以模拟的极限高度为 30.5 km，最大马赫数为 3.8，气源最大供气量为 680.4 kg/s，供气气源压气机总功率为 160 MW，利用加温装置，最大流量时发动机进口最高供气温度达到 176 ℃。降温是采用了两台膨胀涡轮，最低气温可以达到－101 ℃。测试系统非常复杂、庞大，可以同时记录 3 500 个参数。

航空发动机高空模拟试验的作用主要有 2 个方面：

1. 现代高性能航空发动机研制过程中必须采用的试验手段

对于范围宽广的飞行包线，发动机工作参数的变化幅度很大，其中进气压力和空气流量的变化范围可以达到几十倍甚至上百倍，温度可以变化几百摄氏度，对发动机部件特性及工作稳定性，各个系统工作的匹配性以及推力、油耗等都有很大的影响。根据地面试车参数，采用相似理论分析计算由于受到雷诺数、变比热、相似计算误差等因素的影响，必须通过大量、广泛的高空模拟试验进行验证和修正。同时，发动机结构完整性、热负荷能力、稳定工作范围、高度和速度特性、可靠点火边界、发动机调节系统工作和进气道与发动机的匹配等都必须通过发动机高空模拟试验来进行考核。

2. 航空发动机完成适航认证和通用规范考核的必要环节

按照我国的航空发动机适航条令和航空发动机通用规范的要求，新研制的航空发动机必须通过技术鉴定试验、飞行前规定试验、定型试验和验收试验等，才能定型。在众多的试验中高空试验和环境试验占相当大的比例，这两类试验绝大多数都是在航空发动机高空模拟试验台上进行的。

高空台由供气系统、高空舱和抽气系统等组成，如图 9.3 所示。供气系统为发动机进口提供总温、总压满足试验要求的空气；排气系统抽吸发动机喷管排出的燃气和高空舱内部分空气，并控制高空舱压力满足发动机排气环境要求；被试发动机安装在高空舱内推力测量台架(动架)上，进口通过带密封装置的进气流量管与设备的供气系统相连。

根据连接形式的不同，高空台可分为直连式高空试车台、自由射流式高空试车台和推进风洞试车台三大类，主要的区别是其高空模拟试验舱不同，试验结果也不太一样。

(1) 直连式高空试车台

直连式高空试车台用于模拟发动机内部气流流动，而不模拟外部流动，即是将相当于飞行条件下飞机的进气道出口状态总温、总压的空气供给发动机，并在发动机周围的试验舱内模拟相应飞行高度的静压。被试发动机安装在试验舱内，试验舱用隔

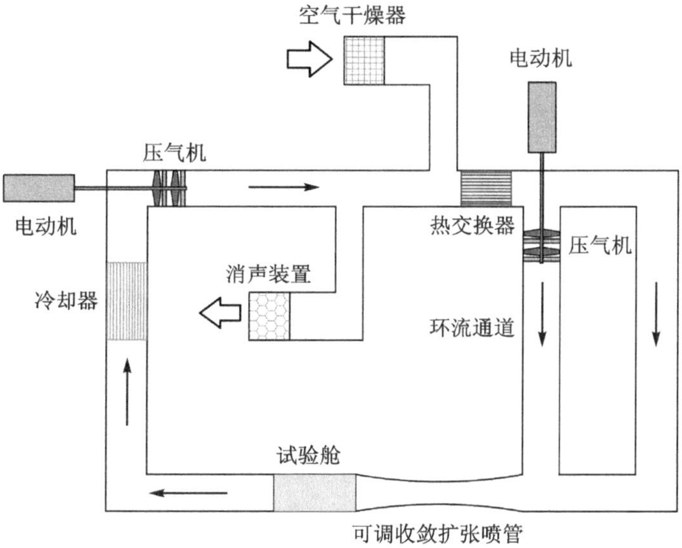

图 9.3　直连式高空试车台简图

板分成前后两部分，前舱收集空气并稳压。按照所模拟的飞行状态下飞机进气道出口流动状态调定空气的总压和总温，然后由空气流量计（流量管）和进气道将其导入进行模拟高空试验的发动机。

(2) 自由射流式高空试车台

自由射流式高空试车台主要包括稳压室、可调超声速喷管、高空室、模拟高空试验的飞机进气道和发动机及其附属装置、溢流扩压器、溢流冷却器、发动机舱、排气扩压器、可调超声速喷管转动机构等。

可调超声速喷管用于产生模拟高空试验所需的超声速射流，为产生不同速度的超声速射流，其喉道面积可调。为模拟飞机机动飞行，可调超声速喷管还应有转动机构，以便模拟飞机攻角和侧滑角的变化。为了适应不同飞机进气道的模拟高空试验，自由射流式模拟高空试车台一般需准备多组可调喷管。

(3) 推进风洞试车台

推进风洞能够模拟整个推进系统的内部流动和外部流动的风洞，主要用于研究发动机及推进系统在高空飞行中的匹配性能，即相互作用问题，如进气道发动机与飞机的匹配性能，飞机部件（如机尾）与尾喷管喷射流之间的相互作用，外界自由流与喷射流的相互作用等。

推进风洞试验是将发动机或其部件装在风洞的试验段中，使其处于风洞喷管所产生的超声速射流的“试验菱形区”内。这种试验所需的供气量很大，一般为发动机流量的 8～10 倍。推进风洞的主要部分为喷管、试验段和燃气排气系统，以及空气供气和排气系统。

9.2 试验方法

9.2.1 总压畸变条件下的发动机高空台试验

在整个工作包线范围内规定发动机在进口总压和总温畸变的作用下，无失稳的最大畸变极限值。若尾喷管反压影响风扇和燃气发生器时，应规定发动机进口总压畸变极限值。发动机承包商应确定不少于5组发动机能稳定工作的进口总压畸变数据和相应的发动机工作状态，在规定的工作条件下，不发生压气机喘振和失速。

首先调节好高空台的后舱压力，通过调节高空台的进气阀，建立适宜发动机起动的进出口压差，实现发动机风车状态下的工艺起动。在不大于15 kPa的压差条件下，加热发动机，在发动机稳定裕度较高的工作状态下，建立符合模拟要求的发动机进口空气温度。进一步升高高度，调节进气压力，模拟与飞行状态相对应的进口压力状态，缓慢加速发动机到试验状态，若发动机在该状态下工作2 min没有失稳，则认为发动机在该状态下的工作是稳定的；检查加力状态的稳定性时，应按照加力接通的操作规范接通加力，若发动机在该状态下工作1 min没有失稳，则认为该加力状态是稳定的。在要求的所有稳态试验状态下若发动机均能稳定工作，再进行过渡态的稳定性试验检查。通过试验，给出在该高度、马赫数状态下的发动机畸变试验结论。

在直连式高空试车台上开展进气畸变对发动机稳定性影响的试验研究。试验时缓慢关闭发动机喷口，使压气机失速，为了避免试验过程中涡轮超温，第一级涡轮导向器通常设定得比标准情况大。

9.2.2 孔板模拟器进口畸变试验方法

孔板模拟器也称模拟板，属于稳态、动态总压畸变模拟器。这种模拟装置是我国和美国通用规范推荐采用的一种畸变试验装置。在发动机进口上游安装孔板模拟器，可以在气动界面上产生稳态和动态畸变。按照气动界面上气流的稳态总压畸变图谱和动态压力的统计特性设计的调整孔板上孔或槽的分布，可以再现稳态和局部均方根压力总压图谱、幅值概率密度分布和频谱密度特性。它是发动机进行畸变试验的一种有效而又经济的试验手段，这种模拟器的工作原理主要是，使气流流过孔板时形成的流动损失来造成低压区，以产生所需要的畸变流场，利用模拟板边缘的形状来形成湍流。

模拟板的研制是根据进气道的模型试验所获得的流场图谱来制作的。为了降低模拟板的研究费用，可先在小风洞中进行缩尺模拟板试验，根据试验结果逐步修正模拟板的形状和边缘角，使稳态总压畸变指数和湍流度符合进气道模型吹风的试验结果，然后几何放大，在大尺寸吸气式风洞上进行校核试验，若模拟的畸变指数不符合要求，再修改模拟板，直到畸变指标满足模拟精度要求为止。

9.2.3　插板扰流器进口畸变试验方法

采用移动插板作为稳态、动态总压畸变模拟器，是在气动界面上生成畸变流场的装置，广泛用于发动机的研制和定型，目前我国和俄罗斯都采用这种方法。移动插板压力畸变发生器通过遮蔽流道内的局部区域，对流经进气道的气流造成扰动，从而在下游发动机进口处产生“稳态＋紊流”的动态畸变流场。移动插板直接安装于发动机进气管道上，易于动态和实时调整插板插入深度。该插板扰流器通用性好，扰流范围宽，操纵简单，可进行任意转速下、任意插板深度位置发动机畸变性能试验，试验效率高，是研究发动机在工作包线范围内抗畸变能力的理想装置。移动插板控制系统可以实现插板深度位置无级调节、运行速度无级调节，在模拟喘振信号时，能将插板立即快速退出。移动插板扰流器变化插入深度可实现发动机喘振，这时的插入深度称为临界深度，相对应的指数称为发动机的临界畸变指数。这组参数是计算发动机对畸变的响应及检查批量生产和大修发动机是否合格的重要技术依据，插板扰流器是最常用的畸变扰流器之一。

9.3　试验内容

在高空台上开展稳定性试验，主要是检验不同飞行状态下发动机能否稳定工作，须根据不同的工作点开展相应的试验内容。如果在典型飞行状态下，验证了发动机原始可用稳定裕度大于或等于需用稳定裕度，则表明发动机在使用过程中能稳定工作。

1. 起飞工况

发动机进口气流不均匀度和脉动很大，特别是采用短超声进气道的飞机或有侧风时，畸变值较大。进气道没有足够的起飞调节机构时，进气道损失最大；喷管在亚临界压降时，压气机压缩量最大。冷起动时，发动机处于非定常热状态。

在上述条件下，评估稳定性和计算稳定裕度的检验状态要在最大折合转速下进行，检验状态包括发动机稳定工作和加力加速状态，即由中间状态到最大状态。

2. 着陆状态

飞机着陆时，发动机前压力不均匀度可能增大，这是由飞行器使用着陆机构引起的。可能出现增大的温度不均匀度和压力脉动，这是由使用推力反向时，或短距离垂直起落飞机着陆时，排出的燃气回流引起的。当飞机进入复飞、发动机急剧加速（加速时间最小）时，发动机调节机构调节响应滞后。

在上述条件下的稳定性评估和计算需用稳定裕度应在100%设计转速的条件下进行。评定要在发动机稳定状态和部分加速（折合转速=0.5～1.0到最大折合转速）工况下进行，其中包括接通反推力状态。对于地面使用状态，进气道处于非设计工作状态。进气道会吸入地面的大量旋涡，然后在进气道的出口汇聚成更大的旋涡，在发动机前形成稳态加动态畸变流场。在飞机进入复飞时，发动机处于过渡态，需用稳定裕度增加。

3. 最大高度最小飞行马赫数

在发动机研制的早期阶段，若没有飞机的飞行高度和速度的信息，可采用$H=15$ km，$Ma=0.75$，$V=350$ km/h作为特征飞行状态。

飞机以最小飞行马赫数做水平飞行时，雷诺数的最小值可能低于压气机和涡轮自模化工作区的临界值，空气密度小，附件需用功率的相对份额增加，其结果使涡轮后燃气温度上升和相应提高共同工作点的参数（增压比/折合流量），发动机前气流不均匀度最大，这是飞行器以极限迎角和侧滑角飞行造成的。在上述条件下稳定性评估和需用稳定裕度计算，应在检验状态100%设计转速的条件下进行，评定包括发动机稳定工作状态和局部加速（90%设计转速到最大状态）状态。

在最大高度、最小速度区域，存在着加力燃烧室点火边界、加力燃烧室稳定工作边界，以及最大折合转速区域，并且雷诺数可能低于临界值。当发动机的折合转速为最大时，双转子涡轮喷气发动机转差最小，涡扇发动机的涵道比也达到最小，发动机的低压转子的稳定裕度也最小。对于发动机的稳定性来说，这个区域是发动机处于非常危险的区域。在附件需用功率的相对份额增加的情况下，在进气畸变的条件下产生的压气机内逐级增加的温度畸变，以及燃烧室内温度场与压力场的畸变，更容易引起涡轮后的温度超温，引起发动机限温降转；在进气畸变的条件下加力燃烧室可能熄火，甚至无法点燃；如果在加力燃烧室熄火后自动控制系统又重新点火，则发动机很容易发生喘振。

4. 地面最大飞行马赫数

飞机在地面以最大动压飞行时，发动机的绝对燃油消耗量最大，在加力加速过程中，发动机外涵道可能出现压力脉动。在该状态下，稳定性评估是在发动机最大状态（发动机转速最大、涡轮前燃气温度最大，加力全开，推力达到最大的状态）、80%～90%设计转速及加力加速和切断加力条件下进行的。

在最大高度、最大速度下，雷诺数可能低于临界值，加力燃烧室的燃烧条件以及燃油雾化质量都处于相对恶化状态，可能导致发动机在加力状态或部分加力状态出现燃烧过程的不稳定；进气道内的脉动值较大，由于可能出现的脉动燃烧，外涵道内的压强脉动有增大的趋势。

飞机近地最大速度飞行时，发动机的压气机与涡轮承受的应力水平与气动载荷、振动载荷都是最大的，发动机轴上的力矩也是最大的；同时，发动机所需要的加力燃油流量也是最大的。以最大速度掠地飞行时，可能会由于加力燃油流量不足而造成推力的损失，这对于近地飞行是相当危险的。因此，对近地最大速度飞行稳定性的考核须在全加力、加力加速及关掉加力时进行。

5. 最小高度最大飞行马赫数

飞机在最小高度上以最大速度飞行时，发动机有剩余推力，发动机状态是可以实现加力加速和关掉加力的。在该条件下，稳定性评估是在加力加速、非加力的稳定检验状态和 80%设计转速条件下进行的。

6. 最大高度最大飞行马赫数

在最大高度上以最大速度飞行时，由于飞行器以最大迎角飞行，其在稳定飞行状态下进气道扰动值通常很大。在该状态下，稳定性评估是在发动机最大状态、关掉加力条件下的稳定检验状态和 70%～80%设计转速条件下进行的。

9.4 试验数据处理和使用方法

1. 模拟板/模拟网试验结果

用模拟板/模拟网进行畸变试验时，一般应在整个飞行包线范围内选择 5 个稳态和动态畸变量最大的飞行状态。在高空台上模拟相应的飞行条件（飞行高度和飞行马赫数）进行带畸变模拟板/模拟网的发动机试验，给出试验时 AIP 的总压恢复系数、畸变指数和气流马赫数与来流马赫数的关联关系，并给出在不同频带下的 AIP 的面平均紊流度，如果发动机能稳定工作，则认为进气道/发动机是相容、匹配良好的。

2. 移动插板试验结果

在试验开始之前，需要检查移动式插板快速退出的功能，确保移动插板在发动机进入喘振时能够快速退出，减少对流道的堵塞，使得发动机能够尽快恢复至稳定工作状态，降低喘振对发动机的损害。

一般在发动机试验之前，可以在风洞中测量 AIP 界面的稳态总压和动态总压，并根据试验数据，获得不同插板深度条件下，稳态周向总压畸变指数、面平均湍流度和综合畸变指数随进口马赫数变化的情况。

在发动机稳态试验时，测量发动机稳态工况下 AIP 界面的稳态总压和动态总压，以及风扇/压气机进出口截面的总压、总温，计算稳定边界流量、总压比和效率，并给出稳态周向压力畸变指数、面平均紊流度、综合畸变指数、临界畸变指数与发动机工况和插板遮挡面积之间的关系。

当插板深度逐渐增加，直至发动机喘振时，获得发动机失稳时移动插板的临界深度和临界压力畸变指数。

第 10 章
整机稳定边界数值仿真

按照我国现有的航空发动机气动稳定性评定规范，需要评估15种降稳因子对航空发动机气动稳定性的影响，在稳定性评估过程中，发动机均匀进气条件下的气动稳定边界是作为重要的基准条件，包括原始可用稳定裕度的获得，以及不同降稳因子对稳定边界的影响。因此，采用数值仿真方法评估航空发动机气动稳定性，必须准确预测航空发动机的气动稳定边界。

航空发动机的气动稳定边界主要由其压缩部件（风扇/压气机）决定，但是在发动机整机环境下，风扇/压气机与其上、下游部件之间在结构和气动上相互影响，其稳定边界与孤立环境下风扇/压气机部件的稳定边界存在一定的差异。这一差异已在一些型号发动机的试验中发现。

本章介绍的整机稳定边界数值仿真方法将发动机整机作为一个系统来研究，风扇/压气机作为一个部件耦合其中，并不关注风扇/压气机内部流动；基于李雅普诺夫运动稳定性理论，利用发动机系统内气体流动的控制方程组进行小扰动线性化处理，得到与之在气动稳定性上等价的小扰动线性方程组，并通过分析该方程组系数矩阵特征值来判断系统在工作点能否保持稳定；再结合适当的逼喘手段，预测风扇/压气机在发动机整机系统环境下的稳定边界，也就是航空发动机整机稳定边界。

10.1 仿真模型和仿真方法

10.1.1 物理模型

本章介绍的研究对象为单轴或多轴结构的航空燃气涡轮发动机，如常见的涡喷发动机、涡扇发动机，研究内容为航空发动机在均匀进气条件下的气动稳定边界。

航空发动机的几何结构具有轴对称特点。在建立发动机的几何模型时，将发动机沿轴向划分成一系列顺序排列的计算单元，每个计算单元均由前、后两个与轴线相垂直的截面和内、外两个环面所围成，代表一个部件或者空管道。

图 10.1 所示为典型的双轴混排涡扇发动机的简化几何结构及其计算单元划分示意图。该模型将发动机整机作为一个系统来研究，系统的进口边界设在截面 0，出口边界设在尾喷管的喉道截面，即截面 8，其中截面 2 到截面 13 之间的区域为一个计算单元，该计算单元是风扇，截面 25 到截面 3 之间的区域为高压压气机计算单元。

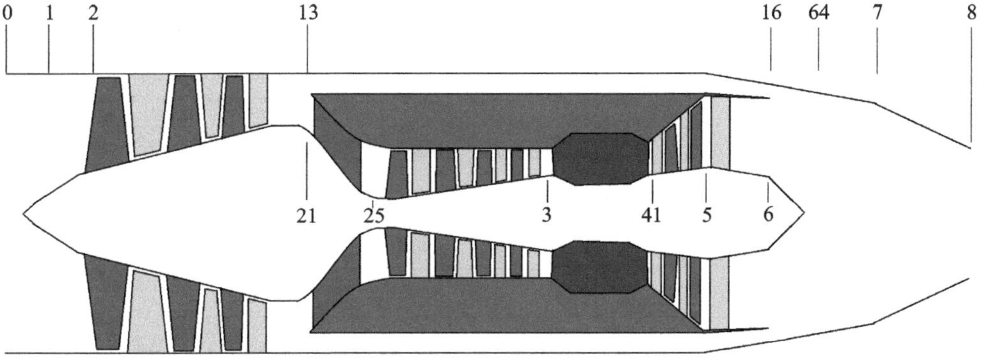

图 10.1　航空发动机模型简图与计算单元划分示意图

本章采用的发动机主要截面编号及其含义见表 10.1。

表 10.1　航空发动机主要截面编号及其含义

编　号	含　义	编　号	含　义
0	大气环境	8	尾喷管喉部
1	进气道进口	13	外涵进口
2	风扇进口	16	外涵出口
3	高压压气机出口	21	内涵进口
5	低压涡轮出口	25	高压压气机进口
6	内涵出口	41	高压涡轮导向器出口
7	加力燃烧室出口	64	掺混室出口

根据部件功能的不同，一个计算单元可以包含不同的内容并具有不同的力作用和功、热交换特点，比如：在进气管道内部的各计算单元中，气体与外界既没有力的相互作用，也不存在功、热交换；在风扇/压气机部件的计算单元中，有叶片力做功，但没有热交换；燃烧室部件的计算单元包含燃烧区，其中存在热交换并且气体成分会发生变化。因此，本仿真模型定义了 9 类功能单元，其说明如表 10.2 所列。考虑到涡轮的主要作用是为风扇/压气机提供扭矩并控制其工作点，对气动稳定边界影响不大，因此在本模型中不再将涡轮作为单独的功能单元，而是将其处理为管路单元（关于管路单元的说明见表 10.2）。

表 10.2 功能单元类型

序号	类型	说明
1	管路单元	主要用于连接其他部件
2	等熵单元	忽略流动损失及功、热交换，将其内部的流动视为等熵流动
3	风扇/压气机单元	可以是整台压气机，也可以是压气机的一个级组或级
4	燃烧室组合单元	包括压气机后的扩压器、主燃烧室和高压涡轮导向器
5	分流单元	用于描述气流经过风扇后分流为内、外涵两股
6	掺混单元	用于描述内、外涵两股气流掺混为一股
7	加力燃烧室组合单元	包括从掺混室出口到加力燃烧室进口之间的过渡段
8	尾喷管单元	可以是收缩喷管或拉瓦尔喷管
9	发动机进口单元	用于描述从截面 0 到截面 1 之间的流动

利用这 9 类功能单元，可以自由组合成各类发动机模型，比如涡喷发动机、混排或分排涡扇发动机等。

在保证满足工程应用需求的前提下，同时考虑理论和技术上的可实现性，本模型采用如下基本假设：

① 研究对象的适用范围限于具有环形燃气或空气通道的航空燃气涡轮发动机。

② 均匀进气，忽略流动在周向和径向的差别，将其视作一维流动，但流动的截面积沿发动机轴向可以变化。

③ 气流的粘性影响不直接体现在控制方程中，而是通过部件的特性，以源项的形式予以体现。

④ 各部件的非定常气动作用力通过动态响应方程描述，定常气动作用力则直接利用各部件的准稳态特性描述。

⑤ 为了能够充分利用已经获得(通过计算或部件试验)的部件特性，将计算单元的边界设定在已知特性部件的进、出口截面。对于压气机，如果已知其级组或叶排特性，可以将计算单元划分得更细。一般情况下，用整体的风扇/压气机特性基本能满足要求。

⑥ 在计算单元内部，气动参数均匀分布。

⑦ 在掺混单元的进口处，各股气流的静压相等。

下面利用上述 7 条基本假设，针对表 10.2 中所列出的 9 类功能单元，建立描述航空发动机整机气动稳定性的控制方程。

10.1.2 控制方程

在航空发动机内部，气体的流动在本质上是三维、非定常、有粘、可压缩的。直接从流动的基本控制方程出发，求解发动机内部流动的稳定性，以目前的 CFD 技术水平来看是很难实现的；即使能够实现，所需的计算机配置和时间消耗也会相当惊人，无法满足工程需要。虽然，现在也有科研人员采用 CFD 数值仿真的方法研究发动机整机稳定边界，但是受网格量、湍流模型、多级压气机非设计点计算不准确等因素的限制，整机稳定边界很难准确获得。为了便于针对发动机整机开展气动稳定性分析，基于 10.1.1 小节所述的第②、③条基本假设，在工程精度允许范围内，采用如下积分形式的、带源项的一维欧拉方程近似描述计算域内的流动：

连续方程

$$\frac{\partial}{\partial t}\int_V \rho \mathrm{d}V = -\oint \rho(\vec{v} \cdot \mathrm{d}\vec{S}) \tag{10.1a}$$

轴向动量方程

$$\frac{\partial}{\partial t}\int_V \rho v_x \mathrm{d}V = -\oint \rho v_x (\vec{v} \cdot \mathrm{d}\vec{S}) - \oint p_n \mathrm{d}S_x + F_x \tag{10.1b}$$

能量方程

$$\frac{\partial}{\partial t}\int_V \rho e \mathrm{d}V = -\oint \rho h^* (\vec{v} \cdot \mathrm{d}\vec{S}) + \dot{Q} + \dot{W} \tag{10.1c}$$

以上各式中：$\vec{v}$ 和 $\vec{S}$ 分别表示速度矢量和控制体（即计算单元）表面微元矢量；V 表示控制体的容积；F 表示固体壁面对气体的作用力；e 表示控制体内气体的比总能，等于比内能与比动能之和，即 $e = u + v^2/2 = c_V T + v^2/2$；$h^*$ 表示控制体内气体的比总焓；$\dot{Q}$ 和 $\dot{W}$ 分别表示在单位时间内外界输入控制体的热能和机械能；下角标 n 表示控制体表面的外法向分量；下角标 x 表示轴向分量。

上述控制方程的解的稳定性等价于由该方程组所描述的航空发动机内部流动的稳定性，也就是发动机工作点的稳定性。然而，由于方程组(10.1)是非线性的，直接分析其解的稳定性非常困难，因此本模型基于李雅普诺夫第一法，通过研究动态系统的线性近似数学模型的稳定性来分析非线性系统平衡态的稳定性。它的基本思路如下：

① 将非线性方程组(10.1)在其某个解（亦即发动机某个共同工作点）附近进行小扰动线性化处理，得到与之在稳定性上等价的小扰动线性方程组；

② 求解该线性方程组系数矩阵的特征值，根据全部特征值在复平面上的分布来判断方程组在某一解附近是否稳定，亦等同于发动机在相应的共同工作点处是否稳定。

为了得到小扰动线性方程组，将方程组(10.1)对每个计算单元积分，并将气动参数表示为稳态量与小扰动量之和，如下式所示，再结合各类功能单元的特性，建立各单元的小扰动控制方程：

$$x = \bar{x} + x', \quad x' \ll \bar{x} \tag{10.2}$$

式中：x 可以是密度、轴向速度、比总能、流量、压强或者温度，考虑到工程中常用流量、压强和温度表征发动机的工作状态，相应地，本文选择用 $\dot{m}$、p 和 T 作为控制方程的基本变量；上标"－"表示稳态分量；上角标"′"表示小扰动分量，其值远小于稳态分量。

下面针对表 10.2 中所列出的 9 类功能单元，分别建立各自的小扰动线性控制方程。

1. 管路单元

管路单元是指发动机流道中的某段管路，主要用于连接其他功能单元，也包括进口管道和出口管道。管路单元内的流动不存在功、热交换，但一般存在流动损失，主要体现为总压损失。在本模型中，管路单元进口截面的静压由下游决定，出口截面的流量和静温则由上游决定。

管路单元的无量纲小扰动控制方程如下：

$$\frac{\partial}{\partial \tilde{t}}\begin{pmatrix}\tilde{p}_1\\ \tilde{\dot{m}}_2\\ \tilde{T}_2\end{pmatrix}=\boldsymbol{D}\times\begin{pmatrix}\tilde{p}_1\\ \tilde{T}_1\\ \tilde{\dot{m}}_1\\ \tilde{p}_2\\ \tilde{T}_2\\ \tilde{\dot{m}}_2\end{pmatrix} \tag{10.3}$$

本模型对流量、压强、温度和时间分别进行了无量纲处理：$\tilde{\dot{m}}=\dot{m}'/\dot{m}_0$，$\tilde{p}=p'/\bar{p}$，$\tilde{T}=T'/\bar{T}$，$\tilde{t}=t/t_0$。其中：$\dot{m}_0$ 表示发动机进口的质量流量；$t_0=0.5(\rho_1+\rho_2)V/\dot{m}_0$；下角标 1、2 分别表示管路单元进、出口截面。为了书写方便，在本章后续内容中采用 $\dot{m}$、p、T 代替 $\overline{\dot{m}}$、$\bar{p}$ 和 $\bar{T}$ 来表示稳态分量。

管路单元的无量纲小扰动控制方程的系数矩阵用 $\boldsymbol{D}$ 表示，它是一个 3 行×6 列的矩阵，其元素根据气体动力学方程，由上一时刻该管路单元进、出口截面气动参数和单元几何参数决定。

2. 等熵单元

等熵单元是对管路单元引入等熵流动假设后的简化单元，因此，在建立等熵单元的无量纲小扰动控制方程时可以不考虑能量方程，由方程(10.3)简化得到：

$$\frac{\partial}{\partial \tilde{t}}\begin{pmatrix}\tilde{p}_1\\ \tilde{\dot{m}}_2\end{pmatrix}=\boldsymbol{I}_s\times\begin{pmatrix}\tilde{p}_1\\ \tilde{\dot{m}}_1\\ \tilde{p}_2\\ \tilde{\dot{m}}_2\end{pmatrix}\tag{10.4}$$

式中：系数矩阵 $\boldsymbol{I}_s$ 是一个 2 行×4 列的矩阵，其元素根据气体动力学方程，由上一时刻该等熵单元进、出口截面气动参数和单元几何参数决定。

3. 风扇/压气机单元

风扇和高压压气机等压缩部件可以用一个或多个“堆积”在一起的压气机单元来模拟。该类计算单元的无量纲小扰动控制方程具有如下形式：

$$\frac{\partial}{\partial \tilde{t}}\begin{pmatrix}\tilde{p}_i\\ \tilde{\dot{m}}_{i+1}\end{pmatrix}=\boldsymbol{C}_i\times\begin{pmatrix}\tilde{p}_i\\ \tilde{\dot{m}}_i\\ \tilde{p}_{i+1}\\ \tilde{\dot{m}}_{i+1}\end{pmatrix}\tag{10.5}$$

式中：下角标 i 和 $i+1$ 分别表示第 i 个压气机单元的进、出口截面；系数矩阵 $\boldsymbol{C}_i$ 为一个 2 行×4 列的矩阵，其元素根据气体动力学方程，由上一时刻该压气机单元进、出口截面气动参数和单元几何参数、部件特性（包括压比-流量特性、效率-流量特性）决定。

4. 燃烧室组合单元

本模型将高压压气机后接的扩压器、主燃烧室和高压涡轮导向器组合在一起，定义为一个“燃烧室组合单元”，如图 10.2 所示。

图 10.2　燃烧室组合单元示意图

燃烧室组合单元的无量纲小扰动控制方程具有如下形式：

$$\frac{\partial}{\partial \tilde{t}}\begin{pmatrix}\tilde{p}_3\\ \tilde{\dot{m}}_{31}\\ \tilde{p}_{31}\\ \tilde{\dot{m}}_4\\ \tilde{T}_4\\ \tilde{p}_4\end{pmatrix}=\boldsymbol{B}\times\begin{pmatrix}\tilde{p}_3\\ \tilde{\dot{m}}_3\\ \tilde{p}_{31}\\ \tilde{\dot{m}}_{31}\\ \tilde{p}_4\\ \tilde{\dot{m}}_4\\ \tilde{T}_4\end{pmatrix} \tag{10.6}$$

式中：系数矩阵 $\boldsymbol{B}$ 为一个 6 行×7 列的矩阵，其元素根据气体动力学方程，由上一时刻截面 3、31、4 的气动参数和燃烧室组合单元几何参数、燃油参数等决定。

5. 分流单元

分流单元用于描述气流流经风扇后，被分流环分割为内、外两股气流，如图 10.3 所示。截面 20 表示风扇单元的出口，亦即分流单元的进口，截面 21 和 13 分别为分流单元的内、外两个出口，同时也是内涵和外涵的进口。

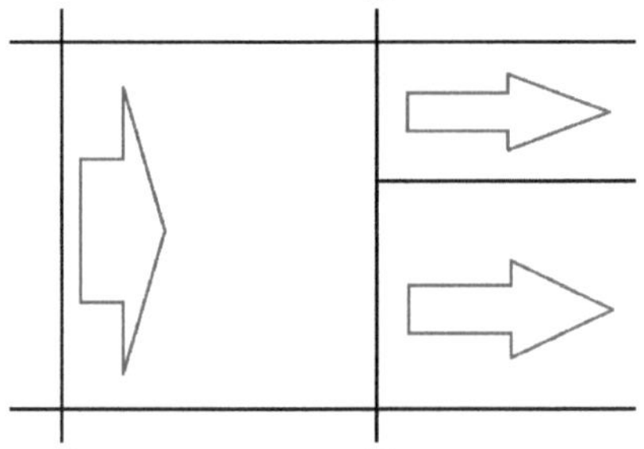

图 10.3　分流单元示意图

分流单元的无量纲小扰动控制方程为

$$\frac{\partial}{\partial \tilde{t}}\begin{pmatrix}\tilde{p}_{20}\\ \tilde{\dot{m}}_{21}\\ \tilde{\dot{m}}_{13}\end{pmatrix}=\boldsymbol{S}\times\begin{pmatrix}\tilde{p}_{20}\\ \tilde{\dot{m}}_{20}\\ \tilde{p}_{21}\\ \tilde{\dot{m}}_{21}\\ \tilde{p}_{13}\\ \tilde{\dot{m}}_{13}\end{pmatrix} \tag{10.7}$$

式中：系数矩阵 $\boldsymbol{S}$ 为一个 3 行×6 列的矩阵，其元素根据气体动力学方程，由上一时刻分流单元进、出口截面的气动参数、单元几何参数和单元损失特性决定。

6. 掺混单元

掺混单元用于描述在内、外涵出口由两股气流掺混为一股，如图 10.4 所示。截面 64 表示掺混单元的出口，截面 6 和 16 分别为掺混单元的内、外两个进口，同时也是内涵和外涵的出口。

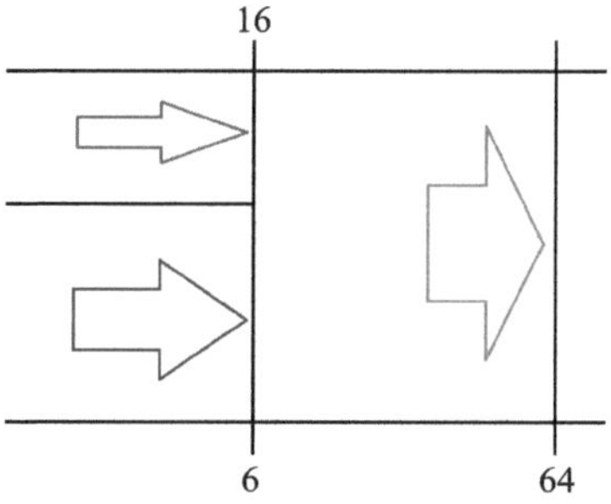

图 10.4　掺混单元示意图

根据 10.1.1 节所述的第⑦条基本假设，截面 6 与截面 16 静压平衡，因此 $\tilde{p}_6=\tilde{p}_{16}$，本章统一用 $\tilde{p}_{16}$ 表示。

掺混单元的无量纲小扰动控制方程为

$$\frac{\partial}{\partial \tilde{t}}\begin{pmatrix}\tilde{p}_{16}\\ \tilde{\dot{m}}_{64}\\ \tilde{T}_{64}\end{pmatrix}=\boldsymbol{M}\times\begin{pmatrix}\tilde{p}_{16}\\ \tilde{\dot{m}}_{16}\\ \tilde{\dot{m}}_{6}\\ \tilde{T}_{6}\\ \tilde{p}_{64}\\ \tilde{\dot{m}}_{64}\\ \tilde{T}_{64}\end{pmatrix} \tag{10.8}$$

式中：系数矩阵 $\boldsymbol{M}$ 是一个 3 行×7 列的矩阵，其元素根据气体动力学方程，由上一时刻掺混单元进、出口截面的气动参数、单元几何参数和单元损失特性决定。

7. 加力燃烧室组合单元

本模型用一个管路单元来连接掺混室和加力燃烧室，并将该管路单元与加力燃烧室单元组合在一起，定义为一个“加力燃烧室组合单元”，如图 10.5 所示。

加力燃烧室组合单元的无量纲小扰动控制方程为

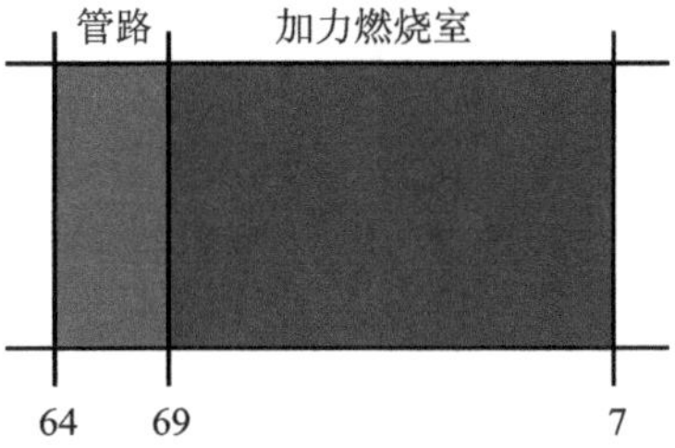

图 10.5　燃烧室组合单元示意图

$$\frac{\partial}{\partial \tilde{t}}\begin{pmatrix}\tilde{p}_{64}\\ \tilde{\dot{m}}_{69}\\ \tilde{T}_{69}\\ \tilde{p}_{69}\\ \tilde{\dot{m}}_{7}\\ \tilde{T}_{7}\end{pmatrix}=\boldsymbol{R}\times\begin{pmatrix}\tilde{p}_{64}\\ \tilde{\dot{m}}_{64}\\ \tilde{T}_{64}\\ \tilde{p}_{69}\\ \tilde{\dot{m}}_{69}\\ \tilde{T}_{69}\\ \tilde{p}_{7}\\ \tilde{\dot{m}}_{7}\\ \tilde{T}_{7}\end{pmatrix}\tag{10.9}$$

式中：系数矩阵 $\boldsymbol{R}$ 为一个 6 行×9 列的矩阵，其元素根据气体动力学方程，由上一时刻截面 64、69、7 的气动参数和加力燃烧室单元几何参数、燃油参数等决定。

8. 尾喷管单元

尾喷管单元内的流动视为等熵流动，其无量纲的小扰动控制方程可类比等熵单元来获得。但与一般等熵单元不同的是，尾喷管喉道截面的流量由其节流特性确定。据此，将方程(10.4)进一步简化得到尾喷管单元的无量纲小扰动控制方程为

$$\frac{\partial \tilde{p}_7}{\partial \tilde{t}}=\boldsymbol{N}\times\begin{pmatrix}\tilde{p}_{7}\\ \tilde{\dot{m}}_{7}\\ \tilde{T}_{7}\end{pmatrix}\tag{10.10}$$

式中：系数矩阵 $\boldsymbol{N}$ 为一个 1 行×3 列的矩阵，其元素根据气体动力学方程，由上一时刻截面 7 的气动参数、尾喷管单元几何参数和尾喷管节流特性决定。

9. 发动机进口单元

发动机进口单元是气流进入计算域后的第一个计算单元，其进口截面为截面 0，表示大气环境，出口截面为截面 1，同时也是进气道进口。发动机进口单元内的流动可视为等熵流动，同时假设发动机进口质量流量恒定，即 $\tilde{\dot{m}}_0=0$，据此得到发动机进口单元的无量纲小扰动控制方程为

$$\frac{\partial}{\partial \tilde{t}}\begin{pmatrix}\tilde{p}_{0}\\ \tilde{\dot{m}}_{1}\end{pmatrix}=\boldsymbol{I}_n\times\begin{pmatrix}\tilde{p}_{0}\\ \tilde{p}_{1}\\ \tilde{\dot{m}}_{1}\end{pmatrix}\tag{10.11}$$

式中：系数矩阵 $\boldsymbol{I}_n$ 为一个 2 行×3 列的矩阵，其元素根据气体动力学方程，由上一时

刻截面 0、1 的气动参数和发动机进口单元的几何参数、飞行高度和飞行马赫数等决定。

建立了各功能单元的小扰动控制方程后，针对不同类型发动机的结构特点，将方程(10.3)～(10.11)组合起来，可以构建出发动机整机的无量纲小扰动控制方程。对于图 10.1 所示的典型的混排涡扇发动机，假设其进气道包含 j 个等熵单元，风扇包含 f 个压气机单元，高压压气机包含 h 个压气机单元，外涵道包含 p 个等熵单元，尾喷管包含 n 个管道单元和 1 个尾喷管单元，如表 10.3 所列，则由方程(10.3)～(10.11)所构成的发动机整机的无量纲小扰动控制方程组共包含 $2j+2f+2h+2p+3n+24$ 个独立方程，与未知量个数相等，故方程组封闭。

表 10.3　某混排涡扇发动机的功能单元和控制方程的构成

构成发动机的部件	构成部件的功能单元		描述功能单元的控制方程		
	类　型	个　数	方程组序号	独立方程数	未知量个数
发动机进口单元	发动机进口单元	1	(10.11)	2	2
进气道	等熵单元	j	(10.4)	$2j$	$2j$
风扇	压气机单元	f	(10.5)	$2f$	$2f$
分流单元	分流单元	1	(10.7)	3	3
高压压气机	压气机单元	h	(10.5)	$2h$	$2h$
燃烧室	燃烧室组合单元	1	(10.6)	6	6
涡轮	管路单元	1	(10.3)	3	3
外涵道	等熵单元	p	(10.4)	$2p$	$2p$
掺混室	掺混单元	1	(10.8)	3	3
加力燃烧室	加力燃烧室组合单元	1	(10.9)	6	6
尾喷管	管路单元	n	(10.3)	$3n$	$3n$
	尾喷管单元	1	(10.10)	1	1

引入矢量 $\vec{y}$ 表示由上述所有未知量构成的列向量，可将发动机整机的无量纲小扰动控制方程组整理、简化为如下形式：

$$\frac{\mathrm{d}\vec{y}}{\mathrm{d}t}=\boldsymbol{A}\times\vec{y} \tag{10.12}$$

式中：系数矩阵 $\boldsymbol{A}$ 为方阵，由 $\boldsymbol{D}$、$\boldsymbol{I}_s$、$\boldsymbol{C}_i$、$\boldsymbol{B}$、$\boldsymbol{S}$、$\boldsymbol{M}$、$\boldsymbol{R}$、$\boldsymbol{N}$ 和 $\boldsymbol{I}_n$ 根据表 10.3 复合而成。

方程(10.12)为经过线性化处理的、描述航空发动机整机稳定性的无量纲小扰动控制方程。根据李雅普诺夫第一法，方程(10.12)与方程组(10.1)在稳定性上是等价的。下面介绍方程(10.12)的稳定性的仿真方法。

10.1.3 仿真方法

1. 判稳方法

分析常微分方程组(10.12)的解的稳定性,通常可以转化为求解其系数矩阵 $\boldsymbol{A}$ 的特征值分布:若 $\boldsymbol{A}$ 的所有特征值,即特征方程

$$|\boldsymbol{A}-\boldsymbol{E}\times\vec{\lambda}|=0 \tag{10.13}$$

的所有根的实部均为负值,则方程的解稳定,等价于发动机的共同工作点气动稳定;反之,若方程(10.13)存在某一个或某几个根的实部为正值,则方程的解不稳定,等价于发动机的共同工作点气动失稳。方程(10.13)中:$\boldsymbol{E}$ 为单位矩阵,与 $\boldsymbol{A}$ 同阶。

本模型采用经典的 QR 算法求解方程(10.13)。QR 算法要求构造一系列相似矩阵 $\{\boldsymbol{A}_k\}$,满足 $\boldsymbol{A}_1=\boldsymbol{A}$,并且当 $k\geqslant 2$ 时 $\boldsymbol{A}_k$ 相似于 $\boldsymbol{A}_{k-1}$。构造方法如下:

设 $\boldsymbol{A}_1=\boldsymbol{A}=\boldsymbol{Q}_1\boldsymbol{R}_1$,当 $k\geqslant 2$ 时令

$$\boldsymbol{A}_k=\boldsymbol{R}_{k-1}\boldsymbol{Q}_{k-1}=\boldsymbol{Q}_k\boldsymbol{R}_k$$

式中:$\boldsymbol{Q}_k$ 为正交矩阵;$\boldsymbol{R}_k$ 为上三角矩阵,对角元取正号。

这样构造的矩阵序列 $\{\boldsymbol{A}_k\}$ 即满足要求,证明如下:

① 当 $k=1$ 时,根据上述构造方法,显然满足 $\boldsymbol{A}_k=\boldsymbol{A}_1=\boldsymbol{A}$。

② 当 $k\geqslant 2$ 时,

因为 $\boldsymbol{Q}_k$ 为正交矩阵,所以 $\boldsymbol{Q}_{k-1}^{-1}=\boldsymbol{Q}_{k-1}^{\mathrm{T}}$;

又因为 $\boldsymbol{A}_{k-1}=\boldsymbol{Q}_{k-1}\boldsymbol{R}_{k-1}$,所以 $\boldsymbol{Q}_{k-1}^{-1}\boldsymbol{A}_{k-1}=\boldsymbol{Q}_{k-1}^{-1}\boldsymbol{Q}_{k-1}\boldsymbol{R}_{k-1}$,即 $\boldsymbol{Q}_{k-1}^{\mathrm{T}}\boldsymbol{A}_{k-1}=\boldsymbol{R}_{k-1}$;

又因为 $\boldsymbol{A}_k=\boldsymbol{R}_{k-1}\boldsymbol{Q}_{k-1}$,所以 $\boldsymbol{A}_k=\boldsymbol{Q}_{k-1}^{\mathrm{T}}\boldsymbol{A}_{k-1}\boldsymbol{Q}_{k-1}$;

所以 $\boldsymbol{A}_k$ 相似于 $\boldsymbol{A}_{k-1}$。

还可以证明,当 $k\to\infty$ 时,$\boldsymbol{A}_k$ 对角线下方的元素(不包括对角元)均收敛于 0。由于相似关系,$\boldsymbol{A}_k$ 的对角元将收敛于 $\boldsymbol{A}$ 的特征值。

考虑到当 $\boldsymbol{A}$ 为满秩矩阵时,QR 算法每一步所需耗费的乘法运算次数是 N^3 数量级(N 为矩阵阶数),为减少工作量,本模型在具体执行 QR 算法时进行了改进:事先把 $\boldsymbol{A}$ 化为较简单的拟上三角矩阵,也就是次对角线下方元素均为 0 的矩阵(通过一系列 Householder 相似变换实现),再利用 QR 算法求矩阵的特征值。

采用上述判稳方法可以判断航空发动机的共同工作点是否稳定,但是如果需要进一步获得发动机的稳定边界,则仅有判稳方法是不够的,还必须结合适当的逼喘手段,不断将发动机的共同工作点逼近稳定边界,直至判断失稳。

2. 逼喘手段

发动机每一个共同工作点对应一个无量纲小扰动控制方程和一个系数矩阵 $\boldsymbol{A}$。因此,逼喘手段表现在数学模型上就是通过控制某些调节变量,不断改变系数矩阵

$\boldsymbol{A}$，直至 $\boldsymbol{A}$ 的某一个或某几个特征值的实部大于零。

方程(10.12)实质上可以看作下述非线性常微分方程在小扰动假设下的一阶近似：

$$\frac{\mathrm{d}\vec{y}}{\mathrm{d}t}=f_i(t,\vec{y}) \tag{10.14}$$

在逼喘过程中，需要不断调节发动机的工作点。此时方程(10.14)经线性化后可改写成更为一般的形式：

$$\frac{\mathrm{d}\vec{y}}{\mathrm{d}t}=\boldsymbol{A}\vec{y}+\boldsymbol{B}\vec{s} \tag{10.15}$$

式中：$\vec{y}$ 为气流参数矢量，阶数为 N；$\boldsymbol{A}$ 为常微分方程组的系数矩阵，阶数为 N；$\vec{s}$ 表示发动机内部的调节矢量(比如，尾喷管喉道面积调节矢量或燃烧室供油量调节矢量等)，阶数为 M；$\boldsymbol{B}$ 为发动机内部调节系数矩阵，N 行 $\times M$ 列。当发动机工作点不调节时 $\vec{s}=0$，此时方程(10.15)可简化为方程(10.12)。

在逼喘过程中，新的稳态工作点的求解很简单，只需求解 N 阶线性代数方程组

$$\boldsymbol{A}\vec{y}=-\boldsymbol{B}\vec{s} \tag{10.16}$$

本模型结合工程实际，设置了以下 5 种常用的逼喘手段将风扇或高压压气机的工作点逼向稳定边界，分别对应不同的调节矢量 $\vec{s}$ 和系数矩阵 $\boldsymbol{B}$。

(1) 减小高压涡轮导向器喉道面积

高压涡轮导向器喉道面积的减小，将直接导致通过核心机的流量减小，从而将高压压气机的工作点逼向稳定边界，而风扇的工作状态基本保持不变。因此，该方法常用于确定高压压气机的稳定边界。

考虑流量方程

$$\dot{m}=K\frac{p^*}{\sqrt{T^*}}q(\lambda)A \tag{10.17}$$

当面积 A 产生一个增量 δA 时，记 $\varepsilon=\delta A/A$，假设 p^*、T^* 和 $q(\lambda)$ 不变，则流量的相对增量 $\delta\dot{m}/\dot{m}=\varepsilon$。

高压涡轮导向器内的流动在本模型中被视为等熵流动。将等熵过程方程 $p/\rho^k=\text{const}$ 的等号两边同时对时间 t 求导，再代入连续方程，整理可得

$$\frac{\partial p}{\partial t}=-\frac{kp}{\rho A}\frac{\partial(\dot{m}+\delta\dot{m})}{\partial x}=-\frac{kp}{\rho A}\frac{\partial\dot{m}}{\partial x}-\frac{kp}{\rho A}\frac{\partial(\delta\dot{m})}{\partial x} \tag{10.18}$$

对方程(10.18)进行小扰动线性化和无量纲处理，即可获得在该逼喘手段作用下高压涡轮导向器单元的小扰动控制方程。其中，方程(10.18)等号右边第一项对应方程(10.16)中的 $\boldsymbol{A}\vec{y}$，第二项对应方程(10.16)中的 $-\boldsymbol{B}\vec{s}$。

(2) 减小尾喷管喉道面积

尾喷管喉道面积的减小，会使风扇的工作点向稳定边界靠近；此时，高压压气机进口气流温度上升，工作点沿着共同工作线移动。因此，该方法常用于确定风扇的稳定边界。

减小尾喷管喉道面积与减小高压涡轮导向器喉道面积相比，虽然二者的效果大相径庭，但仅就调节手段来说，都是通过改变截面面积引起流量变化。因此，对应该逼喘手段的调节矢量 $\vec{s}$ 及其系数矩阵 $\boldsymbol{B}$ 具有与第一种逼喘手段相同的形式，只是发生调节的单元不同。

(3) 提高尾喷管出口背压

提高尾喷管出口背压在效果上类似于减小尾喷管喉道面积，也可用于对风扇逼喘。

调节尾喷管出口背压时，流量系数的变化遵循如下节流特性：

$$q(\lambda)=\sqrt{1-\mathrm{e}^{\frac{1-\pi_{\mathrm{noz}}}{0.22}}} \tag{10.19}$$

式中：$\pi_{\mathrm{noz}}=p^*/p_{\mathrm{b}}$ 表示尾喷管的膨胀比，其中 p_{b} 为出口背压。

将其代入流量方程(10.17)可得

$$\dot{m}=K\frac{p^*A}{\sqrt{T^*}}\sqrt{1-\mathrm{e}^{\frac{1-\pi_{\mathrm{noz}}}{0.22}}} \tag{10.20}$$

用 δp_{b} 表示尾喷管出口背压的增量，并记 $\varepsilon=\delta p_{\mathrm{b}}/p_{\mathrm{b}}$。假设 p^*、T^* 和 A 不变，根据方程(10.20)可知，由背压增量 δp_{b} 引起的流量增量 $\delta\dot{m}$ 可表示为

$$\frac{\delta\dot{m}}{\dot{m}}=-\frac{1}{2}\frac{\pi_{\mathrm{noz}}\mathrm{e}^{\frac{1-\pi_{\mathrm{noz}}}{0.22}}}{0.22\left(1-\mathrm{e}^{\frac{1-\pi_{\mathrm{noz}}}{0.22}}\right)}\frac{\delta p_{\mathrm{b}}}{p_{\mathrm{b}}}=-\frac{\varepsilon}{2}\frac{\pi_{\mathrm{noz}}}{0.22\left(\mathrm{e}^{\frac{\pi_{\mathrm{noz}}-1}{0.22}}-1\right)} \tag{10.21}$$

根据式(10.21)和等熵过程的连续方程可得

$$\frac{\partial p}{\partial t}=-\frac{kp}{\rho A}\frac{\partial\dot{m}}{\partial x}+\frac{kp\dot{m}}{\rho AL}\frac{\varepsilon}{2}\frac{\pi_{\mathrm{noz}}}{0.22\left(\mathrm{e}^{\frac{\pi_{\mathrm{noz}}-1}{0.22}}-1\right)} \tag{10.22}$$

再对式(10.22)进行小扰动线性化和无量纲处理，即可获得在该逼喘手段作用下尾喷管单元的小扰动控制方程。其中，方程(10.22)等号右边第一项对应方程(10.16)中的 $\boldsymbol{A}\vec{y}$，第二项对应方程(10.16)中的 $-\boldsymbol{B}\vec{s}$。

(4) 增加主燃烧室供油量

增加主燃烧室的供油量，会使主燃烧室出口总温增加，相当于对高压压气机节流，减小通过高压压气机的流量，从而实现逼喘。因此，该方法常用于确定高压压气机的稳定边界。

用 $\dot{m}_{\mathrm{f}}$ 表示主燃烧室燃油流量，用 ε 表示 $\dot{m}_{\mathrm{f}}$ 的相对变化量，即 $\varepsilon=\delta\dot{m}_{\mathrm{f}}/\dot{m}_{\mathrm{f}}$。由于主燃烧室燃油流量增加导致的单位时间内的焓增可表示为 $\varepsilon\dot{m}_{\mathrm{f}}H_u\eta_{\mathrm{b}}$，其中 H_u 表示燃油的低热值，η_{b} 表示燃烧效率。这部分焓增将引起燃烧室内气流温度升高，用 δT 表示温度的增量，则有

$$\frac{\partial(\delta T)}{\partial t}=\frac{1}{c_p}\frac{\partial(\delta h)}{\partial t}=\frac{\varepsilon\dot{m}_{\mathrm{f}}H_u\eta_{\mathrm{b}}}{\rho c_pV} \tag{10.23}$$

当调节 $\dot{m}_{\mathrm{f}}$ 时，需要在主燃烧室单元的能量方程中增加源项 $\partial(\delta T)/\partial t$，其表达式

如方程(10.23)所示。相应地，在连续方程中也应增加源项，变为如下形式：

$$\frac{\partial p}{\partial t}=\frac{p}{T}\frac{\partial(T+\delta T)}{\partial t}-\frac{p}{\rho A}\frac{\partial \dot{m}}{\partial x}=\frac{p}{T}\frac{\partial T}{\partial t}-\frac{p}{\rho A}\frac{\partial \dot{m}}{\partial x}+\frac{p}{T}\frac{\partial(\delta T)}{\partial t} \tag{10.24}$$

对方程(10.23)、(10.24)分别进行小扰动线性化和无量纲处理，即可在获得该逼喘手段作用下主燃烧室单元的小扰动控制方程。

(5) 在压气机后注入高压气体

在高压压气机后注气时，由于没有改变高压涡轮导向器的喉道面积，流入高压涡轮的总流量不变，因此会减少进入高压压气机的空气流量，从而将其工作点逼向稳定边界。

本模型用 g 表示注气流量，并选择压气机后的扩压器作为注气单元。考虑注气影响后，扩压器单元的连续方程具有与方程(10.18)相同的形式，此时 $\delta\dot{m}=g$。

在轴向动量方程中需要增加源项：

$$\frac{\partial(\delta\dot{m})}{\partial t}=\frac{\partial g}{\partial t}=-2v_{x,g}\frac{g}{L} \tag{10.25}$$

在能量方程中需要增加源项：

$$\frac{\partial(\delta T)}{\partial t}=\frac{1}{c_p}\frac{\partial h_g^*}{\partial t} \tag{10.26}$$

式中：$v_{x,g}$ 表示注入气流的轴向速度；h_g^* 表示注入气流的比总焓；L 表示扩压器单元的轴向长度。

对方程(10.18)、(10.25)和方程(10.26)分别进行小扰动线性化和无量纲处理，即可获得在该逼喘手段作用下燃烧室组合单元(扩压器是燃烧室组合单元的一部分)的小扰动控制方程。

10.2　数值仿真流程

基于本章所建立的数学模型，开发了航空发动机整机气动稳定边界预测程序，计算流程如图 10.6 所示。

① 计算开始，读取数据文件，并检查输入。

② 计算发动机的稳态初始工作点，获得各截面的气动参数。

③ 根据第②步所得，计算方程(10.12)的系数矩阵 **A** 中的各个元素。

④ 利用 QR 算法，计算系数矩阵 **A** 的特征值。

⑤ 判断 **A** 的特征值的实部是否大于零，如果否，说明工作点稳定，需要选择合适的逼喘手段调节发动机的工作点，并重新返回第③步，计算新工作点对应的系数矩阵 **A**；如果是，说明工作点不稳定，由此确定发动机的稳定边界。

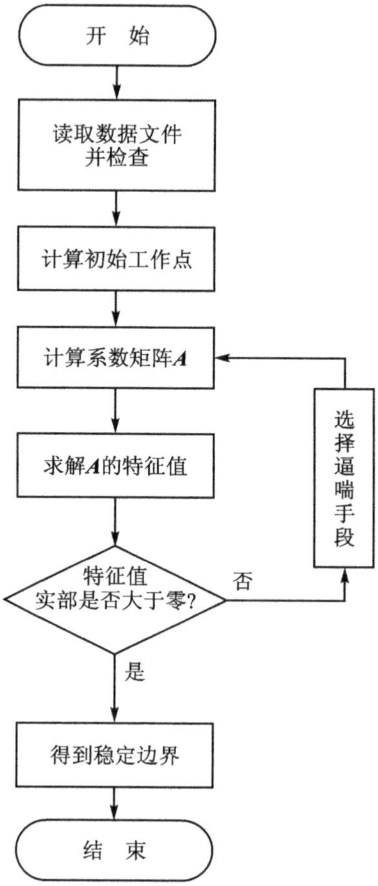

图 10.6 发动机稳定边界预测程序的计算流程

10.3 数值仿真结果

通过选择合适的逼喘手段，分别计算了典型混排涡扇发动机的风扇、高压压气机在整机环境下的气动稳定边界。为简化表述，在本章后续内容中，将风扇/压气机在整机环境下的稳定边界（点）简称为整机边界（点），将风扇/压气机在部件试验台环境下的稳定边界（点）简称为部件边界（点）。

针对该混排涡扇发动机模型，选择其共同工作线上的 8 个共同工作点进行稳定性分析。风扇和高压压气机在各个工作点上的主要参数见表 10.4，其中，n_{rcor} 表示风扇或高压压气机工作点的折合转速，$q(\lambda)$ 和 π^* 分别为工作点的流量函数和总压比。

表 10.4　待评定的 8 个共同工作点

序　号	风　扇			高压压气机		
	$n_{rcor}/\%$	$q(\lambda)$	π^*	$n_{rcor}/\%$	$q(\lambda)$	π^*
1	50	0.375	1.377	79.5	0.516	3.943
2	60	0.484	1.617	85.0	0.596	4.830
3	70	0.582	1.881	89.1	0.654	5.410
4	80	0.685	2.221	93.1	0.705	5.976
5	90	0.793	2.660	97.0	0.751	6.530
6	95	0.836	2.854	98.5	0.768	6.787
7	100	0.863	3.000	100	0.785	7.000
8	110	0.898	3.252	103	0.806	7.398

为了得到风扇的整机边界，选择减小尾喷口喉道面积作为逼喘手段。以设计状态为例，在尾喷口喉道面积减小的过程中，风扇的工作点轨迹（即逼喘特性）如图 10.7 所示，工作点基本沿着等转速特性线向稳定边界靠近，其逼喘特性与部件特性基本重合，整机边界点与部件边界点差别不大。

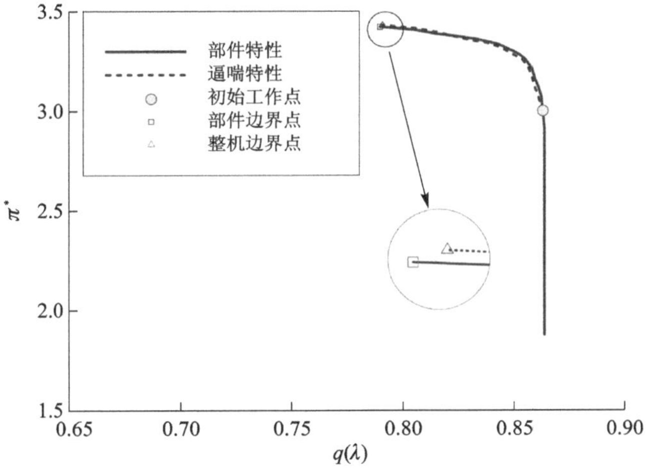

图 10.7　风扇的逼喘特性

以表 10.4 中所列出的 8 个共同工作点分别作为初始状态，逐渐减小尾喷口喉道面积直至计算程序判断发动机失稳，得到风扇在整机环境下的稳定边界，结果如图 10.8 所示。由图可见，风扇的整机边界位于部件边界右下方，但二者差异不明显。

根据风扇的整机边界和部件边界，可以分别计算风扇在各个共同工作点处的可用稳定裕度，结果如表 10.5 所列。其中，$SM_{ava,old}$ 和 $SM_{ava,new}$ 分别表示根据部件边界、整机边界计算得出的可用稳定裕度；$\Delta SM_{ava}=SM_{ava,new}-SM_{ava,old}$ 表示整机环境

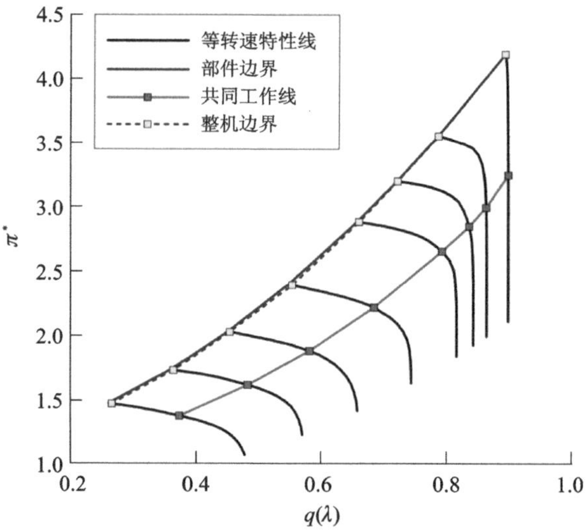

图 10.8 风扇的气动稳定边界

导致的风扇可用稳定裕度的损失，$\Delta SM_{ava,r}=\Delta SM_{ava}/SM_{ava,old}$ 表示可用稳定裕度的相对损失。

表 10.5 整机环境下风扇的可用稳定裕度损失

序　号	n_{cor}/%	$SM_{ava,old}$/%	$SM_{ava,new}$/%	ΔSM_{ava}/%	$\Delta SM_{ava,r}$/%
1	50	53.02	49.76	−3.26	−6.15
2	60	43.99	41.84	−2.15	−4.89
3	70	39.10	37.98	−1.12	−2.86
4	80	34.93	33.19	−1.74	−4.99
5	90	30.82	30.14	−0.68	−2.21
6	95	30.20	29.98	−0.22	−0.73
7	100	30.18	30.09	−0.10	−0.32
8	110	29.74	29.70	−0.03	−0.11

由表中数据可知，将风扇耦合到发动机整机中后，会损失一部分可用稳定裕度。当风扇的相对折合转速较高时，稳定裕度损失较小；当风扇的相对折合转速较低时，稳定裕度损失较大，最大相对稳定裕度损失可达 6.15%。

在部件试验台环境下，风扇一般后接排气管道，通过节流阀来控制工作流量；在整机环境下，风扇通过外涵管道、掺混室和尾喷管连接大气环境，通过尾喷管的喉道面积或出口背压来控制工作流量。这两种工作环境差别不大，因此风扇在这两种环境下的气动稳定边界也不存在明显的差异。

以表 10.4 中所列出的 8 个共同工作点分别作为初始状态，通过减小高压涡轮导向器喉道面积对高压压气机进行逼喘，直到计算程序判断发动机失稳，由此得到高压压气机在整机环境下的稳定边界，如图 10.9 所示。由图可见，高压压气机的整机边界明显低于其部件边界，并且相对折合转速越低，二者之间的差异越显著。

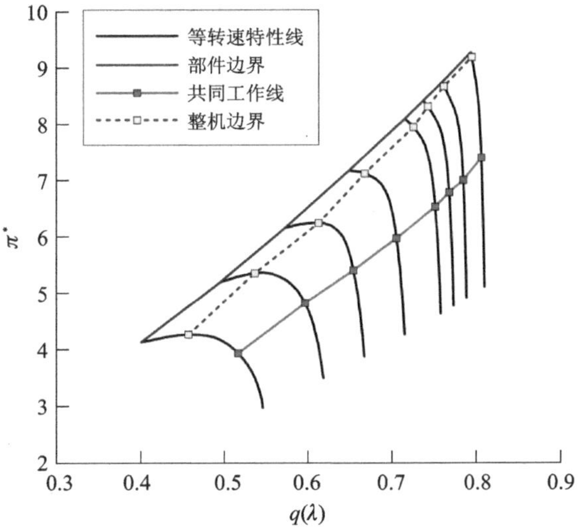

图 10.9　高压压气机的气动稳定边界

根据高压压气机的整机边界和部件边界，可以分别计算高压压气机在各个共同工作点处的可用稳定裕度，计算结果如表 10.6 所列。由表中数据可知，将高压压气机耦合到发动机整机环境中后，其可用稳定裕度会有明显损失。当高压压气机的相对折合转速较高时，稳定裕度损失较小，最小相对稳定裕度损失为 4.92%；当相对折合转速较低时，稳定裕度损失较大，最大相对稳定裕度损失可高达 36.24%。对比表 10.5 和表 10.6 还可发现，整机环境导致的高压压气机可用稳定裕度损失要比风扇严重得多。

表 10.6　整机环境下高压压气机的可用稳定裕度损失

序　号	n_{cor}/%	$SM_{ava,old}$/%	$SM_{ava,new}$/%	ΔSM_{ava}/%	$\Delta SM_{ava,r}$/%
1	79.5	35.29	22.50	−12.79	−36.24
2	85.0	29.77	23.42	−6.35	−21.34
3	89.1	30.13	23.26	−6.87	−22.81
4	93.1	30.42	25.82	−4.60	−15.12
5	97.0	30.18	26.01	−4.17	−13.81
6	98.5	29.10	26.56	−2.55	−8.75
7	100	28.93	27.51	−1.43	−4.93
8	103	27.17	25.84	−1.34	−4.92

高压压气机的整机边界和部件边界差异如此之大，实际上反映了压气机下游部件几何形状的影响。在部件试验台环境下，高压压气机出口一般接一段直管道或收敛喷管；而在整机环境下，压气机出口一般接一段扩张管道，即扩压器。为了验证扩压器是导致上述差异存在的主要原因，特别设计了如下对比算例。

如图 10.10(a)所示，A_1 和 A_2 分别表示扩压器的进、出口面积，定义扩压器的扩张比为 $AR=A_2/A_1$。被本章用作算例的混排涡扇发动机，其扩压器的设计扩张比为 2.86；对于一段直管道，其扩张比为 1.0。

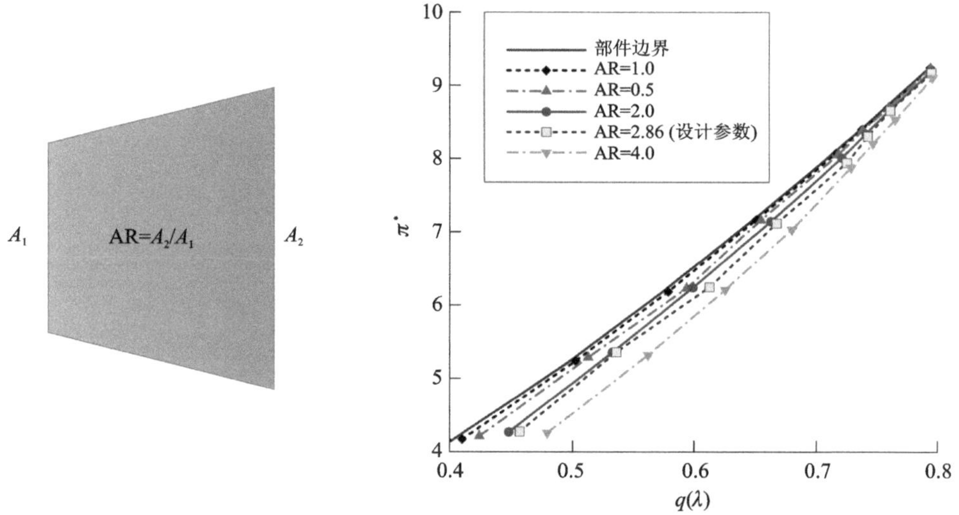

(a) 扩压器示意图　　(b) 稳定边界变化

图 10.10　扩压器的扩压比及其对高压压气机稳定边界的影响

分别选定扩张比 AR 等于 1.0、1.5、2.0、2.86 和 4.0，保持其他参数设置不变，只根据选取的扩张比改变扩压器出口面积，利用计算程序获得不同 AR 值所对应的高压压气机稳定边界，计算结果如图 10.10(b)所示。由图可知，扩张比 AR 越大，高压压气机在整机环境下的稳定边界越靠右，与部件边界的差异也越大；反之，AR 越小，整机边界越靠近部件边界，当 AR=1.0 时，二者基本重合。

分析以上对比算例可知，扩压器的存在的确影响了高压压气机在整机环境下的稳定边界。这也解释了为什么高压压气机整机边界与部件边界的差异比风扇明显。

第 11 章
进气压力畸变对稳定性影响数值仿真

在影响航空发动机气动稳定性的众多降稳因子中，进气压力畸变是极为重要的一个，特别是随着飞机发动机一体化设计程度的加剧，比如S弯进气道的采用、翼身融合设计等，使得发动机在常规的飞行状态中也会遭遇明显的进气压力畸变，而不仅仅是一般认为的大攻角起飞和大侧滑机动等特殊飞行任务时才会在发动机进口形成进气压力畸变。为保证航空发动机使用安全，必须在整个研制周期内准确评定进气压力畸变对发动机气动稳定性的影响。研究人员一直致力于发展合理的、适用于军民用航空发动机的进气压力畸变对气动稳定性影响的计算方法。

早期的平行发动机模型，分成畸变区和非畸变区的两个子发动机，每个发动机按照各自的进口边界条件进行总体性能计算，由于压力畸变条件下，两个子发动机的压气机工作在同一条等转速线上，因此压气机的工作点是两个子压气机的平均，畸变区由于流量低，工作点更接近稳定边界，也决定了稳定裕度的大小，即发动机的稳定性完全由畸变区决定，然而在压力畸变沿轴向传递过程中，畸变区的范围和程度是会发生变化的，即畸变区和非畸变区存在强烈的掺混现象，因此，这种早期的模型预测压力畸变影响的趋势是对的，但是准确度不高。随着计算机性能和计算流体力学的快速发展，采用CFD方法研究进气压力畸变对发动机气动稳定性的影响也变得越来越具有可行性，但就目前而言，计算量还是过于庞大，主要原因是进气压力畸变使发动机各个部件都处于周向非均匀状态，因此，所有的部件包括风扇、压气机、燃烧室、涡轮和尾喷管，必须对所有的气体流动区域进行网格划分，并进行耦合计算，因此，在工程上尚不适用。

本章介绍了进气压力畸变对航空发动机气动稳定性影响数值分析方法，并重点介绍了一种评定方法，用于评估进气压力畸变对航空发动机气动稳定性的影响。该评定方法基于平行发动机理论和彻体力源项，将发动机沿轴向和周向划分了多个计算单元，引入了周向掺混系数来考虑不同轴向位置各周向单元之间的质量、动量和能量的交换。求解积分形式的、带源项的二维非定常欧拉方程，计算发动机内部的气动参数，配合基于工程经验的稳定性判据，判断发动机在给定的进气压力畸变来流情况下是否会发生气动失稳，并通过不断调整进气压力畸变指数，获得临界压力畸变指数，并计算出压力畸变敏感系数，用于评定进气压力畸变对稳定裕度的影响。

11.1　仿真模型和仿真方法

11.1.1　压力畸变描述方法

俄罗斯在进行进气压力畸变对航空发动机气动稳定性影响的试验研究中，使用插板来模拟进气道形成的压力畸变，由于气流经过插板后会形成随时间变化的旋涡，因此，发动机进口的流场具有空间的不规则性和时间的非定常性。压力可以分为稳态压力分量和动态压力分量两部分。由于飞机的大攻角起飞、高机动飞行、采用 S 弯进气道等造成的进气道出口流场畸变本身是非定常的，因此，俄罗斯的这种模拟方法与实际进气道形成的进气压力畸变非常相似。俄罗斯一般使用综合压力畸变指数 W 评估进气压力畸变对航空发动机气动稳定性的影响。综合压力畸变指数由稳态分量和动态分量组成，其中稳态分量为周向不均匀度，动态分量为面平均紊流度，则综合压力畸变指数为

$$W=\Delta\bar{\sigma}_{o}+\varepsilon_{av} \tag{11.1}$$

从综合压力畸变指数的定义来看，该参数耦合考虑了稳态压力畸变和动态压力畸变，或者称为稳态压力畸变指数和动态压力畸变指数的影响。由于稳态压力畸变和动态压力畸变对发动机气动稳定性的影响机理存在差异，因此，从理论上讲，稳态压力畸变指数和动态压力畸变指数的比值不同会影响进气压力畸变对航空发动机气动稳定性影响的评定结果。

试验测量了四种不同形式的插板（分别是单块弦月形插板、两块形状相同且对称的弦月形插板、扇形插板和两块形状相同并成一定角度的弦月形插板），研究了不同插板、不同流量系数下的动态分量在综合压力畸变指数中所占的比例，发现不同插板中动态压力畸变分量所占比例介于 44%～66%之间，基本上在 50%附近变化，如图 11.1 所示。

综合压力畸变指数 W 的两个分量可以假设各占 50%，即对于 $W=9\%$的综合压力畸变指数而言，稳态压力畸变指数和动态压力畸变指数均等于 4.5%。从插板的试验结果看，这种按照稳态压力畸变指数与动态压力畸变指数相等的处理方法，与试验结果比较接近。

但是，需要注意的是，图 11.1 的结果是基于亚声速风洞的试验结果，而实际的飞机在使用过程中，除了亚声速进气条件下由于进气道附面层分离造成的进气压力畸变外，超声速飞行时激波附面层干涉形成附面层分离也会造成进气压力畸变，但这种进气压力畸变可能会存在一定的差异，从而导致稳态压力畸变指数和动态压力畸变

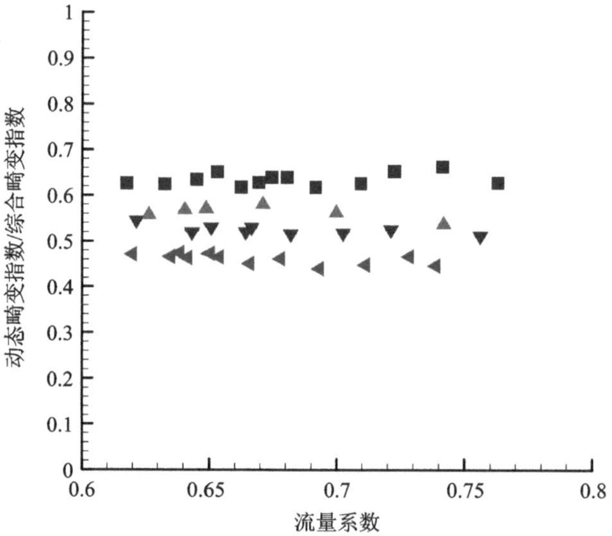

图 11.1　不同插板不同流量系数下动态畸变指数与综合畸变指数比值的关系

指数的比值也可能会发生变化。

11.1.2　物理模型

研究对象为航空燃气涡轮发动机，包括单轴或多轴结构的涡轮喷气发动机、涡轮风扇发动机和带有核心机驱动风扇级的双外涵变循环发动机；对于涡扇发动机，不同大小的涵道比均适用，因此，军用和民用航空发动机均可用这种方法来评估进气压力畸变对其气动稳定性的影响。

航空发动机是一个整体，工质需要满足质量守恒方程、动量守恒方程和能量守恒方程；另外，还需要满足给定的进、出口边界条件。针对经典的平行压气机模型并不适用于整机气动稳定性计算的问题，通过允许压气机出口静压不均匀，同时，引入周向掺混系数来考虑各个子发动机之间质量、动量和能量的周向掺混，由此构建了更为先进的多子“平行发动机”模型。

计算之前需要建立输入文件，给定各个部件的特性，比如风扇和压气机的总压比-流量函数特性和效率-流量函数特性。各部件的气动作用通过各自的稳态轴对称特性来体现。流过发动机的工质虽然是有粘的，但控制方程是三维无粘的欧拉方程，因此直接从方程的角度是无法计算附面层等由粘性造成的特有流动，但是由于粘性的影响最终体现在部件特性的变化上，因此，当输入部件的实际特性，以源项的形式反映到控制方程中，就可以体现出粘性的实质性影响，所以，控制方程是可以假设气流是无粘的。部件特性的获取，根据设计阶段的不同会发生变化，在初期设计阶段，可以通过一维特性计算、二维特性计算，在三维几何参数出来后，可进行三维特性计算；当部件加工完成后，可以进行部件试验来获取其稳态轴对称特性。

计算模型需要进行轴向和周向网格划分，一般根据发动机各部件之间的交界面划定轴向网格；周向计算站的划定采用等分原则，将发动机沿周向等分成多个扇形块，并假定每个扇形块中的部件具有与完整部件相同的特性，一般可以分成 2 个扇区、4 个扇区和 8 个扇区，分别适用于压力畸变区范围等于 180°、90°和 45°的情况；相邻的轴向站与周向站之间构成一个控制体。

假设控制体的轴向长度小于气流波动的最小波长，就意味着在计算中可以直接利用各部件的稳态轴对称特性，而不必考虑在周向畸变的作用下对部件稳态特性的动态修正。这一假设条件的引入对于本模型的应用范围有较大的限制，使本模型不适用于周向畸变角很小以及动态畸变频率较高的情况。实际上，本模型在周向计算站的最大个数上设定了限制，以防止研究人员不熟悉计算方法而进行错误的设置。

假设控制体的周向宽度远远超过叶片的周向间距。该假设意味着在一个控制体中不再考虑流动参数沿周向的变化，类似于建立轴对称假设时采用的无穷多叶片假设。

假设在压气机和涡轮叶片排所在的控制体中，相邻控制体之间沿周向的相互作用只发生在轴向间隙内，即无叶区内；有叶区内沿周向不发生相互作用。

假设工质与通道壁面之间没有能量交换，并且沿径向均匀分布。

假设在拉瓦尔喷管的扩散部分，工质流动为一维流动。

将航空发动机的所有控制体按照功能的不同划分为如表 11.1 所列的 10 种单元类型。

表 11.1　功能单元的类型划分和说明

序　号	单元类型	类型说明
1	管路单元	无机械能损失和热能交换的单元，如进、排气管道
2	压气机单元	整台压气机，或者压气机的某一级或某几级
3	尾喷管单元	收缩喷管或拉瓦尔喷管
4	燃烧单元	主燃烧室单元和加力燃烧室单元
5	涡轮单元	高压涡轮单元和低压涡轮单元
6	分流单元	描述工质经过风扇或核心机驱动风扇级后的分流
7	掺混单元	描述两股工质掺混为一股
8	损失单元	指流动中存在机械能损失的单元，用以考虑工质的沿程损失
9	导向器单元	工质进入该单元后以给定的速度方向流出
10	引气单元	指压气机、涡轮或其他存在气体引出或注入的部件

一个最简单的压缩系统包含管路单元、压气机单元和尾喷管单元这三类功能单元，如图 11.2(a)所示。在实际应用中，根据研究对象的几何结构、气动等复杂程度的不同，可以自由组合各类功能单元，满足不一样的需要。

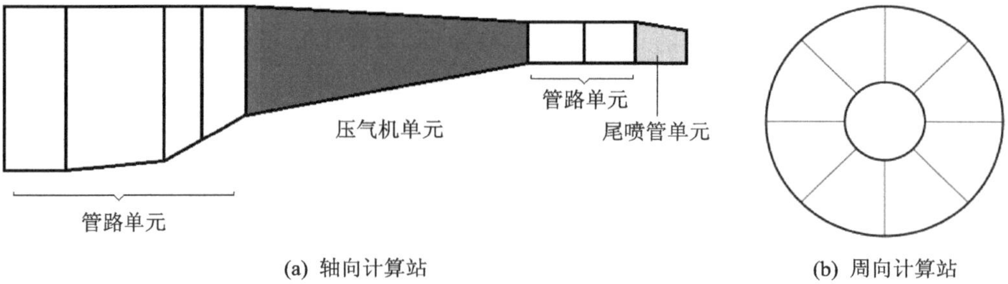

图 11.2　功能单元划分示意图

11.1.3　控制方程

航空发动机是一种典型的旋转机械，包含多个旋转部件，如风扇、压气机和涡轮。因此，其内部的流动区域呈现轴对称的几何特点，适合采用柱坐标系来描述其内部的流动。柱坐标系包括三个坐标方向：x 为轴向，以气流流动方向为正；θ 为周向，与转子旋转方向一致为正；r 为径向。由于假设发动机内部沿径向参数均匀分布，因此，气流参数沿径向不变化，所有关于 r 的偏导数都为零。计算区域包括从发动机进口到尾喷管喉部之间的整个流动区域。在柱坐标系下，利用与发动机轴线相垂直的平面将计算区域划分成一系列沿流向顺序排列的轴向计算站，沿周向划分成多个等角度分布的周向计算站，再加上工质流通的内径边界和外径边界，构成控制体的封闭外表面，如图 11.2 所示。

对于计算区域的每一个控制体，采用积分形式的、带源项的二维欧拉方程描述控制体内部的流动，如下所示：

连续方程

$$\frac{\partial}{\partial t}\int_V \rho \mathrm{d}V = -\oint \rho(\vec{v} \cdot \mathrm{d}\vec{S}) + g \tag{11.2a}$$

轴向动量方程

$$\frac{\partial}{\partial t}\int_V \rho v_x \mathrm{d}V = -\oint \rho v_x (\vec{v} \cdot \mathrm{d}\vec{S}) - \oint P \mathrm{d}S_x + F_x + v_{x,\mathrm{g}} g \tag{11.2b}$$

周向动量方程

$$\frac{\partial}{\partial t}\int_V \rho v_\theta \mathrm{d}V = -\oint \rho v_\theta (\vec{v} \cdot \mathrm{d}\vec{S}) - \oint P \mathrm{d}S_\theta + F_\theta + v_{\theta,\mathrm{g}} g \tag{11.2c}$$

能量方程

$$\frac{\partial}{\partial t}\int_V \rho e \mathrm{d}V = -\oint \rho h^* (\vec{v} \cdot \mathrm{d}\vec{S}) + \dot{Q} + \dot{W} + h_{\mathrm{g}}^* g \tag{11.2d}$$

以上各式中：g 表示压气机或其他部件的引气或注气量，规定引气时取负号，注气时取正号；下角标 g 表示引气或注气参数；下角标 θ 表示周向分量；F_θ 和 F_x 分别表示周向和轴向方向的源项；ρ 表示密度；P 表示压力；e 表示内能；h^* 表示总焓；$\dot{Q}$ 表示热量；$\dot{W}$ 表示加功量。

工程实际中一般采用流量、压强和温度等参数表征发动机的工作状态，所以，计算模型选择用静压 P、静温 T、质量流量 $\dot{m}$ 和周向速度 V_θ 作为基本变量，并将方程组(11.2)中四个方程等号的右端分别标记为 r_1、r_2、r_3、r_4，同时假设控制体内的气动参数在空间上是均匀的，则上述方程组可简写为

$$\begin{cases} \dfrac{\partial \dot{m}}{\partial t} = \dfrac{r_2}{L} \\ \dfrac{\partial v_\theta}{\partial t} = \dfrac{R_g T}{pV}(r_3 - v_\theta r_1) \\ \dfrac{\partial T}{\partial t} = \dfrac{R_g T}{c_V pV}\left(r_4 - c_V T r_1 - v_x r_2 - v_\theta r_3 + \dfrac{1}{2}v^2 r_1\right) \\ \dfrac{\partial P}{\partial t} = \dfrac{R_g}{V}\left[T r_1 + \dfrac{1}{c_V}\left(r_4 - c_V T r_1 - v_x r_2 - v_\theta r_3 + \dfrac{1}{2}v^2 r_1\right)\right] \end{cases} \tag{11.3}$$

引入向量 $\vec{y} = (\dot{m}, v_\theta, T, P)^{\mathrm{T}}$，则方程组(11.3)可以简化如下：

$$\frac{\mathrm{d}\vec{y}}{\mathrm{d}t} = f(t, \vec{y}) \tag{11.4}$$

方程(11.4)即本计算模型的控制方程，实际上，该方程组普遍适用于一般的二维流动，但是针对本模型的研究对象和希望实现的功能，必须引入前面所述的一些设置，并针对不同的功能单元分别计算其源项，才可以实现对该方程组的求解。

11.1.4　源项计算

对于计算区域内的每一个控制体单元，求解方程组(11.2)的难点在于求解方程右端项中的各个源项。比如压气机单元的 F_x 和 F_θ 是指气流绕压气机叶片流动时，气流对叶片表面施加的静压作用力沿流向和周向的分力。本模型由于不是 CFD 数值模拟，因此无法直接计算出这些源项。根据表 11.1 中定义的功能单元，首先利用单元特性计算气体流过压气机单元后获得的总压比 π^*、静压比 π 和总温比 θ^*，然后按照下述方法计算源项。

1. 管路单元

轴向动量方程中的源项 F_x 可表示如下：

$$\begin{cases} \bar{v}_x = \dfrac{\theta^*}{\pi}\left(\dfrac{\pi}{\pi^*}\right)^{\frac{k-1}{k}} \\ F_x = 2\dot{m}v_{x,\mathrm{m}}\dfrac{\bar{v}_x - 1}{\bar{v}_x + 1} + 2P_1\dfrac{\pi A_2 - A_1}{\pi + 1} \end{cases} \tag{11.5}$$

式中：A 表示截面面积；下角标 1 和 2 分别表示管路单元的进、出口截面；下角标 m 表示单元的进、出口平均参数。

对于管路单元，由于其内部流动不考虑机械能损失和热量交换，因此总压比 $\pi^*=1$，总温比 $\theta^*=1$，代入式(11.5)即可得管路单元的轴向力源项 F_x。

管路单元的周向力源项 $F_\theta=0$。

能量方程中管路单元的功源项计算公式为

$$\dot{W}=\dot{m}_{\mathrm{m}}c_pT_1^*(\theta^*-1) \tag{11.6}$$

对于管路单元，总温比 $\theta^*=1$，所以功源项 $\dot{W}=0$。

一般认为管路单元内部的流动是绝热的，因此热源项 $\dot{Q}=0$。

2. 压气机单元

压气机单元的轴向力源项 F_x 和功源项 $\dot{W}$ 分别由式(11.5)、(11.6)计算得到，压气机内部流动也是绝热过程，故不考虑压气机单元与外界的热交换，因此，热源项 $\dot{Q}=0$，压气机单元的周向力源项 F_θ 计算方法与管道单元不同，计算式如下：

$$F_\theta=\dot{m}_{\mathrm{m}}\frac{c_pT_1^*(\theta^*-1)}{U_{\mathrm{m}}}+Z\dot{m}_{\mathrm{m}}v_{x,\mathrm{m}}\left(\cos\bar{\alpha}_4-\frac{U_{\mathrm{m}}}{v_{x1}}+\cos\bar{\beta}_2\right) \tag{11.7}$$

式中：U_{m} 为转子中径处的线速度；Z 为压气机单元内的静子叶排数；$\bar{\alpha}_4$ 表示压气机单元内静子叶排出口绝对气流角的平均值；$\bar{\beta}_2$ 表示压气机单元内转子叶排出口相对气流角的平均值。

从公式(11.7)可知，压气机单元的周向力源项由两部分组成：等号右边第一项表示转子叶片对气流的周向作用力，等号右边第二项表示静子叶片对气流的周向作用力。

对于压气机单元，源项计算式中的总压比 π^*、静压比 π 和总温比 θ^* 通过输入的压气机稳态轴对称特性来获得。压气机特性包括压比特性和效率特性，分别以压气机单元进口无量纲密流或者称为流量函数 $q(\lambda)$ 及总压比 π^* 和等熵压缩效率 η^* 的关系给出。为了提高计算精度，同时考虑到压气机单元进出口气流参数的差异，还可以将压气机特性换算为 π^*、π 和 θ^* 与单元进出口平均速度系数 λ 的关系曲线。

由于本模型研究的是进气压力畸变对航空发动机气动稳定性的影响，因此在发动机工作过程中会有很强的外部扰动作用于压气机上，压气机的瞬时工作点在特性图上的移动范围可能会很大。所以，给定的压气机等转速特性线必须涵盖足够宽的流量范围，尽量包含稳定边界至堵塞边界的所有范围。另外，由于瞬时工作点还有可能越过稳定边界进入压气机稳定边界左侧区域，并且具备描述压气机左支特性的能力。为此，需要给定压气机稳定边界左侧区域的轴对称特性曲线，图 11.3 所示为本模型采用的压气机全流量等转速轴对称特性线的示意图。稳定边界右侧区域特性为压气机处于稳定工作状态时的特性，一般可以通过部件试验或一维、二维和三维数值计算得到。A 点为等转速特性线的稳定边界点，B 点为堵塞工况点；左支轴对称特性由 A 点、L 点和 P 点描述。P 点称为零流量点，其总压比、静压比和总温比均等于 1；L 点的总压比、静压比和总温比需要根据工程经验在数据文件中给定；L 点和 A 点之间的左支轴对称特性，根据大量的工程经验，认为满足“S”形变化规律，具体计算公式为

$$\begin{cases} \pi^* = \pi_L^* + (\pi_0^* - \pi_L^*)\left[\sin\left(\dfrac{\pi}{2}\dfrac{\lambda - \lambda_L}{\lambda_b - \lambda_L}\right)\right]^2 \\ \pi = \pi_L + (\pi_0 - \pi_L)\left[\sin\left(\dfrac{\pi}{2}\dfrac{\lambda - \lambda_L}{\lambda_b - \lambda_L}\right)\right]^2 \\ \theta^* = \theta_L^* + (\theta_0^* - \theta_L^*)\left[\sin\left(\dfrac{\pi}{2}\dfrac{\lambda - \lambda_L}{\lambda_b - \lambda_L}\right)\right]^2 \end{cases} \tag{11.8}$$

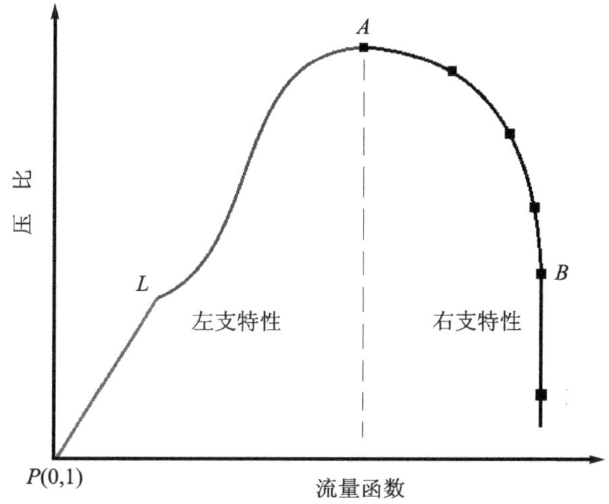

图 11.3 全流量范围的压气机等转速轴对称特性线示意图

若压气机包含进口导向器或可调静子，由于在实际使用时，会根据情况调整进口导向器叶片和静子叶片的安装角度，此时压气机特性会发生变化，因此，需要给定不同安装角下的压气机特性。

3. 尾喷管单元

尾喷管单元的周向力源项 F_θ、功源项 $\dot{W}$ 和热源项 $\dot{Q}$ 均等于零。

尾喷管单元的轴向力源项 F_x 由式(11.5)计算。计算 F_x 过程中需要用到尾喷管单元的出口轴向速度和面积，可以根据输入文件给定的出口边界条件和调节规律确定。

尾喷管单元喉道面积的调节规律如下：

$$A = \bar{A} \cdot A_{\mathrm{d}} \tag{11.9}$$

且

$$\bar{A} = \begin{cases} \min[\bar{A}_{\mathrm{m}}, \bar{A}_0 + \bar{A}_t \cdot (t - t_0)] & \bar{A}_t \geqslant 0, t \geqslant t_0 \\ \max[\bar{A}_{\mathrm{m}}, \bar{A}_0 + \bar{A}_t \cdot (t - t_0)] & \bar{A}_t < 0, t \geqslant t_0 \\ \bar{A}_0 & 0 < t < t_0 \end{cases} \tag{11.10}$$

式中：A_{d} 表示尾喷管单元在设计状态下的喉道面积；$\bar{A}_0$ 表示尾喷管单元在计算开始时刻其喉道处的相对面积，参考值是 A_{d}；$\bar{A}_{\mathrm{m}}$ 表示极限相对面积；$\bar{A}_t$ 表示相对面积随时间的变化率；$\bar{A}$ 表示计算过程中某一时刻相对面积；t_0 表示相对面积变化的开始时刻。

4. 燃烧单元

燃烧单元的周向力源项 F_θ 和功源项 $\dot{W}$ 均等于零。

燃烧单元的轴向力源项 F_x 由式(11.5)计算，其中，总压比等于燃烧单元的总压恢复系数，该值小于1。

燃烧单元的热源项 $\dot{Q}$ 的计算式如下：

$$\dot{Q} = (\dot{m}_1 + \dot{m}_{\mathrm{f}}) c_{P2} T_2^* - \dot{m}_1 c_{P1} T_1^* \tag{11.11}$$

式中：$\dot{m}_1$ 表示燃烧单元进口的空气质量流量；$\dot{m}_{\mathrm{f}}$ 表示喷入燃烧室的燃油的质量流量；c_{P1} 和 c_{P2} 分别表示燃烧单元进、出口气流的比定压热容。

燃油质量流量的计算公式如下：

$$\dot{m}_{\mathrm{f}} = \frac{c_{P2} T_2^* - c_{P1} T_1^*}{\eta_{\mathrm{b}} H_u - c_t (T_2^* - T_{\mathrm{f}})} \dot{m}_1 \tag{11.12}$$

式中：η_{b} 表示燃烧效率；H_u 表示燃油低热值；c_t 表示燃油汽化比热容；T_{f} 表示燃油温度。燃油低热值表示 1 kg 燃油完全燃烧后的产物是水蒸气时释放出来的热量，由于水蒸气凝结成水会继续释放热量，因此产物是水时称为燃油高热值。

5. 涡轮单元

涡轮单元源项的计算方法与压气机单元相似。涡轮单元的轴向力源项 F_x、功源项 $\dot{W}$ 和周向力源项 F_θ 分别由式(11.5)～式(11.7)计算得到。一般，涡轮特性也需要输入，但是，涡轮和压气机特性有一些不同之处，在涡轮转速较高的情况，可以认为涡轮的落压比和效率随流量函数的变化近似保持不变。

6. 分流单元

如图 11.4 所示，分流单元使该单元的气流在向下游单元传递时将分成两个单元，比如涡扇发动机的风扇出口气流在中介机匣分流环的作用下，将分别流向外涵和内涵。分流单元后面连接的有外涵起始单元和内涵起始单元，每个单元可视为一个管路单元，按照管路单元源项的计算方法计算各自的源项。

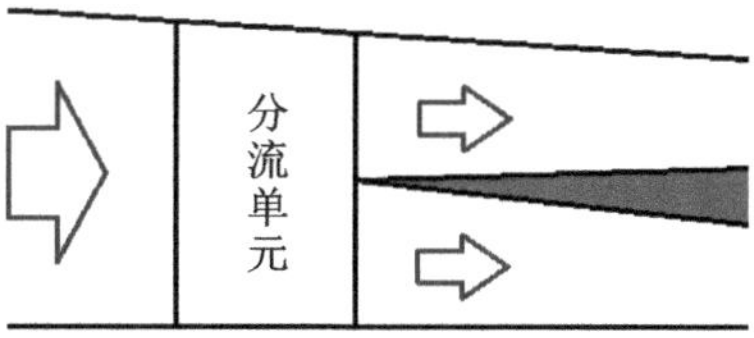

图 11.4　分流单元与内、外涵起始单元

计算分流单元源项过程中需要用到的参数及其计算方法如下：

① 内、外涵起始单元进口的总压、总温、速度等参数与分流单元进口参数相同。

② 内、外涵起始单元进口的面积和流量可以由涵道比 B 计算获得。

内涵起始单元进口面积计算公式如下：

$$A_{1,\mathrm{in}}=\frac{1}{1+B}A_1 \tag{11.13}$$

外涵起始单元进口面积计算公式如下：

$$A_{2,\mathrm{in}}=\frac{B}{1+B}A_1 \tag{11.14}$$

式中：A_1 为分流单元进口面积。

由于不考虑气流参数沿径向的变化，因此分流单元出口参数径向分布均匀，外涵起始单元和内涵起始单元的进口速度、总压和总温是相同的，所以进口流量的计算公式与式(11.13)和式(11.14)相似。

7. 掺混单元

对于双涵道混合排气的航空发动机，外涵的空气和内涵的燃气会在涡轮出口的掺混段进行掺混，两股气流合成一股流向尾喷管，如图 11.5 所示，掺混单元与内、外涵终止单元连接并传递数据。

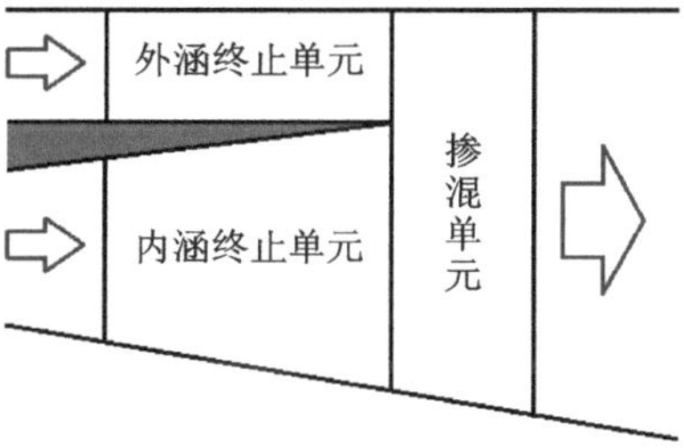

图 11.5　掺混单元和内、外涵终止单元

掺混单元进口面积等于内、外涵终止单元出口面积之和，掺混单元进口流量等于内、外涵终止单元出口流量之和。掺混单元进口的总温、静压的计算需要根据内、外涵终止单元的两股不同气流的焓值和动量，按照能量守恒和动量守恒的基本原则，进行掺混计算。掺混单元的总压比等于该单元的总压恢复系数。

8. 损失单元

损失单元是指流动存在机械能损失的单元，比如附面层流动损失。损失单元内的流动视为绝热流动。

损失单元的周向力源项 F_θ、功源项 $\dot{W}$ 和热源项 $\dot{Q}$ 均等于零。

损失单元的轴向力源项 F_x 的计算方法与压气机单元类似。损失单元的总压比 σ（即总压恢复系数）与单元进、出口平均速度系数 λ_{m} 之间满足如下二次关系式：

$$\sigma = \sigma_0 + \frac{\sigma_{\mathrm{i}} - \sigma_0}{\lambda_{\mathrm{m,i}}^2}\lambda_{\mathrm{m}}^2 \tag{11.15}$$

式中：σ_0 为零流量时的参考总压比；σ_{i} 为初始状态的总压比；$\lambda_{\mathrm{m,i}}$ 为初始状态的单元进、出口平均速度系数。在输入文件需要给定 σ_0 和 σ_{i}，$\lambda_{\mathrm{m,i}}$ 则根据初始条件进行计算获得。

9. 导向器单元

气流通过导向器单元之后，会按照给定的速度方向流出。对于包含可调安装角导叶的导向器单元，还需要给定出口气流角的变化规律。对于可调安装角导叶，可以模拟可调导叶的安装角变化的动态过程，其中，导向器单元出口气流角的变化规律如下：

$$\alpha = \begin{cases} \alpha_{\mathrm{d}} \cdot \min[\bar{\alpha}_{\mathrm{m}}, \bar{\alpha}_0 + \bar{\alpha}_t \cdot (t - t_0)] & \alpha_t \geqslant 0, t \geqslant t_0 \\ \alpha_{\mathrm{d}} \cdot \max[\bar{\alpha}_{\mathrm{m}}, \bar{\alpha}_0 + \bar{\alpha}_t \cdot (t - t_0)] & \alpha_t < 0, t \geqslant t_0 \\ \alpha_{\mathrm{d}} \cdot \bar{\alpha}_0 & 0 < t < t_0 \end{cases} \tag{11.16}$$

式中：α_{d} 表示设计状态下导向器单元的出口气流角；$\bar{\alpha}_0$ 表示计算起始时刻导向器单元出口气流角的相对值，参考值是 α_{d}；$\bar{\alpha}_{\mathrm{m}}$ 表示极限相对角度；$\bar{\alpha}_t$ 表示相对角度随时间的变化率；t_0 表示相对角度开始变化的起始时刻。

10. 引气单元

对于压气机或其他部件中有引气或注气的单元，通过引出或注入气体的流量（可统称为引气流量）考虑其对控制方程的影响。引气流量受引气孔面积和引气压力两个参数决定。

引气孔的面积 A_{b} 按如下规律调节：

$$A_{\mathrm{b}} = \begin{cases} \min[\bar{A}_t A_1 (t - t_0), \bar{A}_{\mathrm{m}} A_1] & t > t_0 \\ 0 & t \leqslant t_0 \end{cases} \tag{11.17}$$

式中：A_1 表示引气单元的进口面积；$\bar{A}_t$ 表示引气孔的相对面积随时间的变化率；$\bar{A}_{\mathrm{m}}$ 表示引气孔的最大相对面积；t_0 表示引气孔的面积开始变化的时刻。

引气孔流量计算公式如下：

$$g=\begin{cases}-KP_1A_b\sqrt{\dfrac{1-e^{\frac{1-P_1/P_b}{0.22}}}{T_1^*}} & P_1\geqslant P_b\\ KP_bA_b\sqrt{\dfrac{1-e^{\frac{1-P_b/P_1}{0.22}}}{T_1^*}} & P_1<P_b\end{cases}\tag{11.18}$$

式中：P_1 为引气单元进口的静压；P_b 为引气孔出口的反压；T_1^* 为引气单元进口的总温。

11.1.5　面积分计算

求解控制方程等号右边的面积分项的难点在于求解控制体周向边界的通量。计算模型引入周向掺混系数考虑控制体与相邻扇区之间的相互作用，该系数的取值范围在 0～1 之间。如图 11.6 所示，x 表示发动机的轴向；1、2 分别表示控制体单元沿轴向的上游、下游截面；θ 表示发动机的周向，以转子旋转方向为正；L、R 分别表示控制体单元沿周向的上游、下游截面。如果计算单元内存在支板或者叶片，那么在支板区或者叶片区(统称为有叶区)，认为气流无法在各扇区之间进行周向掺混。据此，定义控制体单元的周向掺混系数为

$$C_m=l_1/l\tag{11.19}$$

式中：l 为控制体单元的轴向长度；l_1 为控制体单元内无叶区的轴向长度，因为 $0\leqslant l_1\leqslant l$，所以 $0\leqslant C_m\leqslant 1$。

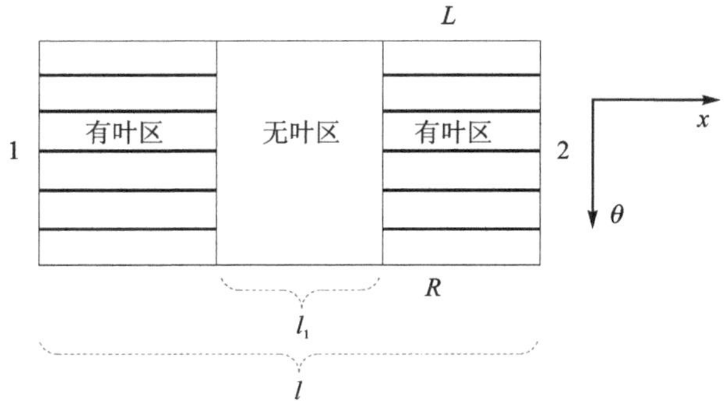

图 11.6　单元周向掺混系数的物理含义示意图

对于压气机单元，以单级压气机为例，单级压气机内部的流动简化为沿该单元中径圆柱面上的基元级流动，是忽略径向速度的二维流动，用 1、2、3、4 分别表示转子叶排进、出口截面和静子叶排进、出口截面。基元级速度三角形如图 11.7 所示，其中 2、3 截面处的速度三角形重合。

定义基元级内气流绝对速度的平均周向气流角为 α，则有：

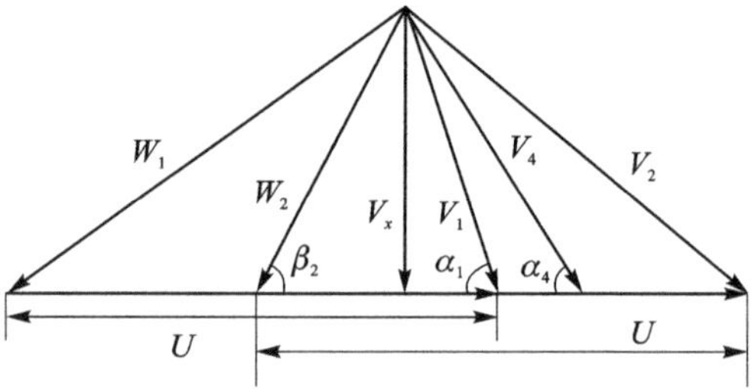

图 11.7　压气机基元级速度三角形

$$\tan\alpha=\frac{\overline{V_\theta}}{V_x}=\frac{V_{\theta1}+V_{\theta2}+V_{\theta3}+V_{\theta4}}{4V_x}=\frac{2U+V_{\theta1}-(U-V_{\theta2})-(U-V_{\theta3})+V_{\theta4}}{4V_x}$$
$$=\frac{U}{2V_x}+\frac{\tan\alpha_1-2\tan\beta_2+\tan\alpha_4}{4}\tag{11.20}$$

针对压气机单元内的流动，计算模型使用了自适应网格技术，沿气流方向 α 划分压气机单元的周向网格，当 α 发生改变时，控制体单元的形状也会自动相应改变，以保证气流在压气机单元内的流动方向始终与单元的周向边界平行，如图 11.8 所示。图中，1、2、L、R 与图 11.6 中对应符号的含义相同，上角标 (n) 表示第 n 时间层，上角标 $(n+1)$ 表示第 $n+1$ 时间层。由图 11.8 可知，控制体单元形状的变化也会导致单元周向边界 L、R 上的通量发生变化。

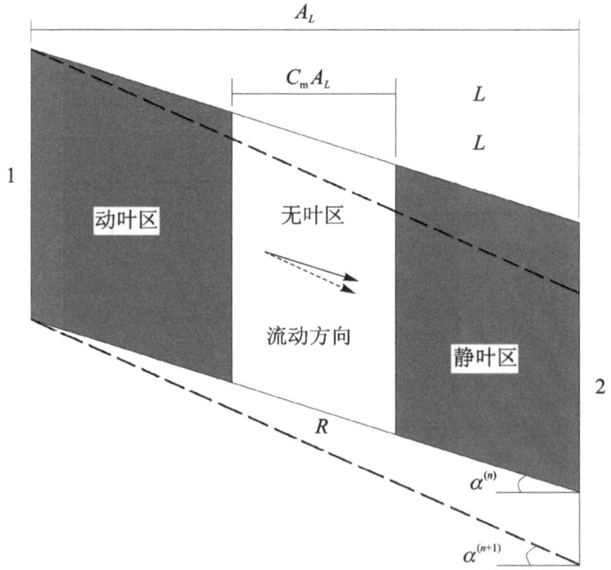

图 11.8　压气机单元形状变化

综上所述，右端项 r_1、r_2、r_3 和 r_4 中的面积分项的计算公式如下：

r_1 中的面积分项为

$$-\oint \rho(\vec{V}\cdot \mathrm{d}\vec{A})=\dot{m}_1-\dot{m}_2+ C_{\mathrm{m}}(\rho_L V_{\theta L}A_L-\rho_R V_{\theta R}A_R)+ C_{\mathrm{m}}(\rho_R V_{xR}A_R-\rho_L V_{xL}A_L)\cot\alpha^{(n+1)}+ (1-C_{\mathrm{m}})(\rho_R V_{xR}A_R-\rho_L V_{xL}A_L)\left[\cot\alpha^{(n+1)}-\cot\alpha^{(n)}\right] \tag{11.21a}$$

r_2 中的面积分项为

$$-\oint \rho V_x(\vec{V}\cdot \mathrm{d}\vec{A})-\oint P\,\mathrm{d}A_x=\dot{m}_1 V_{x1}-\dot{m}_2 V_{x2}+ C_{\mathrm{m}}(\rho_L V_{\theta L}A_L V_{xL}-\rho_R V_{\theta R}A_R V_{xR})+ C_{\mathrm{m}}(\rho_R V_{xR}A_R V_{xR}-\rho_L V_{xL}A_L V_{xL})\cot\alpha^{(n+1)}+ (P_1A_1-P_2A_2)+C_{\mathrm{m}}(p_R A_R-p_L A_L)\cot\alpha^{(n+1)}+ (1-C_{\mathrm{m}})\left[\rho_R V_{xR}V_{xR}A_R-\rho_L V_{xL}V_{xL}A_L\right]\left[\cot\alpha^{(n+1)}-\cot\alpha^{(n)}\right] \tag{11.21b}$$

r_3 中的面积分项为

$$-\oint \rho V_\theta(\vec{V}\cdot \mathrm{d}\vec{A})-\oint P\,\mathrm{d}A_\theta=\dot{m}_1 V_{\theta 1}-\dot{m}_2 V_{\theta 2}+ C_{\mathrm{m}}(\rho_L V_{\theta L}A_L V_{\theta L}-\rho_R V_{\theta R}A_R V_{\theta R})+ C_{\mathrm{m}}(\rho_R V_{xR}A_R V_{\theta R}-\rho_L V_{xL}A_L V_{\theta L})\cot\alpha^{(n+1)}+ C_{\mathrm{m}}(P_L A_L-P_R A_R)+ (1-C_{\mathrm{m}})\left[\rho_R V_{xR}A_R V_{\theta R}-\rho_L V_{xL}A_L V_{\theta L}\right]\left[\cot\alpha^{(n+1)}-\cot\alpha^{(n)}\right] \tag{11.21c}$$

r_4 中的面积分项为

$$-\oint \rho h^*(\vec{V}\cdot \mathrm{d}\vec{A})=\dot{m}_1 h_1^*-\dot{m}_2 h_2^*+ C_{\mathrm{m}}(\rho_L V_{\theta L}A_L h_L^*-\rho_R V_{\theta R}A_R h_R^*)+ C_{\mathrm{m}}(\rho_L V_{xL}A_L h_L^*-\rho_R V_{xR}A_R h_R^*)\cot\alpha^{(n+1)}+ (1-C_{\mathrm{m}})(\rho_R V_{xR}A_R h_R^*-\rho_L V_{xL}A_L h_L^*)\left[\cot\alpha^{(n+1)}-\cot\alpha^{(n)}\right] \tag{11.21d}$$

式中：系数为$(1-C_{\mathrm{m}})$的项是控制体中因为单元形状变化导致的通量变化。

11.1.6　初边值条件

建立了公式(11.4)的非定常控制方程后，进气压力畸变对航空发动机气动稳定性影响的问题实际上就是求解非定常控制方程的初边值问题。控制方程描述了航空发动机内部工质流动所遵循的基本规律，要求解某个具体问题，必须针对特定问题给定初场和边界条件。

1. 初　场

计算开始之前需要给初场，与通常 CFD 软件计算时需要给定初场是一样。在本计算模型中，初场为均匀进气条件下发动机的稳态工作点，根据初始时刻输入文件给定的发动机的进口总压、总温、流量函数和尾喷管出口背压，自动计算出发动机各轴向截面的气动参数，步骤如下：

① 根据发动机进口的总压、总温和其部件特性，计算各截面的总压、总温；

② 根据发动机进口的流量函数以及流量连续方程，在不考虑注气和引气影响的情况下，计算各截面的流量函数和流量；

③ 根据发动机出口边界条件计算尾喷管喉部的流量函数，再根据流量公式重新计算尾喷管喉部的面积；

④ 假设在初始状态下发动机内部各轴向截面处气流为亚声速流动，计算各截面的轴向速度、静温和静压；

⑤ 根据给定的初始状态轴向截面气流角，计算各截面的周向速度。

2. 边界条件

(1) 进口边界条件

本计算模型采用综合压力畸变指数描述进口总压畸变，因而进口总压条件包含两部分，一部分用于描述稳态畸变，另一部分用于描述随机的动态畸变：

$$P^*(t,\theta)=P_0^*(\theta,t)+P_\varepsilon^*(t) \tag{11.22}$$

稳态周向压力畸变 $P_0^*(\theta,t)$ 包括稳态压力畸变和周期性非定常压力畸变两部分：

$$P_0^*(\theta,t)=P^*(\theta)+\frac{\mathrm{d}P^*}{\mathrm{d}t}(t-t_0),\quad P_{\min}^*\leqslant P_0^*(\theta,t)\leqslant P_{\max}^* \tag{11.23}$$

式(11.23)等号右边第一项 $P^*(\theta)$ 为稳态压力畸变。通过给定发动机进口截面不同周向位置处的总压值来描述稳态压力畸变，其分布形式如图 11.9 所示。图中，P_{av}^* 表示整个截面上的周向平均总压，$P_{\mathrm{av,low}}^*$ 表示低压区(即畸变区)的周向平均总压，$\Delta\theta$ 表示畸变区的周向范围。

采用稳态压力畸变指数 $\Delta\bar{\sigma}_0$ 来表示稳态压力畸变的强度，也可称为总压周向不均匀度，计算公式如下：

$$\Delta\bar{\sigma}_0=\left(1-\frac{P_{\mathrm{av,low}}^*}{P_{\mathrm{av}}^*}\right)\times 100\% \tag{11.24}$$

式(11.22)等号右边的第二项 $P_\varepsilon^*(t)$ 表示压力的随机脉动，发动机进口气流的压力随机脉动强度，亦即动态压力畸变指数为

$$\varepsilon=\frac{\sqrt{\dfrac{1}{T_s}\displaystyle\int_0^{T_s}\left[P^*(t)-P_{\mathrm{av}}^*\right]^2\mathrm{d}t}}{P_{\mathrm{av}}^*}\times 100\% \tag{11.25}$$

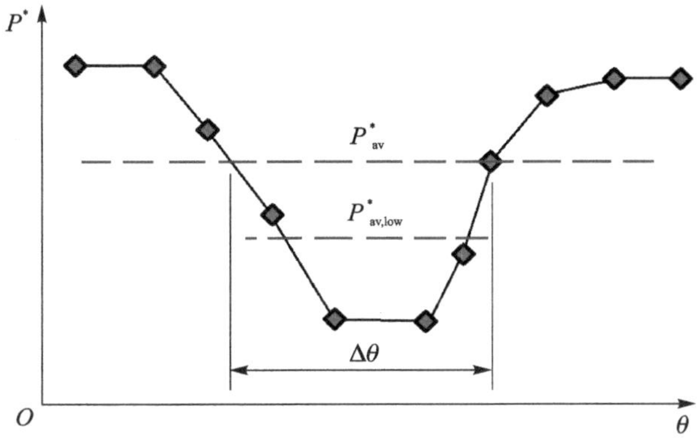

图 11.9　稳态周向压力畸变

式中：T_s 为随机脉动气流的分析时间，建议取值 0.5～2.0 s；P^*_{av} 为 T_s 时间内脉动压力的时均值。

发动机进口气流的总压脉动可认为是平稳随机过程。本计算模型利用随机变量的统计方法来描述该类过程的统计特性。根据试验测量和综合分析可知，随机脉动的自相关函数可近似表示为

$$\bar{R}(\tau)=\exp(-\tau/\tau_E) \tag{11.26}$$

式中：τ_E 为积分时间常数。

根据辛钦-柯尔莫哥洛夫定理，式(11.26)的自相关函数所对应的标准单边功率密度函数为

$$\bar{S}(f)=\frac{4\tau_E}{1+(2\pi f\tau_E)^2} \tag{11.27}$$

式中：f 为脉动频率。

式(11.26)和式(11.27)给出了压力脉动的统计特性。为模拟该压力脉动，必须生成一个满足上述统计特性的随机过程。

首先，利用中心极限定理产生近似服从正态分布的随机数。取(0,1)上相互独立的均匀分布随机变量 $x_1,x_2,\cdots,x_n$，则其期望值 $\mu=1/2$，方差 $\sigma^2=1/n$，令

$$u=\sum_{i=1}^{12}x_i-6 \tag{11.28}$$

式中：u 为满足要求的随机数。根据线性滤波模拟随机过程的方法，给定积分时间尺度 τ_E，通过下式将 u 转化成常指数自相关函数的随机过程：

$$y_{i+1}=\sqrt{1-b^2}\,u_{i+1}+by_i \tag{11.29}$$

式中：$b=\exp(-\Delta t/\tau_E)$；u_i 为原始的白色杂波；Δt 为量化过程的时间步长。

最后，利用下式生成所需的压力脉动：

$$\varepsilon=\varepsilon_0\left[(y_{i+1}-y_i)\left(\frac{t}{\Delta t}\%\frac{\tau_E}{\Delta t}+y_i\right)\right] \tag{11.30}$$

式中：ε_0 表示动态压力畸变的强度，为一个用百分数表示的相对值；% 表示取余数；Δt 为计算时间；t 和 τ_E 均为 Δt 的整数倍。

为了验证由上述方法生成的随机过程的合理性，将其与试验测量和分析得到的随机过程的统计特性进行对比。由于上述随机过程与积分时间常数 τ_E 和时间步长 Δt 有关，并且其统计特性也与随机过程时间长度有关，因此需要针对不同的积分时间常数 τ_E、时间步长 Δt 以及随机过程时间长度进行比较分析。

为了分析 τ_E 对所模拟的随机过程的影响，首先给定时间步长 $\Delta t=0.000\ 1$ s，时间长度为 10 s，然后分别取 $\tau_E=2$ ms、4 ms、6 ms 和 8 ms 的情况进行对比。

图 11.10 所示为 τ_E 值不同时根据上述方法生成的随机过程的自相关函数随相关时间 τ 的变化。从图中可以看出，对于不同的 τ_E，归一化的自相关函数 $\bar{R}(\tau)$ 的数值模拟结果与试验结果总体而言较为吻合，尤其是在相关时间 $\tau<20$ ms 时；而在 $\tau\geqslant 20$ ms 时，两者稍有偏差，但模拟结果还是在试验结果附近波动，两者基本一致；随着 τ_E 的增大，数值模拟的结果与试验结果的偏差也稍有增大，但两者的变化趋势还是一致的。

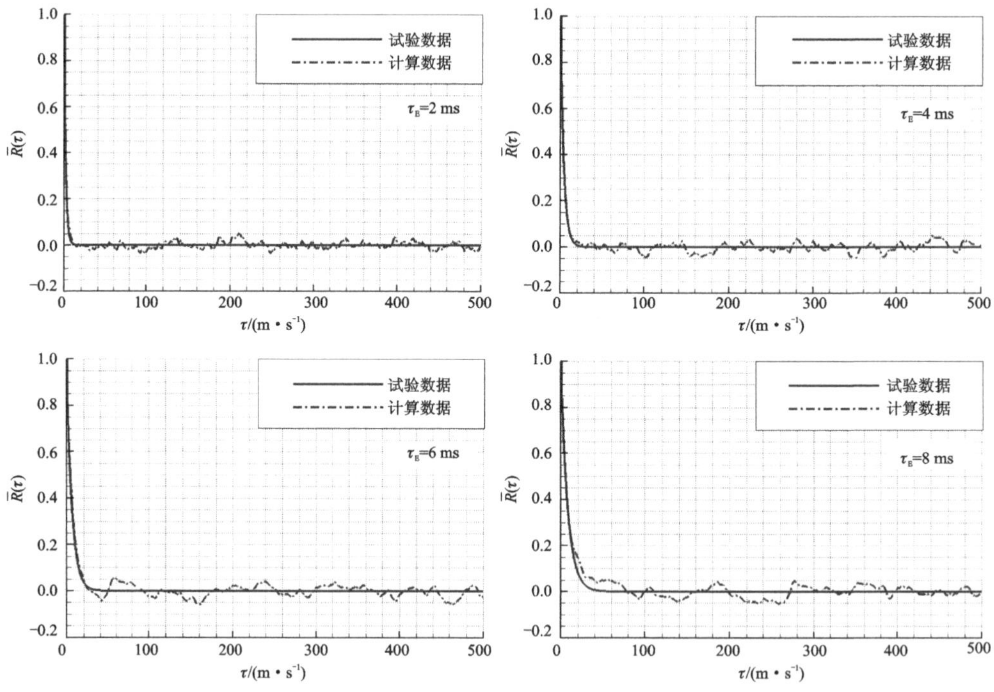

图 11.10　不同积分时间尺度下随机过程的自相关函数

图 11.11 所示为 τ_E 值不同时根据上述方法生成的随机过程的自功率谱密度随 τ 的变化。从图中可以看出，数值模拟得到的归一化的自功率谱密度与试验结果吻合得较好，二者的变化趋势基本一致，在频率 $f \geq 100$ Hz 时二者偏差较小，而在频率 $f < 100$ Hz 时偏差稍大。

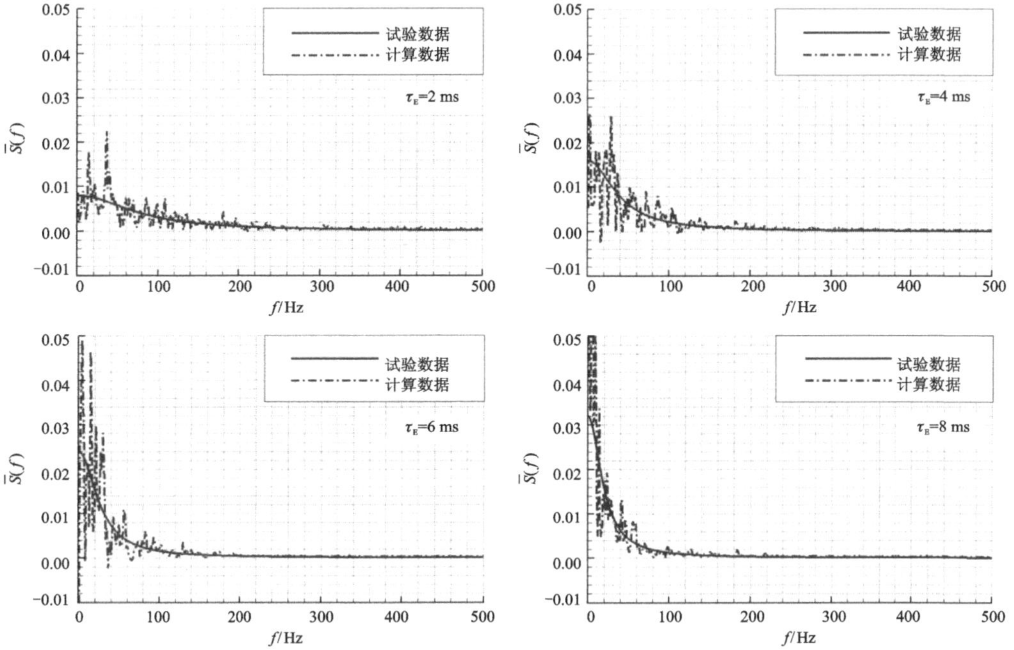

图 11.11 不同积分时间尺度下随机过程的功率谱密度

为了研究时间步长对生成的随机过程的影响，在 $\tau_E = 6$ ms、时间长度为 10 s 的前提下，分别取 $\Delta t = 0.001$ s、0.000 1 s、0.000 01 s 三种情况进行计算对比，结果如图 11.12 所示。由图可知，时间步长对自相关函数的影响很小，对自功率谱密度的影响较大。当时间步长足够小时，数值模拟的自功率谱密度与试验结果吻合得较好；当

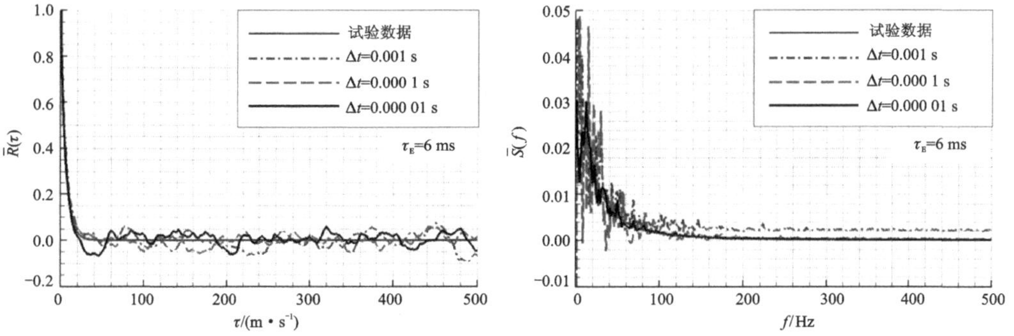

图 11.12 不同时间步长下随机过程的自相关函数和功率谱密度

时间步长增加时，在频率 $f<100$ Hz 的范围内，其模拟结果与试验结果的差别稍有增大。

虽然随机过程的产生只与积分时间常数 τ_E 及时间步长 Δt 有关，但是在计算随机过程的统计特性时却还与随机过程的时间长度有关。图 11.13 的结果表明，要得到好的模拟结果，时间长度应足够长。

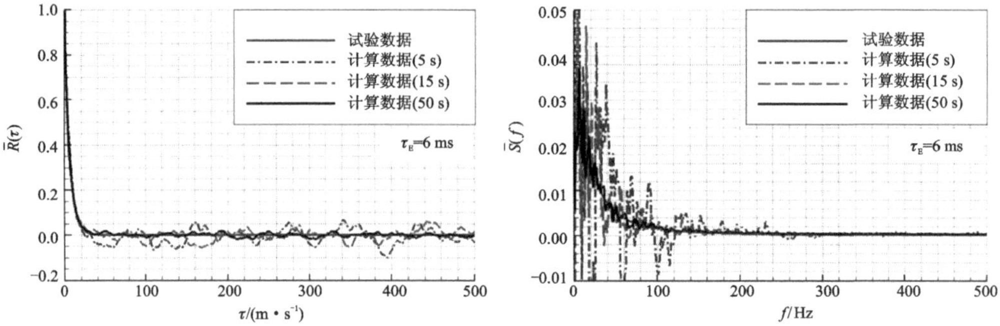

图 11.13　不同时间长度下随机过程的自相关函数和功率谱密度

通过以上对比可以看出，结合进口压力随机脉动的物理特征和平稳随机过程的相关理论建立的进口压力脉动模型，可以很好地模拟实际过程中的压力随机脉动特性，这样就可以利用该模型生成动态压力畸变作为发动机的进口边界条件。

(2) 进口气流方向

给定轴向进气边界条件，亦即给定进口气流的周向分速度为零：

$$v_\theta(\theta,t)=0 \tag{11.31}$$

(3) 出口边界条件

出口边界位于尾喷管喉道截面。在出口边界给定尾喷管的节流特性，公式如下：

$$q(\lambda)=\sqrt{1-\mathrm{e}^{\frac{1-\pi_b^*}{0.22}}} \tag{11.32}$$

式中：$q(\lambda)$ 表示尾喷管喉部截面的流量函数；$\pi_b^*=P_8^*/P_b$，表示尾喷管喉部总压 P_8^* 与出口反压 P_b 的比值。

11.1.7　控制规律

在研究进气压力畸变对发动机稳定性的影响时，还需要合理设置控制规律，并选取适当的控制参数。在控制方程中，补充了扭矩和转动惯量的关系公式：

$$I\frac{\mathrm{d}\omega}{\mathrm{d}t}=M_T-M_C \tag{11.33}$$

式中：M_T 和 M_C 分别表示作用在涡轮和压气机转子上的扭矩；ω 为转子的旋转角频率；I 为转子的转动惯量。

作用于转子的扭矩等于涡轮功和压气机功之差，旋转角频率可以用转速表示，则

式(11.37)可改写为

$$I\frac{\mathrm{d}n}{\mathrm{d}t}=\frac{L_{\mathrm{T}}-L_{\mathrm{C}}}{n}\left(\frac{30}{\pi}\right)^{2} \tag{11.34}$$

式中：

$$L_{\mathrm{T}}=\dot{m}_{\mathrm{T}}c'_{p}T_{4}^{*}(\theta_{\mathrm{T}}^{*}-1),\quad L_{\mathrm{C}}=\dot{m}_{\mathrm{C}}c_{p}T_{2}^{*}(\theta_{\mathrm{C}}^{*}-1) \tag{11.35}$$

式中：c'_p 和 c_p 分别表示经过涡轮和压气机的气流的等压比热容；θ_{T}^{*} 和 θ_{C}^{*} 分别为气流经过涡轮和压气机后获得的总温比；T_4^* 和 T_2^* 分别为涡轮和压气机的进口总温。

计算模型提供了以下关于供油量的控制规律：

① 低压转子转速恒定，即 $n_1=\mathrm{const}$；

② 高压转子转速恒定，即 $n_2=\mathrm{const}$；

对应上述两种控制规律的供油调节器的微分方程为

$$\frac{\mathrm{d}\bar{\dot{m}}_{\mathrm{f}}}{\mathrm{d}t}=a(1-\bar{n}_{i})-b\frac{\mathrm{d}\bar{n}_{i}}{\mathrm{d}t} \tag{11.36}$$

式中：$\bar{\dot{m}}_{\mathrm{f}}$ 为相对燃油流量；$\bar{n}_i$ 为转子的相对转速，$i=1$ 或 2 分别对应低压转子或高压转子；a 和 b 为常系数，描述控制系统的惯性。

③ $m_{\mathrm{f}}/P_3=\mathrm{const}$（$P_3$ 为高压压气机后的压力）。

对应上述控制规律的供油调节器的微分方程为

$$\frac{\mathrm{d}\bar{\dot{m}}_{\mathrm{f}}}{\mathrm{d}t}=\frac{\mathrm{d}\bar{P}_{3}}{\mathrm{d}t}(1-\mathrm{e}^{-t/\tau}) \tag{11.37}$$

式中：$\bar{P}_3$ 表示高压压气机后的相对压力；τ 为控制系统的时间常数。

除了给定供油量的控制规律，还可以采用其他控制规律，一般随时间线性变化，包括：

① 引气孔或放气孔面积；

② 尾喷管喉道面积；

③ 压气机或涡轮可调安装角导叶的安装角。

11.1.8 时间推进方法

采用四阶“龙格-库塔”显式方法对方程(11.4)进行求解。假设 $\vec{y}_i$ 为方程(11.4)在第 i 时间步的解，则第 $i+1$ 时间步的解 $\vec{y}_{i+1}$ 可由下式确定：

$$\vec{y}_{i+1}=\vec{y}_{i}+\frac{1}{6}(\vec{g}_{1}+2\vec{g}_{2}+2\vec{g}_{3}+\vec{g}_{4}) \tag{11.38}$$

式中：

$$
\begin{cases}
\vec{g}_1 = h \cdot \vec{f}(t, \vec{y}_i) \\
\vec{g}_2 = h \cdot \vec{f}\left(t + \dfrac{h}{2}, \vec{y}_i + \dfrac{\vec{g}_1}{2}\right) \\
\vec{g}_3 = h \cdot \vec{f}\left(t + \dfrac{h}{2}, \vec{y}_i + \dfrac{\vec{g}_2}{2}\right) \\
\vec{g}_4 = h \cdot \vec{f}\left(t, \vec{y}_i + \dfrac{\vec{g}_3}{2}\right)
\end{cases}
\tag{11.39}
$$

积分时间步长对计算过程的稳定性和计算精确度影响较大，一般可取 $h = 0.000\,2 \sim 0.000\,5$ s。

11.1.9 失稳判据

采用上述方法对计算域内的流动进行求解，得到发动机内部各个计算站处的气动参数，再结合可靠、准确的失稳判据，即可预测发动机在给定的进气压力畸变条件下是否会发生气动失稳。可将发动机某一截面出现的负轴向速度作为判定发动机失稳的准则。这是依赖于大量工程经验提出的一种失稳判据，在工程上应用非常广泛，且具有准确度高和计算速度快的优点。

11.2 数值仿真流程

进气压力畸变对航空发动机气动稳定性影响评定流程如下：

① 根据航空发动机的几何结构，建立一个航空发动机整机计算模型。

② 获取各个部件的性能曲线，如风扇、压气机、涡轮等，编制输入文件。

③ 给定进口综合压力畸变指数，稳态分量和动态分量的比值也需要给定；给定的风扇/压气机特性又给定若干条等转速线，每条等转速线给定若干工作点，每个工作点参数包括流量函数、总压比和效率；给定的涡轮特性是流量函数、落压比和效率，默认值是各占 50%。

④ 用时间推进法计算在当前综合压力畸变指数下发动机的气动稳定性，观察计算结果是否能够收敛，若收敛，则认为该状态下发动机仍然能够稳定工作；反之，则认为发动机失稳。

⑤ 若计算结果收敛，则增加综合压力畸变指数，再进行计算。

⑥ 若计算结果无法收敛，则减小综合畸变指数，再进行计算。

⑦ 当接近临界综合压力畸变指数时，综合压力畸变指数的变化范围一般控制在 0.02%。

⑧ 根据风扇、压气机部件计算或试验获得的可用稳定裕度，以及式(11.1)，计算

压力畸变敏感系数，如果是风扇先失稳，则获得的是风扇压力畸变敏感系数 $\alpha_{W,fan}$；如果是压气机先失稳，则获得就是压气机压力畸变敏感系数 $\alpha_{W,c}$。

$$\alpha_{W,fan}=\frac{SM_{ava,fan}}{W_{cr}},\quad \alpha_{W,c}=\frac{SM_{ava,c}}{W_{cr}} \tag{11.44}$$

式中：$SM_{ava,fan}$ 和 $SM_{ava,c}$ 分别表示风扇和压气机的原始可用稳定裕度；W_{cr} 表示临界综合压力畸变指数。

图 11.14 所示为进气压力畸变对航空发动机气动稳定性影响评估流程示意图。通过进气压力畸变对航空发动机气动稳定性影响评估，最终获得的是航空发动机压力畸变敏感系数。根据压力畸变敏感系数的定义，需要飞机方提供飞行包线特定工况点的进气道出口综合压力畸变指数，然后求出该工况点的压力畸变所造成的稳定裕度下降。

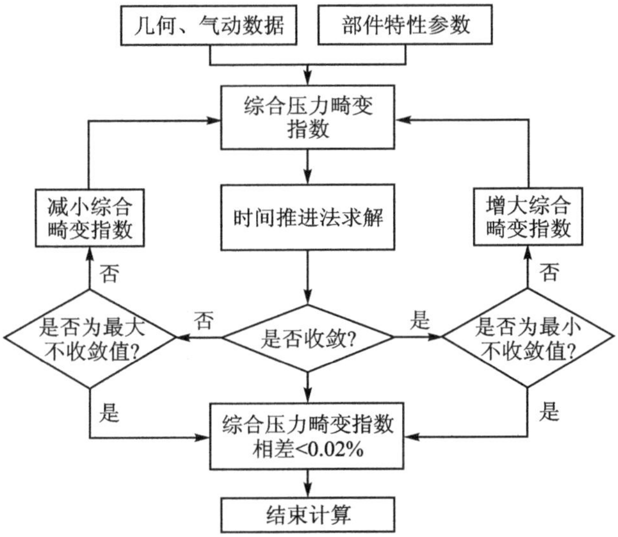

图 11.14　进气压力畸变对航空发动机气动稳定性影响评估流程示意图

11.3　压力畸变的影响

11.3.1　进气畸变对小涵道比涡扇发动机气动稳定性影响的评定

根据前面所述的单元划分方法，将某小涵道比涡扇发动机沿轴向划分为 35 个单元，沿周向等分为 8 个单元，如图 11.15 所示。其中，风扇部件被划分为导向器单元和压气机单元；高压压气机部件被划分为导向器单元、压气机单元以及一个用来描述出口扩压段的损失单元；高、低压涡轮部件分别被划分为导向器单元和涡轮单元；喷管部件被划分为两个单元，一个损失单元用来描述总压损失，另一个尾喷管单元用来描述节流特性。

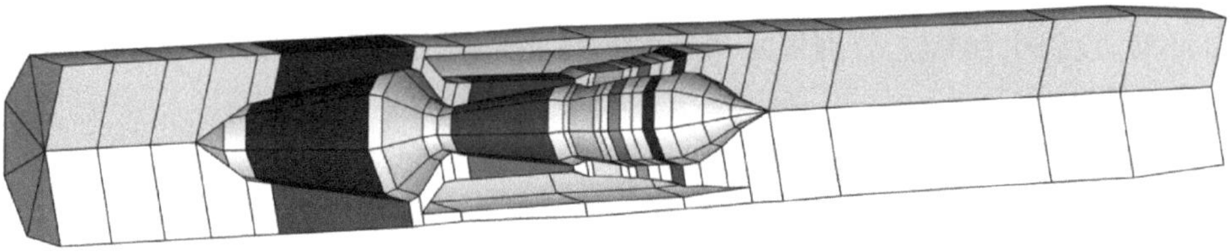

图 11.15 混排涡扇发动机计算站点划分示意图

发动机的初始工作点（发动机在均匀进气条件下的工作点，是初场）选在发动机飞行包线的地面设计点，对应起飞状态。当然，若知道工作包线任何一个位置的状态，也可以针对该位置进行分析。

综合压力畸变 W 包括稳态压力畸变 $\Delta\bar{\sigma}_0$ 和动态压力畸变 ε 两部分，相应的，综合压力畸变指数也包括稳态压力畸变指数和动态压力畸变指数两个分量。

首先分析稳态压力畸变沿发动机流路的发展。在发动机进口截面给定 $\Delta\bar{\sigma}_0=4\%$，畸变区周向范围为 180°，计算时间推进 0.5 s 后，根据计算得出的发动机内部的总压分布如图 11.16 所示。其中，x 表示发动机各截面的轴向位置，单位为 m；θ 表示发动机周向位置，单位为(°)；P^* 表示总压，单位为 Pa。

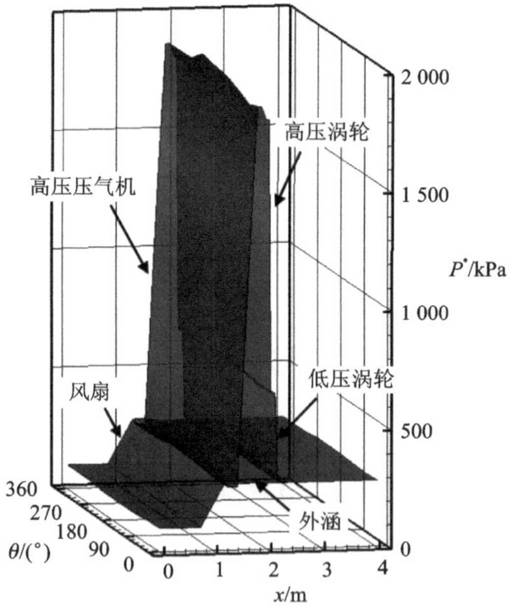

图 11.16 稳态压力畸变条件下混排涡扇发动机内部的总压分布

沿 x 方向分析可知，计算能够反映在稳态压力畸变条件下总压沿混排涡扇发动机流路的发展，包括总压经过风扇、高压压气机后的升高以及经过高压涡轮、低压涡轮等部件后的降低（或损失），同时可以反映内、外涵两股气流的分流和掺混。

沿 θ 方向分析可知，计算能够反映总压的周向分布沿发动机流路的发展。针对该涡扇发动机的计算结果显示，发动机进口的总压畸变经过风扇以后其相位发生了变化，在风扇进口及其之前的各个截面上，90°～270°区间为低总压区，即畸变区，但是在风扇出口及其之后的各个截面上，90°～270°区间变成了总压相对较高的区域，具体如图 11.17 所示。其中，横轴表示发动机周向位置，坐标单位为（°）；实线表示发动机进口总压，虚线表示风扇出口总压，坐标单位均为 kPa。

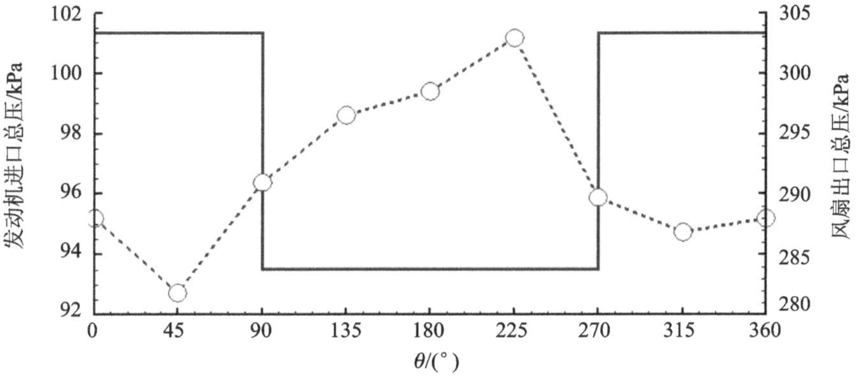

图 11.17　发动机进口总压和风扇出口总压的周向分布

分析发动机内部各个截面处的总压沿周向的分布，可以确定稳态压力畸变强度 $\Delta\bar{\sigma}$ 沿发动机流路的发展，如图 11.18 所示。其中，图(a)表示外涵流路的计算结果，图(b)表示发动机主流路的计算结果；横轴表示发动机各截面的轴向位置，单位为 m；纵轴表示时间，单位为 s；图例为 $\Delta\bar{\sigma}$，单位为 1。

初始时刻，除发动机进口截面存在总压畸变（$\Delta\bar{\sigma}=0.04$）外，其余各截面处的 $\Delta\bar{\sigma}=0$，即总压均匀；随着时间的推进，进口截面处的总压畸变不断向下游传递，且沿发动机流路呈现衰减趋势；大约 0.03 s 以后，进口总压畸变的影响已经传递至发动机内部各个截面，且各处的稳态压力畸变强度 $\Delta\bar{\sigma}$ 基本稳定，不再随时间变化。

令 $t=0.05$ s，此时发动机内部流场的计算结果已经稳定，$\Delta\bar{\sigma}$ 沿发动机轴向的传递曲线如图 11.19 所示。由该图可知，稳态压力畸变在沿着发动机流路向下游传递的过程中，其强度总体上是衰减的，在通过风扇单元和高压压气机单元时衰减程度最大，分别衰减了各自进口强度的 55.0%和 55.8%。

以风扇为例，说明总压畸变经过压缩部件后衰减的原理。根据平行压气机理论，可以将风扇单元的各个扇区视为具有相同特性的子压气机单元。由于畸变的存在，每个子压气机单元具有不同的进气条件，因此具有不同的工作点。图 11.20 所示为在时间推进过程中，风扇的某个非畸变子压气机和某个畸变子压气机的工作点轨迹。

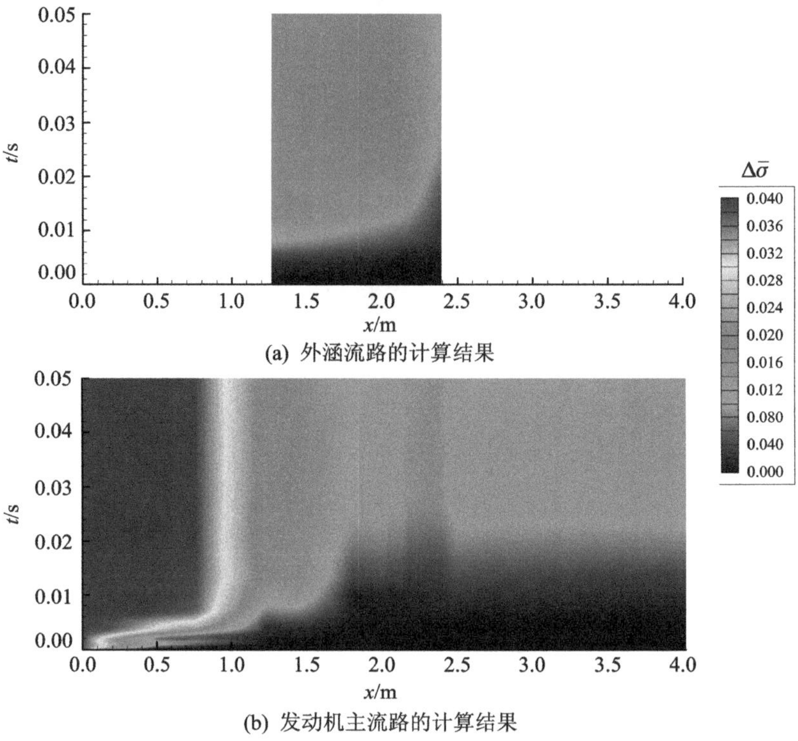

图 11.18　稳态压力畸变条件下发动机各轴向位置处的 $\Delta\bar{\sigma}$ 随时间的变化

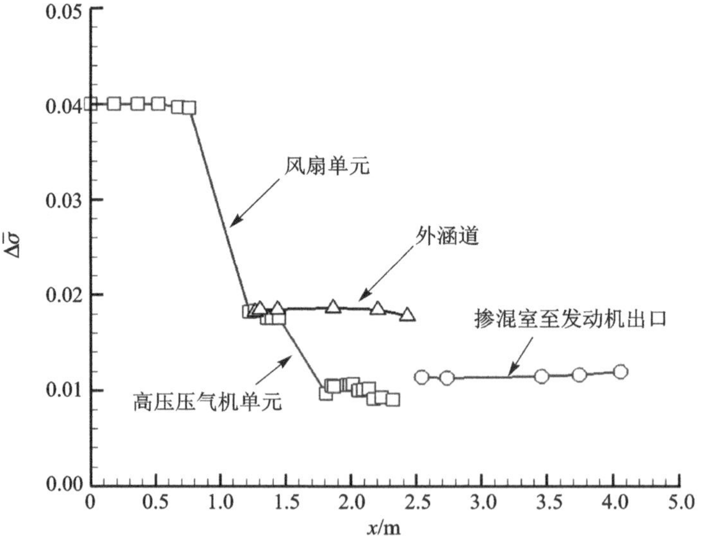

图 11.19　稳态压力畸变沿发动机流路的传递

由于畸变区子压气机进口折合流量小，根据压气机的特性可知，其增压比相对较大；非畸变区子压气机进口折合流量大，其增压比相对较小。因此，经过风扇单元后，畸变区与非畸变区之间的总压差会减小，表现为稳态压力畸变强度的衰减，即 $\Delta\bar{\sigma}$ 的减小；如果压比-流量特性陡峭，那么总压畸变甚至可能反相。

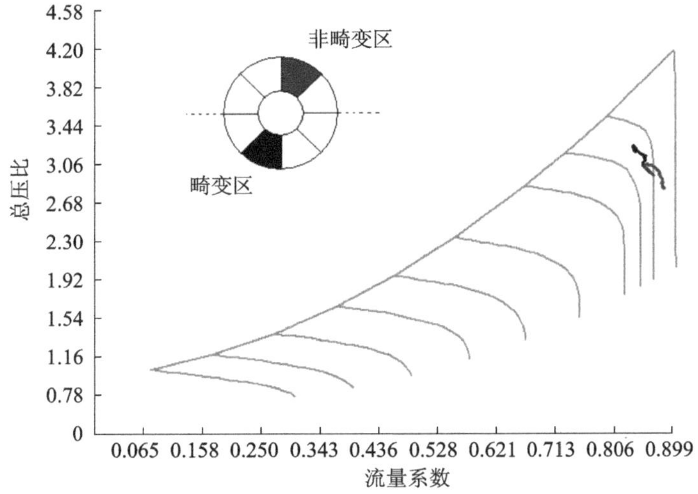

图 11.20　风扇单元的非畸变区和畸变区工作点轨迹

在实际的使用条件下，发动机进口的压力畸变往往是包含动态压力畸变项的综合压力畸变，而不是仅指稳态压力畸变。计算通过给定综合压力畸变指数 W，可以计算发动机对综合压力畸变的响应。

从 $W=0$ 开始，逐渐增大 W，直至计算结果显示发动机失稳，据此得到发动机在当前评定状态下的临界综合压力畸变指数 $W_{cr}=19.42\%$。

当 $W\leqslant W_{cr}$ 时，发动机能稳定工作，此时通过对发动机内部流动计算结果的分析，可以得出发动机的推力和耗油率；再与均匀进气条件下的推力和耗油率相比较，就可得到综合压力畸变对发动机推力和耗油率的影响，如图 11.21 所示。由图可见，随着综合压力畸变指数的增加，发动机推力逐渐减小，而耗油率则逐渐增大，最大相对变化量分别达到 -17.73% 和 19.14%。

当 $W>W_{cr}$ 时，计算结果显示风扇首先发生气动失稳，这意味着 $W=W_{cr}=19.42\%$ 的综合压力畸变“吃光”了风扇的可用稳定裕度。在地面设计点处，风扇在整机环境下的可用稳定裕度为 30.09%。由此可得，风扇的综合压力畸变敏感系数为

$$\alpha_{W,\text{fan}}=\frac{\text{SM}_{\text{ava},\text{fan}}}{W_{cr}}=\frac{30.09\%}{19.42\%}\approx 1.55 \tag{11.45}$$

为获得高压压气机的综合压力畸变敏感系数，需要保证在给定的进气畸变条件下高压压气机首先发生气动失稳。通过调节尾喷管喉道面积来控制风扇的工作点，比如，可以增大尾喷管喉道面积从而使风扇的工作点远离稳定边界，增大风扇的可用

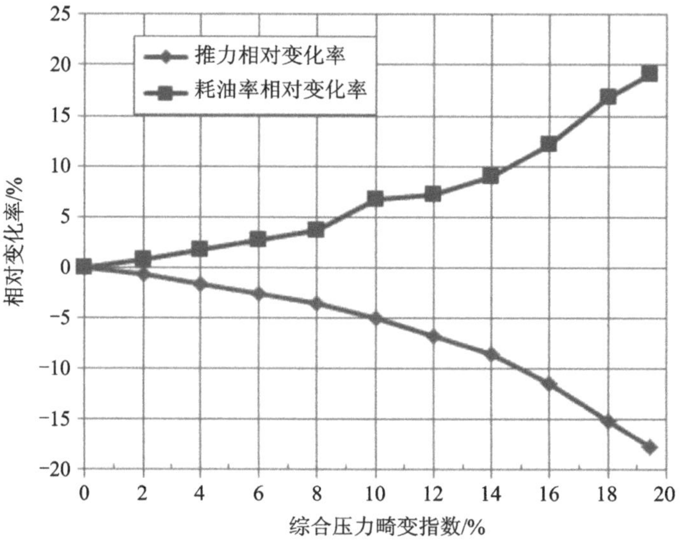

图 11.21　综合压力畸变指数对推力和耗油率的影响

稳定裕度，保证风扇不会首先失稳。据此方法获得的高压压气机的综合压力畸变敏感系数为 $\alpha_{W,hpc}=1.22$。

11.3.2　进气畸变对大涵道比涡扇发动机气动稳定性影响的评定

1. 计算模型

表 11.2 列出了某大涵道比涡扇发动机设计点主要参数，设计涵道比为 8.76，图 11.22 所示为其方案设计阶段的几何尺寸。

表 11.2　某大涵道比涡扇发动机设计点主要参数

主要参数	值	主要参数	值
飞行高度/m	10 668	高压压气机效率	0.843 4
飞行马赫数	0.785	燃烧室出口温度/K	1 544.61
涵道比	8.76	燃烧室总压恢复系数	0.95
进口物理流量/($kg \cdot s^{-1}$)	213.44	高压涡轮效率	0.88
风扇外涵压比	1.62	高压涡轮落压比	4.106
风扇内涵压比	1.58	低压涡轮效率	0.905
风扇内涵效率	0.89	低压涡轮落压比	8.207
风扇外涵效率	0.9	低压轴物理转速/($r \cdot min^{-1}$)	4 780
增压压气机压比	2.21	高压轴物理转速/($r \cdot min^{-1}$)	13 753
增压压气机效率	0.89	推力/kN	29.63
高压压气机压比	10.332	耗油率/[$kg \cdot (h \cdot kg)^{-1}$]	0.609 7

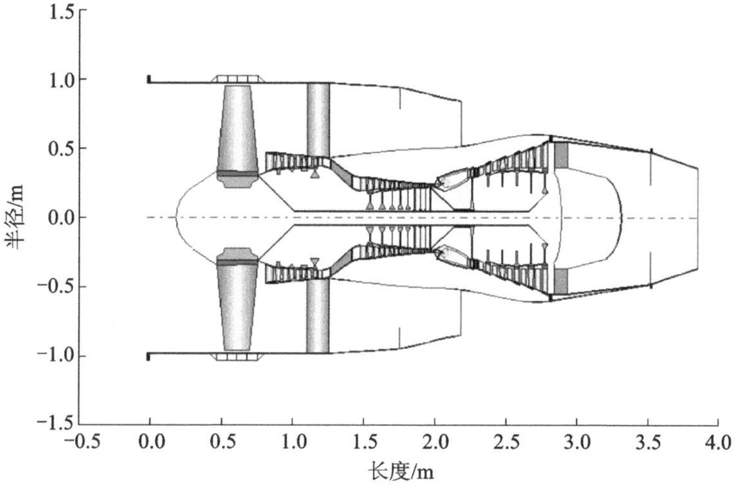

图 11.22　某大涵道比涡扇发动机几何结构

根据图 11.22 所示的涡扇发动机几何结构，对计算单元进行了划分，结果如图 11.23 所示，轴向共有 39 站，周向计算区域分为 8 个扇区。

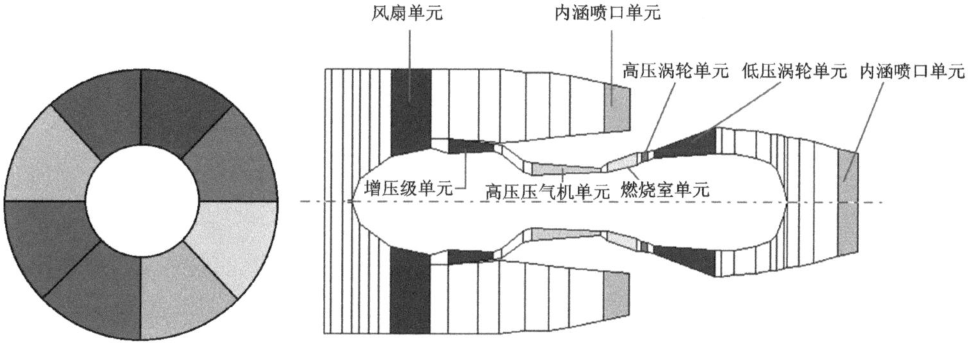

图 11.23　周向及轴向计算单元划分

根据飞机适用性技术指标要求，发动机在整个飞机飞行包线范围内必须具有足够的可用稳定裕度。图 11.24 所示为飞行包线图。

根据总体预测的大涵道比涡扇发动机应用对象的包线，选取典型恶劣工况点作为稳定性设计方案的评审状态，如图 11.24 中工况 1～工况 7 所示。

工况 1：起飞状态。该工况的特点是，发动机前气流不均匀度和脉动很大，特别是采用短进气道和遭受侧风影响时；当进气道没有足够的起飞调节机构时，进气道内损失最大，并且喷管在亚临界状态，压气机压缩量最大；冷起动时，发动机处于非定常热传递状态。

工况 2：着陆状态。该工况的特点是，发动机前压力不均匀度可能增大，这是由飞机着陆机构引起的；当飞机进入复飞时，要求发动机加快加速（最小加速时间），发

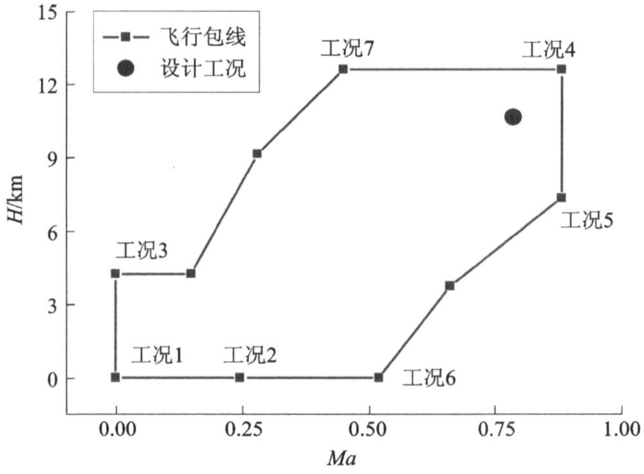

图 11.24　飞行包线

动机调节机构的位置也不同于起飞时的位置；因推力反向时，发动机排出的燃气回流，引起发动机进口温度畸变度和压力脉动增加。

工况 3：高原起飞状态。该工况的特点是，飞机起飞时高度约为 4.3 km；随着海拔增加，空气密度降低，为保证发动机提供足够的推力，需提高发动机的单位推力和流量函数，可通过增加总压比、物理转速或者涡轮前燃气温度这几种方式实现，但会导致稳定裕度减小；在相同飞行速度下，雷诺数是海平面雷诺数的 79%，雷诺数对发动机的影响不大。

工况 4：最大高度和最大速度条件下的飞行状态。该工况的特点是，飞机以最大攻角飞行，因此进气道扰动值很大。

工况 5：最小高度和最大速度条件下的飞行状态。该状态的特点是，发动机有剩余推力，可以实现加速，由于空气密度较大，在最大速度条件下飞机和发动机的结构安全性较严重。

工况 6：地面最大速度条件下的飞行状态。该工况的特点是，发动机的绝对燃油消耗量最大(由于空气密度最大)，飞机和发动机的结构安全性较严重。

工况 7：最大高度和最小表速的飞行状态。该工况的特点是，雷诺数最小，可能低于压气机和涡轮自模化工作区的临界值，低雷诺数效应将非常显著，会导致风扇/压气机稳定边界大幅右移，稳定裕度降低。该型发动机的最小表速飞行时其最大飞行高度约为 12.6 km；由于空气密度小，附件需用功率的相对份额增加，导致涡轮后燃气温度上升并相应地提高了工作点的位置。

通过调节风扇的折合转速，得到 7 个不同工况下各压缩部件的共同工作线，结果如图 11.25 所示。

图 11.26 所示为 7 种不同工况下，风扇、增压压气机和高压压气机可用稳定裕度随风扇折合转速而变化的情况。

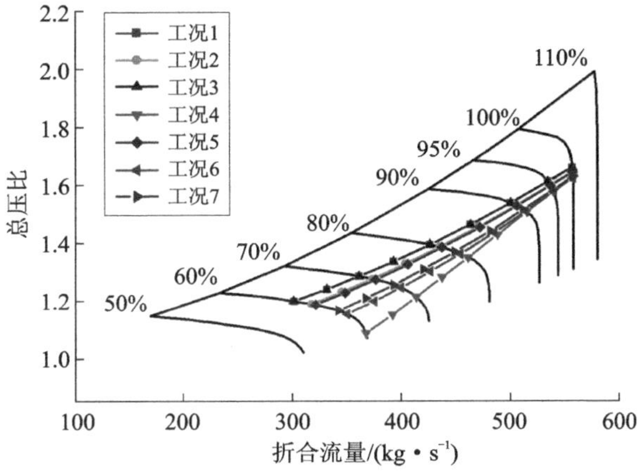

(a) 风 扇

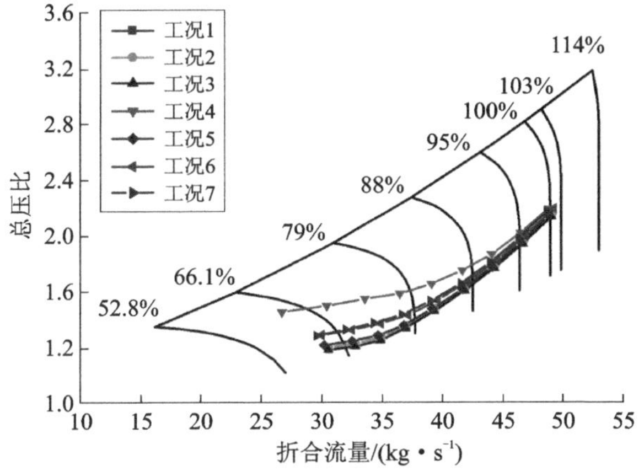

(b) 增压压气机

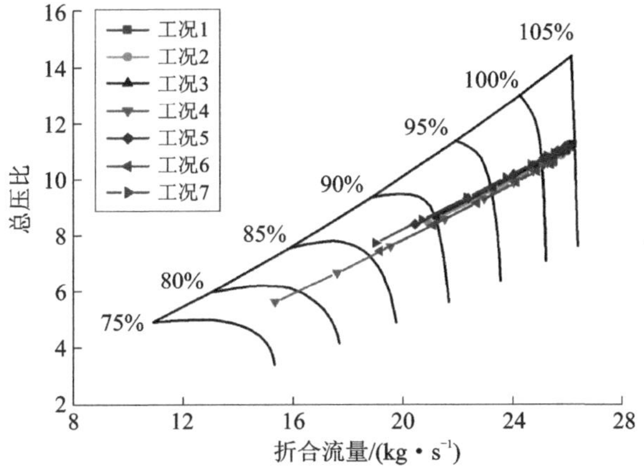

(c) 高压压气机

图 11.25 压缩部件的工作线

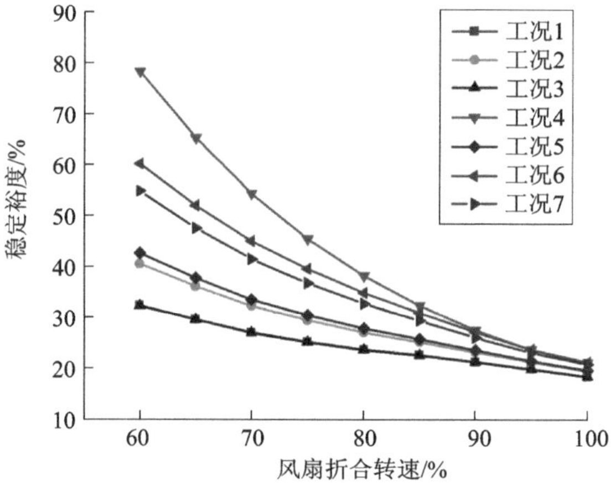

(a) 风　扇

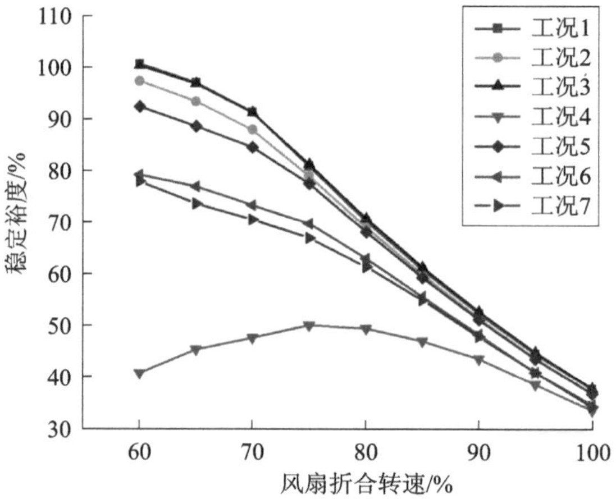

(b) 增压压气机

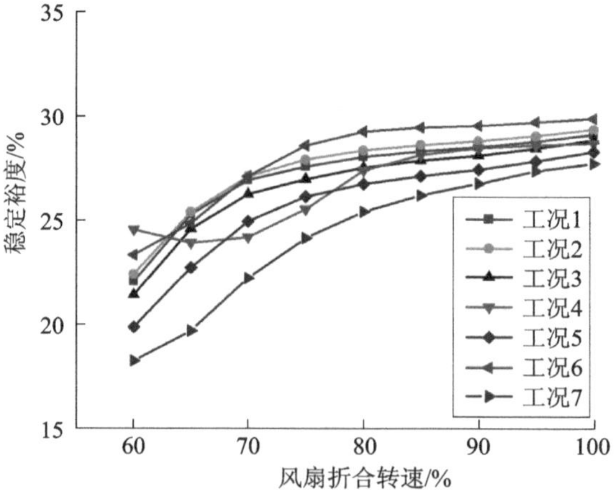

(c) 高压压气机

图 11.26　不同工况下各压缩部件的可用稳定裕度

2. 评估结果

图 11.27 所示为进口总压综合畸变指数 $W=8\%$ 时，从发动机进口至内涵喷口的总压畸变指数的变化情况。

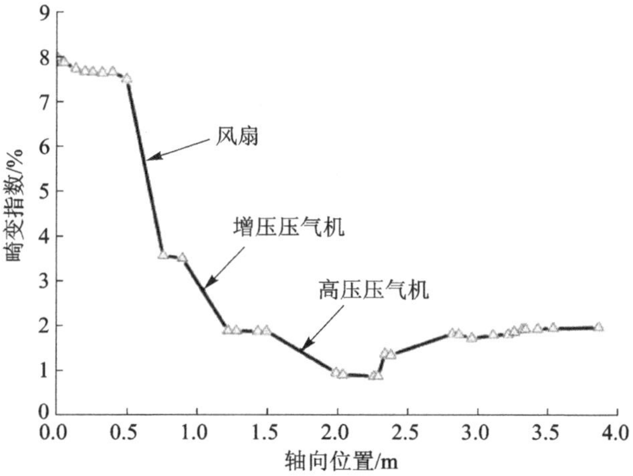

图 11.27 总压畸变沿轴向单元变化

从图 11.27 可以看出，由于周向掺混作用，总压畸变指数在经过流通单元时，会有少许下降，在经过压缩部件(风扇、增压压气机、高压压气机)有较大幅度的下降。综合压力畸变指数分别等于各部件进口截面的 47.6%、54.0%和 50.8% 。利用图 11.27 所示的曲线可以对发动机的压缩部件的压力畸变衰减能力加以检验。

逐步增大发动机进口给定总压畸变值，当 $W=11.8\%$ 时，风扇稳定性保持较好，增压压气机和高压压气机先失稳。表 11.4 列出了该发动机临界综合压力畸变指数随风扇折合转速的变化情况。

表 11.4 临界综合压力畸变指数随风扇折合转速的变化情况

风扇折合转速/%	临界综合压力畸变指数/%						
	工况 1	工况 2	工况 3	工况 4	工况 5	工况 6	工况 7
100	13.40	13.70	13.30	14.20	13.60	13.60	13.50
95	13.00	13.10	12.90	13.20	13.10	13.30	13.10
90	12.20	12.40	12.10	12.40	12.50	12.70	12.60
85	11.60	11.80	11.50	12.10	11.80	12.30	12.20
80	10.20	10.70	10.10	10.90	10.60	10.80	10.60
75	8.30	9.10	8.20	8.60	9.10	9.40	9.20
70	7.10	7.60	7.10	7.40	7.50	7.80	7.60
65	6.20	6.80	6.20	6.40	6.80	7.20	7.00
60	5.60	6.20	5.60	6.00	6.30	6.60	6.40

从表11.4可以看出，随着风扇转速的增加，临界综合压力畸变指数逐渐增加。

假设增压压气机和高压压气机的进口综合压力畸变指数 W_B 和 W_C 分别等于4.2%和2.0%，据此可以计算压力畸变敏感系数和预期的稳定裕度损失，如表11.5和表11.6所列。

表11.5 增压压气机不同工况点压力畸变敏感系数和预期的稳定裕度损失

使用状态	可用稳定裕度/%	临界综合压力畸变指数/%	压力畸变敏感系数	预期的稳定裕度损失/%
工况1	33.44	13.4	2.50	10.48
工况2	31.13	13.1	2.38	9.98
工况3	33.44	13.3	2.51	10.56
工况4	33.44	14.2	2.35	9.89
工况5	33.44	13.6	2.46	10.33
工况6	33.44	13.6	2.46	10.33
工况7	33.44	13.5	2.48	10.40

表11.6 高压压气机不同工况点压力畸变敏感系数和预期的稳定裕度损失

使用状态	可用稳定裕度/%	临界综合压力畸变指数/%	压力畸变敏感系数	预期的稳定裕度损失/%
工况1	30.78	13.4	2.30	4.59
工况2	31.52	13.1	2.41	4.81
工况3	30.78	13.3	2.31	4.63
工况4	30.78	14.2	2.17	4.34
工况5	30.78	13.6	2.26	4.53
工况6	30.78	13.6	2.26	4.53
工况7	30.78	13.5	2.28	4.56

第 12 章
进气温度畸变对稳定性影响数值仿真

航空发动机在使用过程中除了会遭遇进气压力畸变，还会受到进气温度畸变的影响。一些特殊的飞行任务，比如作战飞机发射导弹会吸入导弹发动机尾气、飞机编队飞行吸入前方飞机发动机尾气、舰载机使用蒸汽弹射吸入飞行甲板泄漏的高温蒸汽以及垂直起降飞机发动机吸入尾喷管尾气等，虽然温度畸变并不如压力畸变常见，但是其对发动机气动稳定性的影响却是十分明显的，需要在航空发动机设计阶段和使用过程中准确评定，防止发动机因进气温度畸变失稳而威胁飞行安全。由于压力畸变和温度畸变对发动机气动稳定性的影响有较多相似之处，比如，都是因进口气流参数的周向不均匀分布而使工作点或者稳定边界发生变化，因此两者的分析流程和方法类似。

12.1 仿真模型和仿真方法

12.1.1 温度畸变描述方法

我国在航空发动机气动稳定性评定中参考了俄罗斯的方法，因此，关于温度畸变的描述方法主要包括以下几项：

① 高温区的周向范围 θ^{+}；

② 温度畸变持续时间 τ_{B}；

③ 温升 ΔT；

④ 面平均温升 ΔT_{Fav}；

⑤ 面平均相对温升 $\delta\overline{T}_{Fav}$；

⑥ 温升率 $\dot{T}$。

1. 高温区的周向范围 θ^+

高温区的周向范围表示温度高于面平均温度的区域大小。确定高温区范围时，需计算高温区平均温度和低温区平均温度得出等效温度场，然后根据等效温度场与面平均温度的交点确定高温区范围，如图12.1所示，图中曲线1表示真实温度场，折线2表示等效温度场。如果实际温度场有两个以上的高温区，则其高温区周向范围应等于实际温度场中所有局部高温区之和，即

$$\theta^+ = \sum \theta_i^+ \tag{12.1}$$

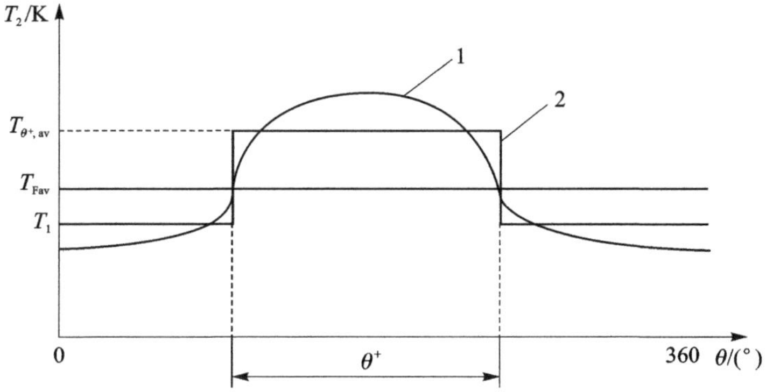

图12.1 周向温度场不均匀

在发动机设计阶段，没有预计的温度畸变类型的可靠资料时，可以取“高温区”为 $\theta^+ = 180°$。

2. 温度畸变持续时间 τ_B

温度畸变持续时间表示温度扰动作用在发动机进口持续的时间，通常定义为自温度扰动开始至达到最大值的时间的2倍(见图12.2)，即

$$\tau_B = 2\Delta\tau_m \tag{12.2}$$

图12.2中，$T_{i\max}$ 为高温区中的最大温度测量值。

3. 面平均温升 ΔT_{Fav}

面平均温升 ΔT_{Fav} 表示发动机进口截面上的温升平均值，按下式进行计算：

$$\Delta T_{\mathrm{Fav}} = T_{\mathrm{Fav}} - T_0 \tag{12.3}$$

式中：T_{Fav} 为进口截面的平均温度值，其计算式为

$$T_{\mathrm{Fav}} = \frac{1}{2\pi}\int_0^{2\pi} T_r(\theta)\,\mathrm{d}\theta \tag{12.4}$$

其中：$T_r(\theta) = \dfrac{1}{1-\bar{r}_{\mathrm{hu}}^2}\displaystyle\int_{\bar{r}_{\mathrm{hu}}}^1 T(\bar{r},\theta)\,2\bar{r}\,\mathrm{d}\bar{r}$，$\bar{r} = \dfrac{r}{r_{ti}}$。

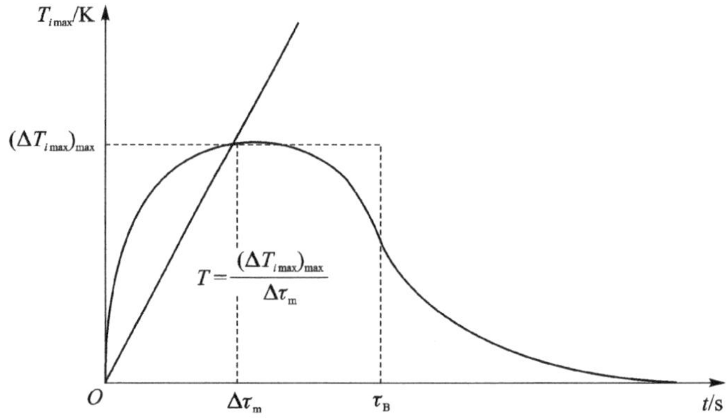

图 12.2　温度畸变持续时间

而 $T_r(\theta)$ 为径向平均温度；T_0 为发动机进口自由流总温，应为未受热扰动影响时发动机进气温度。

4. 面平均相对温升 δT_{Fav}

面平均相对温升表示面平均温升与进口自由流总温的比值，其表示式为

$$\delta T_{Fav}=\frac{(T_{Fav}-T_0)}{T_0} \tag{12.5}$$

5. 温度场周向不均匀度 $\Delta\bar{T}_2$

温度场周向不均匀度表示高温区范围内周向平均总温与面平均温度的相对温升，其表达式为

$$\Delta\bar{T}_2=\frac{T_{\theta^+,av}-T_{Fav}}{T_{Fav}} \tag{12.6}$$

式中：$T_{\theta^+,av}$ 为高温区范围 θ^+ 内的周向平均总温，典型的温度分布如图 12.1 所示。

6. 温升率 $\dot{T}$

温升率用于表示达到高温区最高温度时的平均变化率，反映温度畸变动态效应，表示式为

$$\dot{T}=\frac{(\Delta T_{i\max})_{\max}}{\Delta\tau_m} \tag{12.7}$$

式中：$(\Delta T_{i\max})_{\max}$ 为高温区内的最高温度升；$\Delta\tau_m$ 为从温度扰动开始至达到高温区最高温度的时间，如图 12.2 所示。

12.1.2　仿真模型

温度畸变仿真模型和仿真方法与压力畸变基本一致，与压力畸变的最大不同是，

有一个表征温度变化快慢的参数，即温升率。根据航空发动机原理知识可知，发动机工作点在各等转速线上的连线是共同工作线，当发动机处于稳态工作状态且发动机几何不变时，共同工作线是不变的。但是，当发动机处于非稳定工作状态时，如加减速，工作点会瞬时偏离共同工作线；当发动机几何发生变化时，如尾喷口面积调整，发动机共同工作线会发生改变。发动机在加速时，工作点偏离共同工作线的原因是涡轮前燃气温度快速上升导致涡轮功的激增，而压气机和涡轮是一个具有很大惯性的旋转件，并没有办法快速增加转速，因此，工作点偏离原来基于稳定状态建立的共同工作线。同理，发动机进口温度的急剧变化，改变了压气机的折合转速，影响了压气机功率，而涡轮的功率并没有改变，因此，发动机工作点会发生偏离，当温度畸变消失后，如果发动机没有失稳，则工作点会回到原来的位置。

从温度畸变对发动机气动稳定性影响的原因看，稳态温度畸变，即温度在空间上分布的不均匀性会影响发动机的稳定边界，而动态稳定畸变，即温升率，表征温度变化的快慢程度，影响的是发动机的瞬时工作点位置。因此，稳态温度畸变和动态温度畸变的作用使得发动机稳定裕度减小，甚至有可能失稳。

12.2　数值仿真流程

以涡扇发动机为例，稳态进气温度畸变对航空发动机气动稳定性影响评定流程如下：

① 根据航空发动机的几何结构，建立一个计算模型。

② 获取各个部件的性能曲线，如风扇、压气机、涡轮等，作为输入文件。

③ 将发动机分为若干个扇区，比如 2 个扇区、4 个扇区或者 8 个扇区。

④ 假设高温区范围是 180°，给定高温区温度，形成温度周向不均匀分布。

⑤ 用时间推进法计算在当前温度不均匀分布情况下发动机的气动稳定性，看计算结果是否能够收敛，若收敛，则认为该状态下发动机仍然能够稳定工作；反之，则认为发动机失稳。

⑥ 若计算结果收敛，则增加高温区温度，再进行计算。

⑦ 若计算结果无法收敛，则减小高温区温度，再进行计算。

⑧ 当接近临界温升 ΔT_{cr} 时，高温区温度的变化范围一般控制在 0.05 K。

⑨ 根据临界温升，求出面平均临界温升 $\Delta T_{cr,Fav}$，计算公式见第 2 章。

⑩ 根据临界温升和面平均临界温升，计算温度畸变指数 $W_{T,cr}$。

⑪ 根据风扇、压气机部件气动性能计算或试验获得的可用稳定裕度，以及式(12.1)，计算温度畸变敏感系数，如果是风扇先失稳，则获得的是风扇温度畸变敏感系数；如果是压气机先失稳，则获得的就是压气机温度畸变敏感系数为

$$\alpha_{T,\text{fan}}=\frac{\text{SM}_{\text{ava,fan}}}{W_{T,\text{cr}}},\quad \alpha_{T,\text{c}}=\frac{\text{SM}_{\text{ava,c}}}{W_{T,\text{cr}}} \tag{12.8}$$

式中：$\alpha_{T,\text{fan}}$ 和 $\alpha_{T,\text{c}}$ 分别表示风扇和压气机的温度畸变敏感系数；$\text{SM}_{\text{ava,fan}}$ 和 $\text{SM}_{\text{ava,c}}$ 分别表示风扇和压气机的可用稳定裕度；$W_{T,\text{cr}}$ 是临界温度畸变指数，等于临界温升与面平均临界温升和远前方无扰动气流总温之和的比值，计算公式如下：

$$W_{T,\text{cr}}=\frac{\Delta T_{\text{cr}}}{T_0^*+\Delta T_{\text{cr,av}}}\times 100\% \tag{12.9}$$

分析动态进气温度畸变的影响，需要引入温升率，此时进气温度畸变对航空发动机气动稳定性影响评定与稳态有不同之处。首先，需要指定高温区范围，根据具体情况的稳态温度周向不均匀分布情况，给定各高温区的温度，给定温升率，然后给定最大温升，用时间推进法计算在当前温升率和最大温升情况下发动机的气动稳定性，看计算结果是否能够收敛，若收敛，则认为在该当前温升率情况下，可以在达到给定的最大温升时能够保持稳定工作；反之，则认为发动机失稳。通过调整最大温升，最终获得发动机的面平均临界相对温升。根据发动机风扇和压气机的可用稳定裕度，计算各自的温度畸变敏感系数。

图 12.3 所示为进气温度畸变对航空发动机气动稳定性影响评估流程示意图。

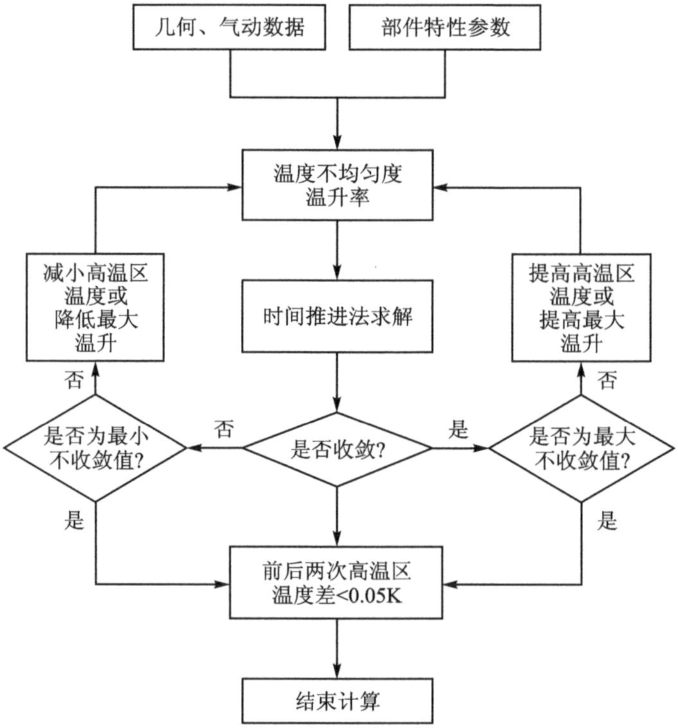

图 12.3　进气温度畸变对航空发动机气动稳定性影响评估流程示意图

通过进气温度畸变对航空发动机气动稳定性影响评估，最终获得航空发动机温度畸变敏感系数。根据温度畸变敏感系数的定义，当飞行包线某一个工作点的发动机进口面平均温升给定时，就可以求出该状态下的温度畸变造成的稳定裕度降低值。

温度畸变对发动机气动稳定性影响的评定方法与压力畸变基本一致，也是采用基于源项的“子发动机”模型，将发动机按照流路和部件划分为多个单元，采用时间推进方法，以出现负的轴向速度表明计算发散，作为发动机失稳的判断标准。

12.3　温度畸变的影响

12.3.1　温度畸变对小涡扇发动机气动稳定性影响的评定

以某小涵道比涡扇发动机为例，分析了进气温度畸变对其气动稳定性的影响。划分了33个单元，如图12.4所示。在发动机进口给定面平均相对温升 $\delta T_{\mathrm{Fav}}=0.044$，畸变区周向范围为180°。发动机沿周向分为8个扇区，高温区占据4个扇区。计算得到的稳态温度畸变沿发动机轴向的传递曲线如图12.5所示。由该图可知，在发动机流路中，稳态温度畸变总体上是衰减的，通过风扇单元和高压压气机单元时分别衰减了各自进口畸变强度的16%和41.1%；此外，经过燃烧室和涡轮之后，总温畸变变化很小。

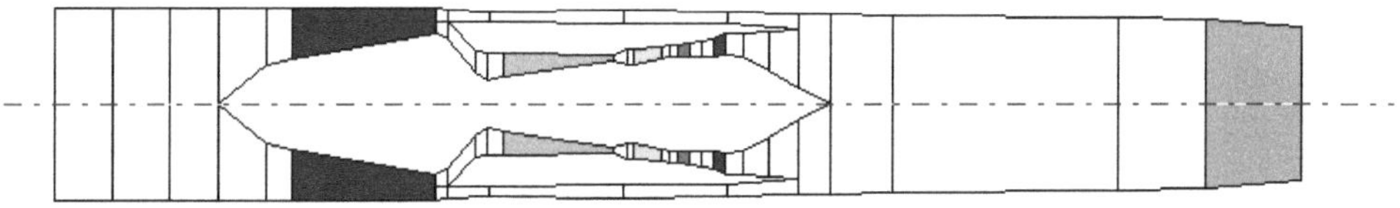

图12.4　计算单元示意图

动态温升的温度突升时长 $\Delta\tau_{\mathrm{m}}=0.05$ s，高温区周向范围 $\Delta\theta^{+}$ 分别取45°、90°、135°、180°、225°、270°、315°和360°，温升率分别取1 000 K/s、1 500 K/s、2 000 K/s、2 500 K/s和3 000 K/s，计算不同温升率下的临界温升 ΔT_{cr}，计算结果如图12.6所示。由图可知，当高温区周向范围 $\Delta\theta^{+}$ 相同时，温升率 $\dot{T}$ 越高，临界温升 ΔT_{cr} 越大；当温升率 $\dot{T}$ 相同时，ΔT_{cr} 的最小值出现在高温区180°附近。

根据临界温升 ΔT_{cr} 可求得面平均临界温升 $\Delta T_{\mathrm{cr,Fav}}$，计算公式如下：

$$\Delta T_{\mathrm{cr,Fav}}=\Delta T_{\mathrm{cr}}\times\Delta\theta^{+}/360° \tag{12.10}$$

由图12.7可知，随着高温区周向范围的增加，面平均临界温升也逐渐增加，以温升率3 000 K/s为例，面平均临界温升不超过136 K。

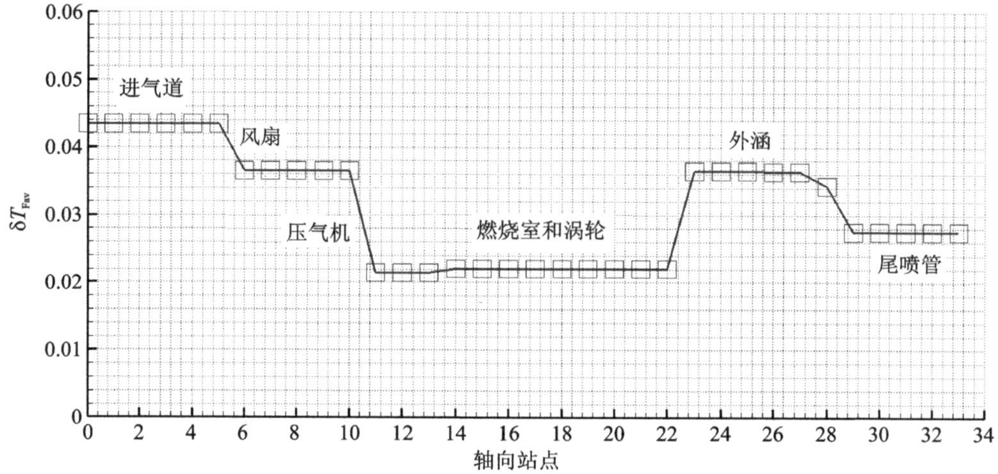

图 12.5 稳态温度畸变沿发动机流路的传递曲线

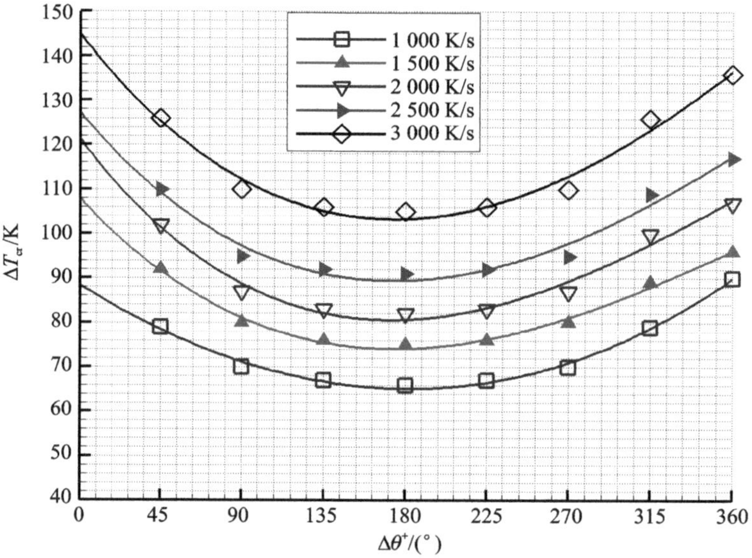

图 12.6 不同动态温升条件下的临界温升

根据临界温升 ΔT_{cr} 和发动机进口非畸变区总温 T_0^*，可求得面平均临界相对温升，计算公式如下：

$$\delta\bar{T}_{cr,Fav}=\Delta T_{cr}\times\Delta\theta^{+}/360°/T_0^* \tag{12.11}$$

图 12.8 所示为面平均临界相对温升和高温区周向范围的变化关系，可以看出，随着高温区周向范围的增加，面平均临界相对温升逐渐增加，温升率在 3 000 K/s 以下，面平均临界相对温升均在 0.5 以下。

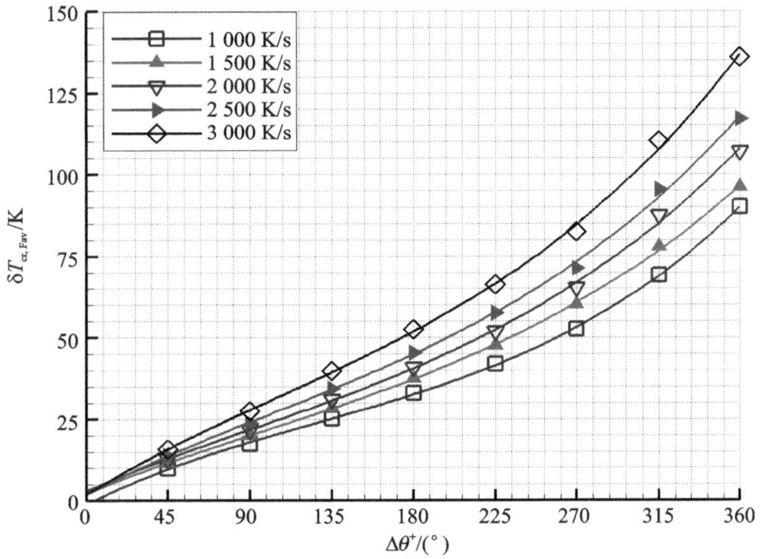

图 12.7　不同动态温升条件下的面平均临界温升

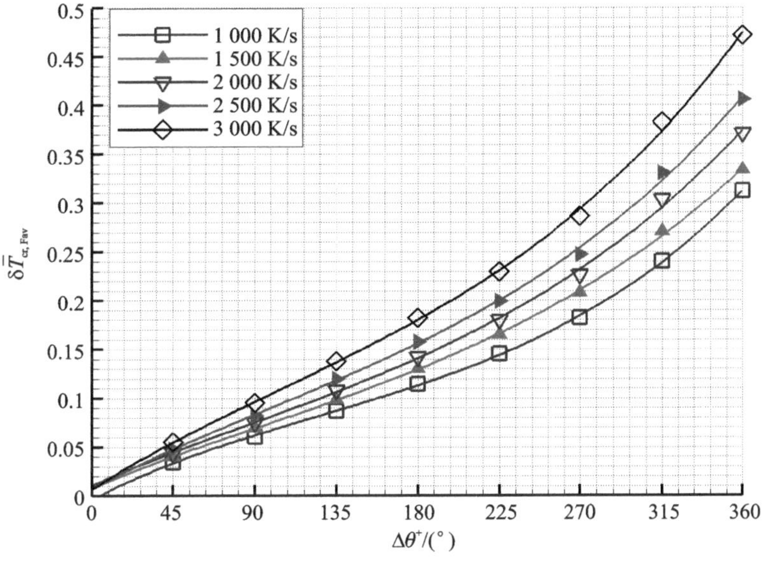

图 12.8　不同动态温升条件下的面平均临界相对温升

图 12.9 所示为临界温度畸变指数和高温区周向范围的变化关系。由图可知，在温升率不变的情况下，随着高温区范围增大，温度畸变指数逐渐降低，在高温区范围为 180°～270°时达到最低，在高温区范围大于 270°后，温度畸变指数变化缓慢增加。

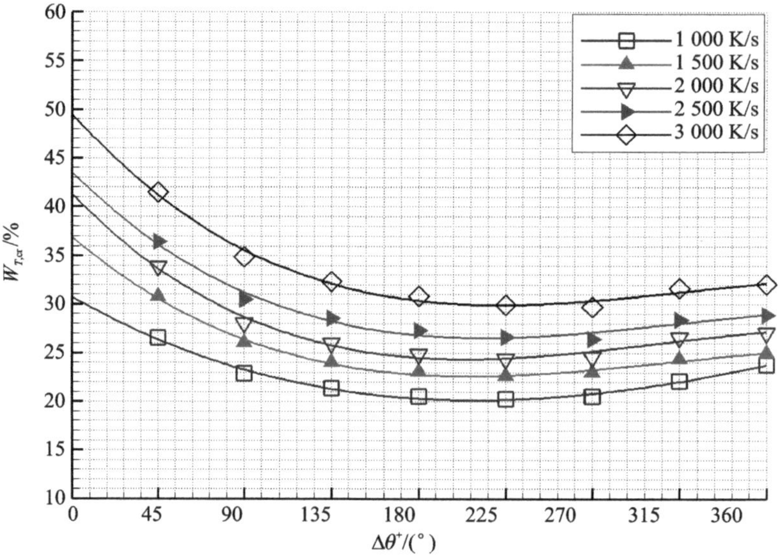

图 12.9 不同动态温升条件下的临界温度畸变指数

对于 $\dot{T}=2\ 500\ \text{K/s}$，$\Delta\theta^{+}=90^{\circ}$ 的情况，计算得到的临界温度畸变指数为 31.2%，即当温度畸变指数大于 31.2%时，计算结果显示风扇首先失稳，假设风扇的可用稳定裕度为 26%，由此可得，风扇的温度畸变敏感系数为 $\alpha_{T,\text{fan}}=0.832$。

通过增大尾喷管喉道面积使风扇的工作点远离稳定边界，增大风扇的可用稳定裕度，保证在给定的温度畸变条件下风扇不会首先失稳，而是高压压气机先失稳，如图 12.10 和图 12.11 所示，高温区的动态温升对风扇工作点改变很小，而高压压气机

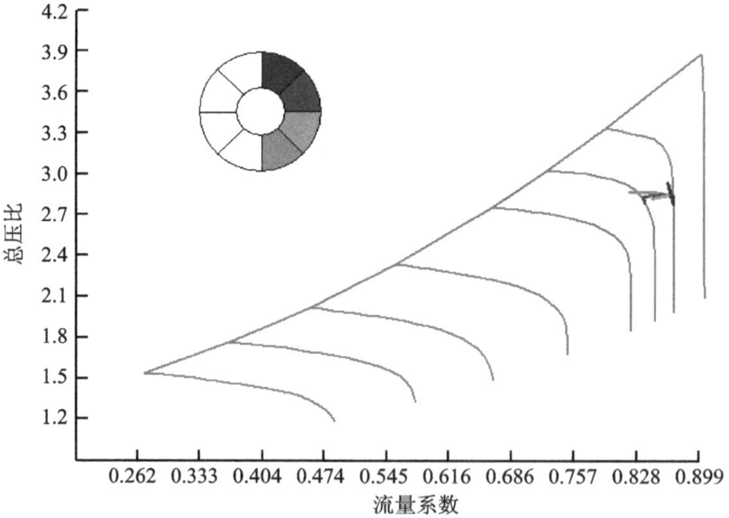

图 12.10 高温区四个扇区风扇工作点变化示意图

中一个扇区的工作点快速穿过稳定边界，进入失稳状态。最终，获得高压压气机的温度畸变敏感系数为 $\alpha_{T,c}=0.96$。对于该发动机而言，风扇的温度畸变敏感系数比高压压气机低，表明风扇的抗温度畸变能力更强，高压压气机相对弱一些。

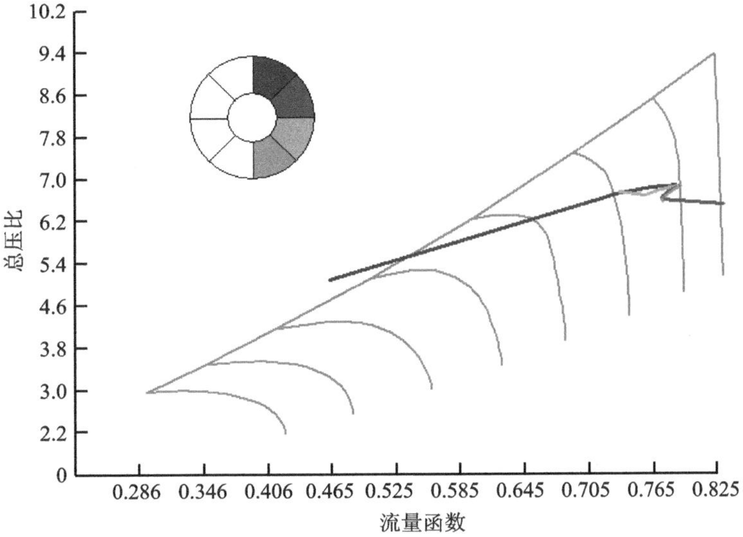

图 12.11　高温区四个扇区高压压气机工作点变化示意图

12.3.2　高温蒸汽吸入对小涡扇发动机气动稳定性影响的评定

采用蒸汽弹射的舰载机在起飞时，由于蒸汽弹射器在滑轨中移动时，会泄漏出大量高温、高压的蒸汽，发动机吸入水蒸气会造成其气动稳定性降低，甚至导致发动机失稳。美军标 JSSG—2007A *Service Guide of General Specification for Aircraft Turbojet Turbofan Turboprop and Turboshaft Engines* 对蒸汽吸入试验提出了较为明确的指标要求，即发动机进口总流量至少有 2%的水蒸气，并且在小于 25%进口面积的区域内，具有至少为 2 840 K/s 的温升率及 100 K 温升的条件下，发动机不应失速、喘振、熄火、造成机械或结构损伤或永久性的性能损失。

不考虑高温水蒸气沿发动机流程的扩散过程，假设水蒸气同时作用于发动机内各个截面。认为发动机内部是一个变比热的过程，且干空气、水蒸气、干燃气、湿燃气等的物理属性都不同。

发动机进口总温跃升，通常是由武器尾气或高温水蒸气吸入导致。针对高温水蒸气吸入问题，计算模型在发动机进口给定气流含湿量的周向分布 $d(\theta)$，用来描述不同扇区吸入水蒸气的量，并假定该周向分布不随时间变化。

当高温蒸汽吸入是导致发动机进口总温跃升的唯一因素时，在水蒸气最高温度一定的前提下，发动机进口各扇区的温升率 $\dot{T}(\theta)$ 与含湿量 $d(\theta)$ 直接相关，可据此建立二者之间的函数关系。但是，计算模型为了便于单独考虑蒸汽吸入设计参数的影响，在给定进口边界条件时不在 $\dot{T}(\theta)$ 与 $d(\theta)$ 之间设置约束。

给定蒸汽吸入区周向范围角 $\Delta\theta^{+}$，并在该周向范围内给定各扇区的含湿量 d、温升率 $\dot{T}$，开始计算，直至发动机失稳，由温升率和失稳时间可得发动机在给定的边界条件下的临界温升 ΔT_{cr}。

1. 温升率对临界温升的影响

当高温蒸汽吸入范围 $\Delta\theta^{+}=45°$时，不同含湿量条件下，临界温升随温升率的变化趋势的计算结果见图 12.10。由图可见，在温升率 $\dot{T}$ 介于 1 000～8 000 K/s 之间时，发动机的临界温升 ΔT_{cr} 在 140 K 以内变化；当温升率较低时，δT_{cr} 随温升率 $\dot{T}$ 的增大而增大；当 $\dot{T}$ 增大至 5 000 K/s 附近时，ΔT_{cr} 基本达到最大值，增长趋势减弱；之后，随着 $\dot{T}$ 的升高，ΔT_{cr} 开始降低。综上所述，$\dot{T}=5\ 000$ K/s 是曲线的拐点，称为临界温升率。当发动机进口实际温升率低于其临界温升率时，温升率越高，发动机所能承受的临界温升越大，说明其抗温度畸变能力越强；当实际温升率高于临界温升率时，温升率越高，发动机所能承受的临界温升值越小，说明其抗温度畸变能力越弱。按照我国军标的相关规定，飞机发射导弹产生的温升率一般在 300～2 000 K/s 之间。美国舰载机弹射起飞时吸入高温蒸汽产生的温升率在 3 000 K/s 以内，因此，从目前战斗机所遭遇的温度畸变来看，温升率基本都在 5 000 K/s 以下，所以随着温升率升高，临界温升逐渐增加。

图 12.12 所示为三条曲线分别表示含湿量 $d=0\%$，$d=2\%$，$d=5\%$时的计算结

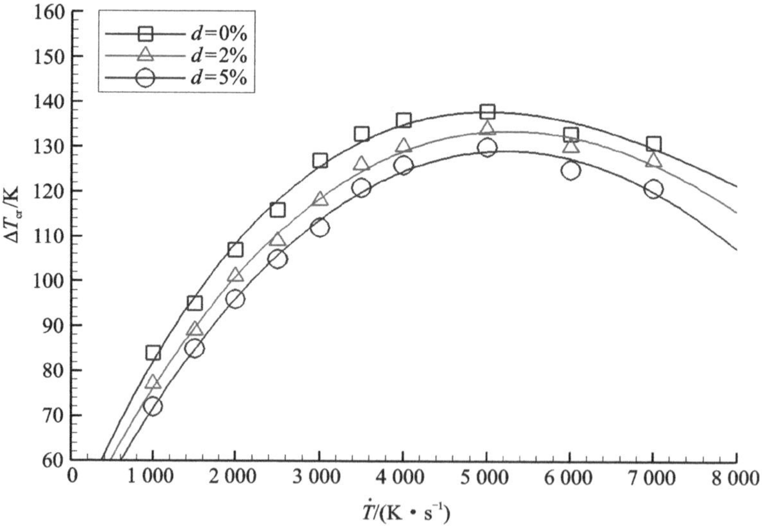

图 12.12　$\Delta\theta^{+}=45°$时发动机的临界温升

果。含湿量不改变“温升率-临界温升”曲线的走势，但是含湿量越高，即发动机吸入的水蒸气量越大，其临界温升值越小，也就是说，高温水蒸气的吸入降低了发动机抗温度畸变的能力。

改变高温蒸汽吸入范围 $\Delta\theta^+$ 的大小，按照上述步骤进行计算，计算了高温区范围分别等于 90°、135°、180°、225°、270°、315°和 360°，图 12.13 和图 12.14 分别给出了高温区范围等于 180°和 360°时的计算结果。

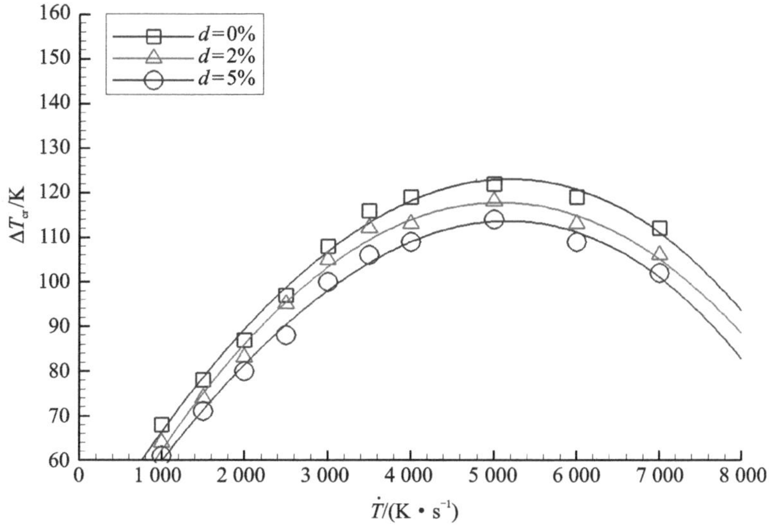

图 12.13　$\Delta\theta^+=180°$时发动机的临界温升

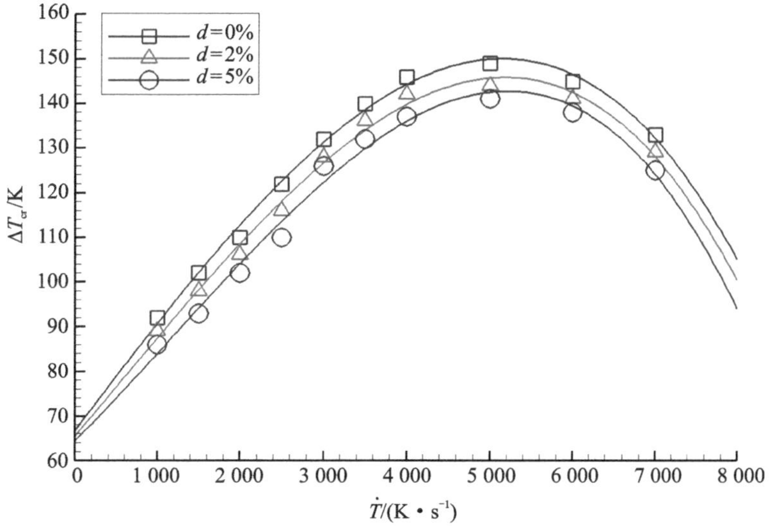

图 12.14　$\Delta\theta^+=360°$时发动机的临界温升

在各个高温区 $\Delta\theta^+$ 条件下，发动机临界温升与温升率之间的关系曲线都存在临界温升率，而且临界温升率基本不受 $\Delta\theta^+$ 影响，针对该发动机模型，临界温升率为 5 000 K/s 左右。

同时，在各个高温区 $\Delta\theta^+$ 角度不变的情况下，蒸汽吸入区含湿量 d 越大，发动机临界温升越小。

对比图 12.12（$\Delta\theta^+=45°$）、图 12.13（$\Delta\theta^+=180°$）和图 12.14（$\Delta\theta^+=360°$）可以发现，在保持其他条件相同时，$\Delta\theta^+=180°$时发动机的临界温升要比 $\Delta\theta^+=45°$和 $\Delta\theta^+=360°$都低。这在一定程度上反映出，并不是蒸汽吸入周向范围越大对发动机稳定性的影响就越严重。

2. 畸变角对临界温升的影响

图 12.15 所示为含湿量 $d=0\%$，即纯空气进入发动机时，不同温升率条件下，发动机的临界温升 ΔT_{max} 与蒸汽吸入周向范围 $\Delta\theta^+$ 之间的关系曲线。由图可见，在每一个温升率条件下，该发动机的临界温升都是在 $\Delta\theta^+ \in (135°,225°)$ 范围内取到最小值，说明当 $\Delta\theta^+=180°$附近时，该发动机的抗温度畸变能力最弱。

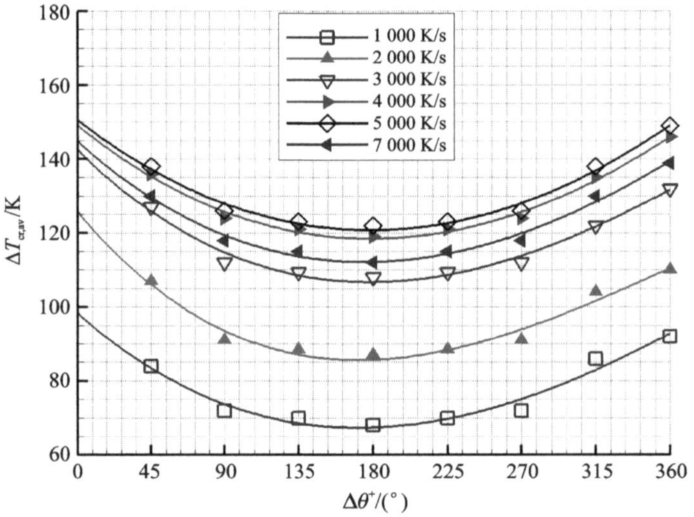

图 12.15　$d=0\%$时发动机的临界温升

从图 12.15 中也可以看出临界温升率的存在。就图中 6 条曲线而言，当温升率不超过 5 000 K/s 时，随着温升率的增大，临界温升逐渐升高；而当温升率取 7 000 K/s 时，临界温升不升反降，介于 3 000 K/s 和 4 000 K/s 两条曲线之间。

改变高温蒸汽吸入区气流的含湿量 d 的大小，按照上述步骤进行计算，计算结果分别如图 12.16、图 12.17 所示。

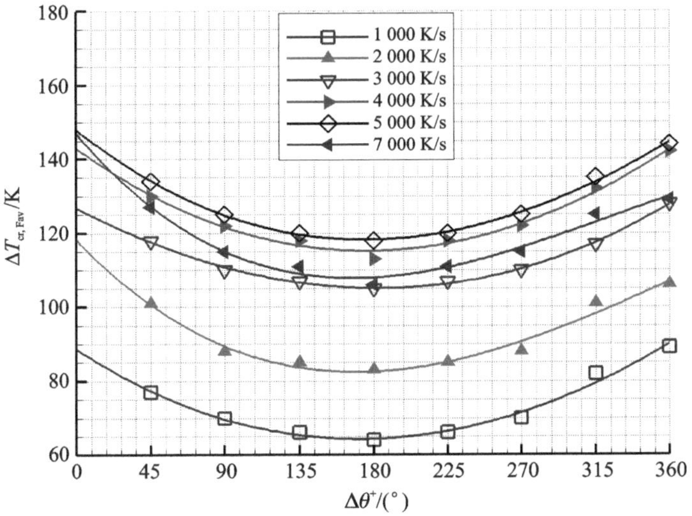

图 12.16　d=2%时发动机的临界温升

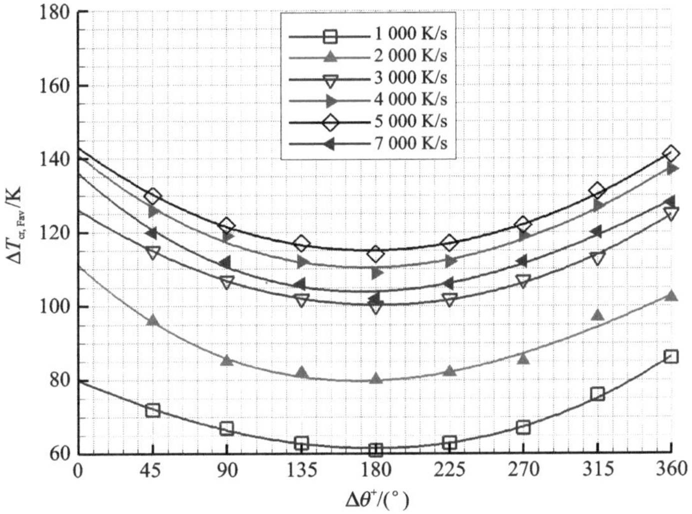

图 12.17　d=5%时发动机的临界温升

在各个含湿量条件下，发动机临界温升均随着高温区周向范围的增大而呈现先减小后增大的趋势，在 $\Delta\theta^{+}=180°$附近临界温升值最小。

12.3.3　温度畸变对大涡扇发动机气动稳定性影响的评定

以某大涵道比涡扇发动机为例，分析进气温度畸变对其气动稳定性的影响，共划分了 39 个单元，如图 12.18 所示。在发动机进口给定面平均相对温升 $\delta T_{Fav}=0.05$，高温畸变区周向范围为 180°。发动机沿周向分为 8 个扇区，高温区占据 4 个扇区。

计算得到的稳态温度畸变沿发动机轴向的传递曲线如图 12.19 所示。由图 12.19 可知,在发动机流路中,稳态温度畸变总体上是衰减的,通过风扇单元、增压压气机和高压压气机单元时,分别衰减了各自进口畸变强度的 15.1%、16.7%和 75%。此外,经过燃烧室和涡轮之后,总温畸变变化很小。

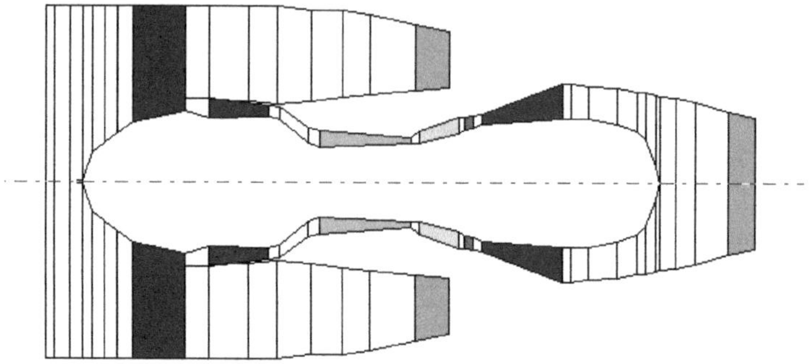

图 12.18 计算单元示意图

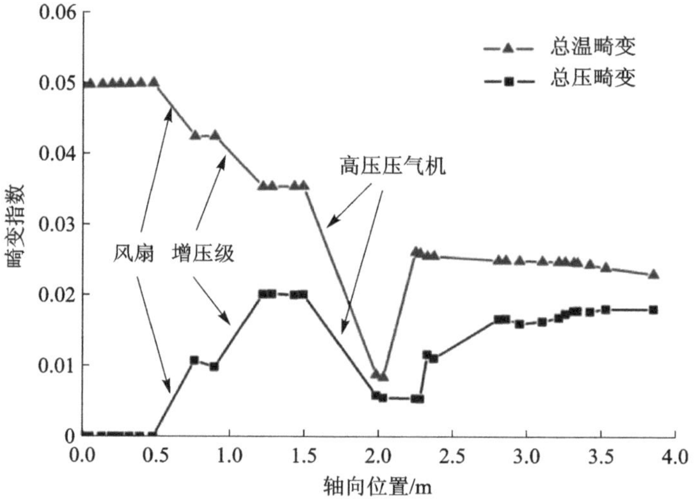

图 12.19 发动机流道中畸变的衰减与传递

逐步增大发动机进口稳态温度畸变,当 $\delta T_{\mathrm{Fav}}=0.103$,增压压气机和高压压气机首先失稳,风扇保持相对稳定,如图 12.20 所示,同时处于高温区的扇区率先失稳。

表 12.1 和图 12.21 给出了对飞行包线的 7 个典型工况点进行稳态温度畸变评定的结果。结果表明,随着压缩部件折合转速的降低,7 个不同工况下的临界稳态温度畸变指数也降低。一般而言,发动机转速越高,其抵抗温度畸变的能力也越强。

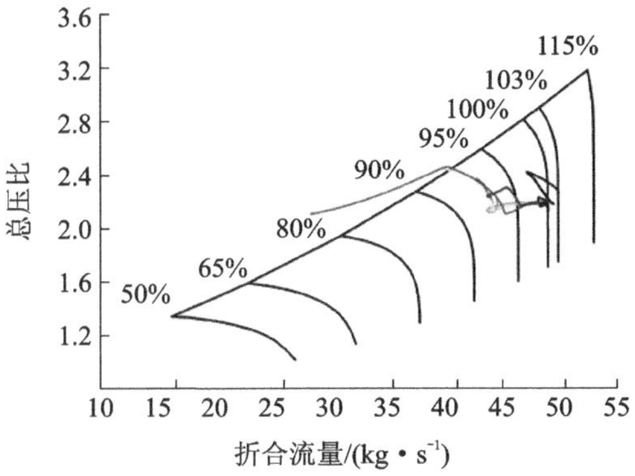

(a) 风　扇

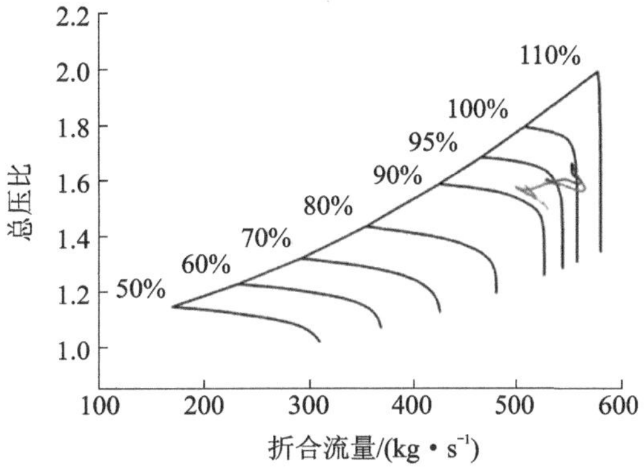

(b) 增压压气机

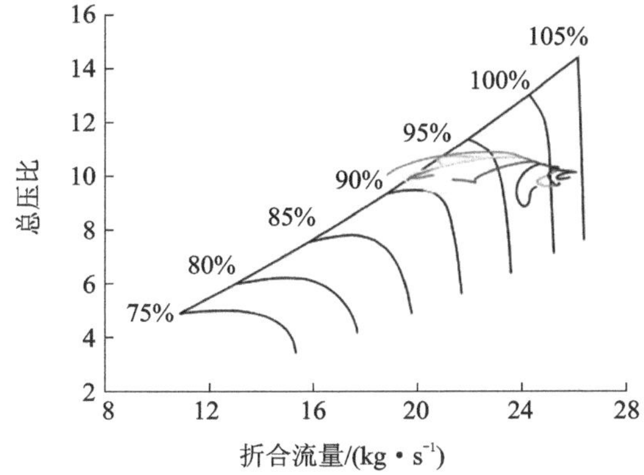

(c) 高压压气机

图 12.20　稳态温度畸变下压缩部件的计算过程点轨迹

表 12.1　临界稳态温度畸变指数随风扇折合转速的变化情况

风扇折合转速/%	临界稳态温度畸变指数/%						
	工况 1	工况 2	工况 3	工况 4	工况 5	工况 6	工况 7
100	11.9	12.1	11.9	11.6	12	12.3	11.9
95	10.8	10.9	10.7	10.3	10.7	10.9	10.6
90	8.9	9.0	8.7	8.2	8.9	9.2	8.6
85	6.9	7.1	6.7	6.4	6.7	7.2	6.6
80	5.9	6	5.7	5.3	5.5	6.2	5.6
75	5.0	5.2	4.9	4.4	5.1	5.3	5.0
70	4.5	4.6	4.3	3.9	4.4	4.7	4.1
65	3.6	3.8	3.7	3.0	3.5	4.1	3.5
60	2.9	3.1	2.9	2.2	3.1	3.4	2.8

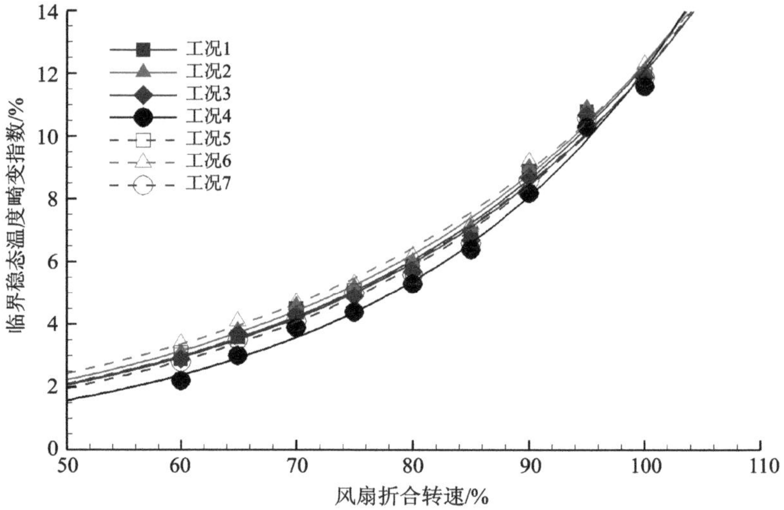

图 12.21 稳态总温畸变评定结果

工况 1 为起飞状态，工况 2 为着陆状态，工况 3 为高原起飞状态，工况 4 为最大高度和最大速度条件下的飞行状态，工况 5 为最小高度和最大速度条件下的飞行状态，工况 6 为地面最大速度条件下的飞行状态，工况 7 为最大高度和最小表速的飞行状态。

上面分析的稳态温度畸变的影响，在实际中还有动态温度畸变，即温升率的影响。对于周向划分了 8 个扇区的大涵道比涡扇发动机，以其中一个高温区所在的扇区为例，图 12.22 所示为不同温升率对风扇、增压压气机和高压压气机工作点的影响，可知，动态温升对增压压气机和高压压气机部件影响大于风扇部件。

表 12.2 和图 12.23 给出了对发动机包线 7 个工况点进行动态总温畸变评定的结果。结果表明，在温升率等于 2 500 K/s 时，随着压缩部件折合转速的降低，7 个不同工况下的动态临界温升也降低。

表 12.2 临界温升随风扇折合转速的变化情况

风扇折合转速/%	临界温升/K						
	工况 1	工况 2	工况 3	工况 4	工况 5	工况 6	工况 7
100	68	69	65	62	66	69	66
95	59	60	57	52	58	59	56
90	53	55	52	48	52	54	52
85	46	48	44	40	49	48	49
80	35	36	34	29	33	36	33
75	31	33	30	26	32	31	30
70	28	29	27	22	26	28	26
65	23	25	23	19	21	24	21
60	19	20	19	15	19	21	17

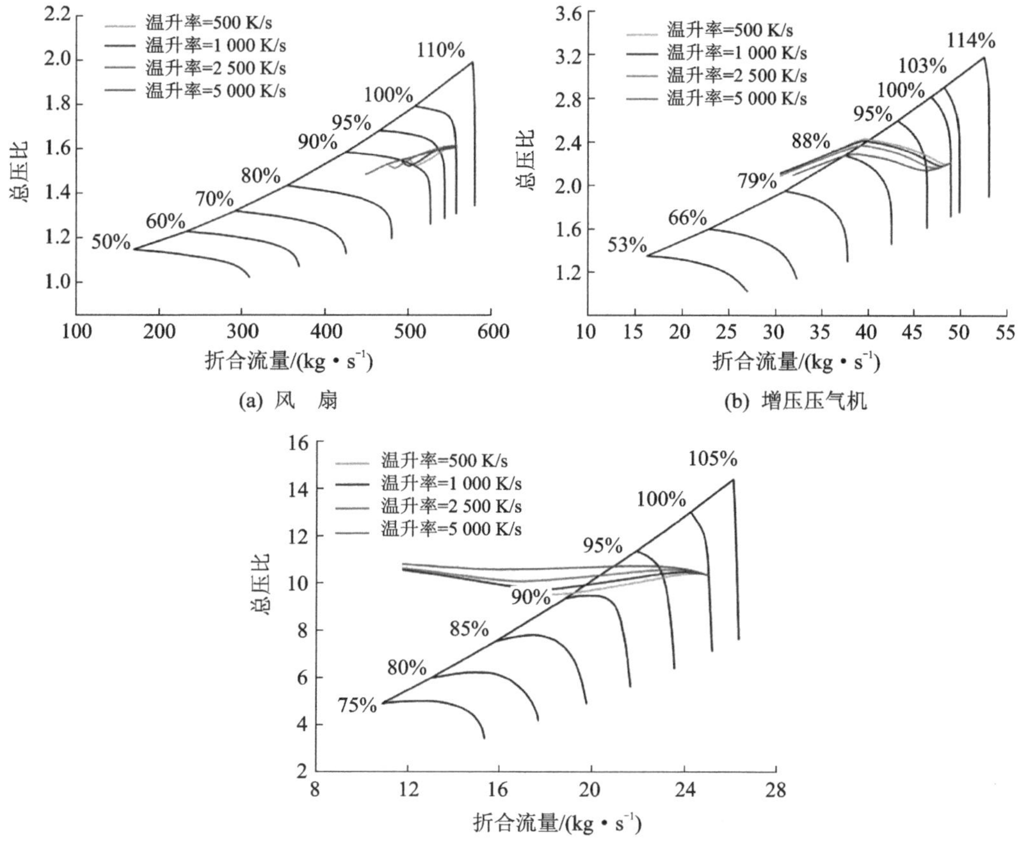

(c) 高压压气机

图 12.22　不同温升率下压缩部件工作点轨迹图

表 12.3～表 12.5 列出了该发动机的风扇、增压级和高压压气机温度畸变敏感系数和预期稳定裕度损失。其中，增压压气机的稳定裕度损失最大，高压压气机的稳定裕度损失最小。

表 12.3　温度畸变造成风扇稳定裕度损失($\delta T_{cr}=0.03$)

使用状态	可用稳定裕度/%	发动机临界稳态温度畸变指数/%	敏感系数	预期的稳定裕度损失/%
工况 1	27.66	11.9	2.32	6.97
工况 2	53.45	10.9	4.90	14.71
工况 3	27.66	11.9	2.32	6.97
工况 4	27.66	11.6	2.38	7.15
工况 5	27.66	12	2.31	6.92
工况 6	27.66	12.3	2.25	6.75
工况 7	27.66	11.9	2.32	6.97

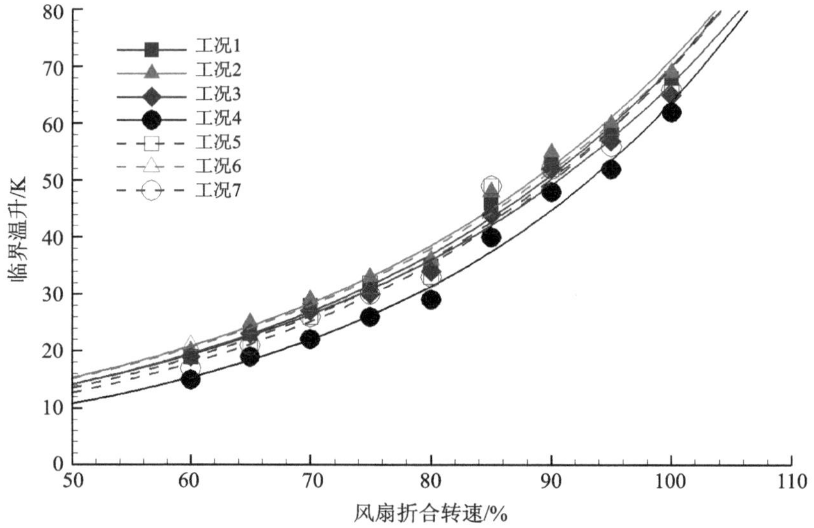

图 12.23 动态总温畸变评定结果

表 12.4 温度畸变造成增压压气机稳定裕度损失($\delta T_{cr}=0.03$)

使用状态	可用稳定裕度/%	发动机临界稳态温度畸变指数/%	敏感系数	预期的稳定裕度损失/%
工况 1	33.44	11.9	2.81	7.31
工况 2	31.13	10.9	2.86	7.43
工况 3	33.44	11.9	2.81	7.31
工况 4	33.44	11.6	2.88	7.50
工况 5	33.44	12	2.79	7.25
工况 6	33.44	12.3	2.72	7.07
工况 7	33.44	11.9	2.81	7.31

表 12.5 温度畸变造成高压压气机稳定裕度损失($\delta T_{cr}=0.03$)

使用状态	可用稳定裕度/%	发动机临界稳态温度畸变指数/%	敏感系数	预期的稳定裕度损失/%
工况 1	30.78	11.9	2.59	5.69
工况 2	31.52	10.9	2.89	6.36
工况 3	30.78	11.9	2.59	5.69
工况 4	30.78	11.6	2.65	5.84
工况 5	30.78	12	2.57	5.64
工况 6	30.78	12.3	2.50	5.51
工况 7	30.78	11.9	2.59	5.69

第 13 章 压力温度组合畸变对稳定性影响数值仿真

压力和温度组合畸变，是发动机工作过程中经常遇到的物理现象，特别是军用发动机，在飞机发射导弹时就会遭遇压力温度组合畸变；另外，对于一般的航空发动机，当风扇或低压压气机进口存在压力畸变时，在下游就会出现压力和温度的不均匀，对于下游的高压压气机，其进口就属于压力和温度组合畸变。

从研究组合畸变存在形式以及对发动机的影响情况来看，压力畸变和温度畸变有多种组合形式，很多时候需要采用三维数值仿真方法才能准确评估其影响。目前，三维彻体力模型是一种非常适合研究多级风扇/压气机气动稳定性，以及用于构建航空发动机整机多维度耦合仿真模型的计算方法。

13.1 仿真模型和仿真方法

13.1.1 三维彻体力计算模型

三维彻体力模型是求解带叶片彻体力源项的三维流动方程组，综合考虑湍流扩散引起的主流区不同流线之间的能量及动量交换现象，并利用叶型堵塞系数反映叶型厚度对流动造成的影响。在有叶区内，彻体力源项被分解为垂直于相对速度的无粘力和反向平行于相对速度的粘性力两部分。通过稳态周向动量方程，并补充基元流道的叶型几何角及落后角等信息，求得叶片周向力的大小。粘性力则用于表征叶型附面层对气流总压造成的损失，其大小由各基元流道的损失系数确定。这样，可以通过利用通流理论中的落后角及损失模型将叶片彻体力源项与基元流道进口的攻角及马赫数相关联，使得该方法能够模拟压气机对上游进气畸变的响应。

三维彻体力模型的主导思想从一般意义上讲就是，将叶片固壁边界效应转化为非定常流动方程中以场的形式分布的源项，从而避免因直接考虑叶片三维几何造型导致的复杂网格划分工作，进而允许以相对规整的粗网格快速捕获叶轮机械内三维流动的大尺度特征。与现阶段的其他技术方法相比，三维彻体力模型可以在对计算资源的需求和对工程经验的依赖程度之间达到令人满意的平衡，是目前航空叶轮机械内流数值模拟研究的一个有力的理论工具。

在此理论基础上构建了适用于多级轴流压气机均匀/畸变进气下非设计状态性能及稳定性分析的三维计算模型 MACAM。该模型直接采用常规的三维非定常流动方程描述压气机无叶区内的流动，而叶排内部流动则用彻体力源项代替叶片型面对气流产生作用，具体的建模思路如下：

① 模型通过在三维非定常流动方程中添加叶片力源项，将周向不同位置的叶片通道内的相对流动进行周向平均，并使其与经脱轨角修正后的叶片中面相切，同时采用通流理论定义的叶型堵塞系数反映叶型有限厚度对叶片区域内部流动造成的影响。因此，首先需提取各排叶片的中弧面，将各中弧面在压气机子午面上的投影作为多级轴流压气机三维计算域的基本单元。

② 在周向维度上进一步引入经典的无穷多叶片假设，由于模型所关注的流动现象的尺度远大于叶片栅距，而无穷多叶片假设完全足够捕获该类型扰动的关键流场特征，因此将子午基本单元沿周向旋转 360°形成规整的多级轴流压气机三维计算域。

③ 模型假设不同周向位置、不同叶高的基元叶片流道所关联的流场特性是该流道在相应进口条件下的稳态轴对称特性，这与平行压气机模型的基本思想相一致。模型借助基元叶栅法的思想，采用通流理论中的落后角及损失模型，建立叶片力源项与基元流道进口的攻角及马赫数的关联。

在无叶区内即进出口管道和叶排间隙内，采用绝对圆柱坐标系下的三维流动方程进行求解。为考虑主流区内因湍流扩散引起的不同流线之间能量的交换，基于 Gallimore 的径向掺混模型的主导思想，在欧拉方程组中引入湍流粘性应力 τ 及湍流热传导项 q 来描述该现象。在叶片区域，用彻体力源项代替叶片型面对气流产生作用，并采用通流理论中的叶型堵塞系数 b 反映叶型有限厚度对叶片区域内部流动造成的影响，无叶区和有叶区的流动方程分别如下：

$$\frac{\partial \boldsymbol{U}}{\partial t}+\frac{\partial(\boldsymbol{E}-\boldsymbol{E}_{\nu})}{\partial z}+\frac{1}{r}\frac{\partial(\boldsymbol{F}-\boldsymbol{F}_{\nu})}{\partial \theta}+\frac{1}{r}\frac{\partial r(\boldsymbol{G}-\boldsymbol{G}_{\nu})}{\partial r}=\boldsymbol{S} \tag{13.1}$$

$$\left(\frac{\partial}{\partial t}+\Omega\frac{\partial}{\partial \theta}\right)b\boldsymbol{U}+\frac{\partial b(\boldsymbol{E}-\boldsymbol{E}_{\nu})}{\partial z}+\frac{1}{r}\frac{\partial rb(\boldsymbol{G}-\boldsymbol{G}_{\nu})}{\partial r}=b\boldsymbol{S}+\boldsymbol{S}_{b}+b\boldsymbol{S}_{F} \tag{13.2}$$

上两式中：$\boldsymbol{U}$ 为守恒量；$\boldsymbol{E}$、$\boldsymbol{F}$ 和 $\boldsymbol{G}$ 为无粘对流通量；$\boldsymbol{E}_{\nu}$、$\boldsymbol{F}_{\nu}$ 和 $\boldsymbol{G}_{\nu}$ 为粘性扩散通量；$\boldsymbol{S}$ 为柱坐标系下流动方程导出的离心力和哥氏力源项；$\boldsymbol{S}_{b}$ 为表征叶型有限厚度影响的堵塞项；$\boldsymbol{S}_{F}$ 为表征叶片型面对气流作用的源项，各项表达式如下：

$$\boldsymbol{U}=\begin{bmatrix}\rho\\ \rho v_z\\ \rho v_\theta\\ \rho v_r\\ \rho e\end{bmatrix},\quad \boldsymbol{E}=\begin{bmatrix}\rho v_z\\ \rho v_z^2+p\\ \rho v_\theta v_z\\ \rho v_r v_z\\ v_z(\rho e+p)\end{bmatrix},\quad \boldsymbol{F}=\begin{bmatrix}\rho v_\theta\\ \rho v_z v_\theta\\ \rho v_\theta^2+p\\ \rho v_r v_\theta\\ v_\theta(\rho e+p)\end{bmatrix},\quad \boldsymbol{G}=\begin{bmatrix}\rho v_r\\ \rho v_z v_r\\ \rho v_\theta v_r\\ \rho v_r^2+p\\ v_r(\rho e+p)\end{bmatrix},$$

$$\boldsymbol{E}_\nu=\begin{bmatrix}0\\ \tau_{zz}\\ \tau_{z\theta}\\ \tau_{zr}\\ \tau_{zz}v_z+\tau_{z\theta}v_\theta+\tau_{zr}v_r-q_z\end{bmatrix},\quad \boldsymbol{F}_\nu=\begin{bmatrix}0\\ \tau_{\theta z}\\ \tau_{\theta\theta}\\ \tau_{\theta r}\\ \tau_{\theta z}v_z+\tau_{\theta\theta}v_\theta+\tau_{\theta r}v_r-q_\theta\end{bmatrix},$$

$$\boldsymbol{G}_\nu=\begin{bmatrix}0\\ \tau_{rz}\\ \tau_{r\theta}\\ \tau_{rr}\\ \tau_{rz}v_z+\tau_{r\theta}v_\theta+\tau_{rr}v_r-q_r\end{bmatrix},$$

$$\boldsymbol{S}=\begin{bmatrix}0\\ 0\\ \dfrac{-\rho v_\theta v_r+\tau_{r\theta}}{r}\\ \dfrac{\rho v_\theta^2+p-\tau_{\theta\theta}}{r}\\ 0\end{bmatrix},\quad \boldsymbol{S}_b=\begin{bmatrix}0\\ p\dfrac{\partial b}{\partial z}\\ 0\\ p\dfrac{\partial b}{\partial r}\\ 0\end{bmatrix},\quad \boldsymbol{S}_F=\begin{bmatrix}0\\ F_z\\ F_\theta\\ F_r\\ F_\theta\Omega r\end{bmatrix}$$

其中：ρ 为气体密度；v 为气流速度；p 为静压；F 为单位体积气体受到的叶片力；Ω 为转子叶片旋转角速度；τ 为湍流粘性应力；q 为湍流热流密度；e 为单位质量流体的总能量，其定义为

$$e=\frac{p}{\rho(\gamma-1)}+\frac{1}{2}(v_z^2+v_\theta^2+v_r^2) \tag{13.3}$$

式(13.2)中的叶型堵塞系数 b 的定义为

$$b=N\left|\theta_p-\theta_s\right|/2\pi \tag{13.4}$$

其中：N 为叶片数目；θ_p 和 θ_s 分别为叶片压力面和吸力面的周向坐标。该叶型堵塞系数由模型在各周向位置叶片通道内分别对转/静子在相/绝对坐标系下的三维 N-S 方程进行周向平均之后导出，用于考虑叶型有限厚度对气流造成的堵塞影响。而 $\Omega\partial/\partial\theta$ 一项则由在转子区域时间项从相对坐标系转化为绝对坐标系时引入，当进口流动存在周向畸变时，其可以表征在转子区域绝对坐标系下观察到的由叶片旋转引起的周向侧流效应，而在静子区域叶片旋转角速度 Ω 取 0。

同时，与 Gallimore 的径向掺混模型思想相一致，本模型基于 Boussinesq 提出的涡黏性假设对雷诺应力项及热传导项进行建模求解，即通过与层流相关粘性流动规律的类比，定义相应的涡粘性系数 μ_t、湍流热扩散系数 k_t 及湍流普朗特数 Pr_t，将湍流作用与平均流动关联，具体表达式如下：

$$\begin{cases}\tau_{zz}=\mu_t\left(2\dfrac{\partial v_z}{\partial z}-\dfrac{2}{3}\nabla\cdot\vec{v}\right),\quad \tau_{\theta\theta}=\mu_t\left[2\left(\dfrac{\partial v_\theta}{r\partial\theta}+\dfrac{v_r}{r}\right)-\dfrac{2}{3}\nabla\cdot\vec{v}\right],\quad \tau_{rr}=\mu_t\left(2\dfrac{\partial v_r}{\partial r}-\dfrac{2}{3}\nabla\cdot\vec{v}\right)\\ \tau_{z\theta}=\tau_{\theta z}=\mu_t\left(\dfrac{\partial v_\theta}{\partial z}+\dfrac{\partial v_z}{r\partial\theta}\right),\quad \tau_{zr}=\tau_{rz}=\mu_t\left(\dfrac{\partial v_r}{\partial z}+\dfrac{\partial v_z}{\partial r}\right),\quad \tau_{r\theta}=\tau_{\theta r}=\mu_t\left(\dfrac{\partial v_\theta}{\partial r}+\dfrac{\partial v_r}{r\partial\theta}-\dfrac{v_\theta}{r}\right)\\ q_z=-k_t\dfrac{\partial T}{\partial z},\quad q_\theta=-k_t\dfrac{\partial T}{r\partial\theta},\quad q_r=-k_t\left(\dfrac{\partial rT}{r\partial r}-\dfrac{T}{r}\right),\quad k_t=\dfrac{c_p\mu_t}{Pr_t}\end{cases} \tag{13.5}$$

此外，还需补充气体状态方程，本模型采用理想气体状态方程：

$$p=\rho RT \tag{13.6}$$

将式(13.1)和式(13.2)统一写为

$$\frac{\partial b\boldsymbol{U}}{\partial t}+\frac{\partial b(\boldsymbol{E}-\boldsymbol{E}_v)}{\partial z}+\frac{1}{r}\frac{\partial b(\boldsymbol{F}-\boldsymbol{F}_v)}{\partial\theta}+\frac{1}{r}\frac{\partial rb(\boldsymbol{G}-\boldsymbol{G}_v)}{\partial r}=b\boldsymbol{S}+\boldsymbol{S}_b+b\boldsymbol{S}_F \tag{13.7}$$

式中：在无叶区内 b 取常值 1，且 $\boldsymbol{S}_b$ 及 $\boldsymbol{S}_F$ 中各元素均为 0；在有叶区内 $\boldsymbol{F}_v$ 取 $\boldsymbol{0}$，$\boldsymbol{F}$ 表达式变为

$$\boldsymbol{F}=\Omega r\begin{bmatrix}\rho\\ \rho v_z\\ \rho v_\theta\\ \rho v_r\\ \rho e\end{bmatrix} \tag{13.8}$$

与基于微分方程的有限差分法相比，基于积分型方程的有限体积法守恒性更强，且具备处理复杂计算域的能力。本模型对式(13.7)采用单元中心型有限体积法进行离散，在体积为 Vol 的六面体计算网格单元内，对式(13.7)进行积分为

$$\int_{\mathrm{Vol}}\frac{\partial b\boldsymbol{U}}{\partial t}\mathrm{d}V+\int_{\mathrm{Vol}}\left[\frac{\partial b(\boldsymbol{E}-\boldsymbol{E}_v)}{\partial z}+\frac{1}{r}\frac{\partial b(\boldsymbol{F}-\boldsymbol{F}_v)}{\partial\theta}+\frac{1}{r}\frac{\partial rb(\boldsymbol{G}-\boldsymbol{G}_v)}{\partial r}\right]\mathrm{d}V=\int_{\mathrm{Vol}}(b\boldsymbol{S}+\boldsymbol{S}_b+b\boldsymbol{S}_F)\,\mathrm{d}V \tag{13.9}$$

对式(13.9)进一步应用高斯定理得

$$\frac{\partial b\boldsymbol{U}}{\partial t}+\frac{1}{\mathrm{Vol}}\sum_{i=1}^{6}\{[b(\boldsymbol{E}-\boldsymbol{E}_v)n_z+b(\boldsymbol{F}-\boldsymbol{F}_v)n_\theta+b(\boldsymbol{G}-\boldsymbol{G}_v)n_r]_i S_i\}=b\boldsymbol{S}+\boldsymbol{S}_b+b\boldsymbol{S}_F \tag{13.10}$$

式中：下角标 i 表示六面体网格单元界面编号；$\vec{n}$ 表示界面单位外法向量；S 表示界面的面积。式(13.10)中等号左边第一项为时间推进项，第二项为空间离散项。

采用Jameson提出的四步Runge－Kutta法对时间项进行显式推进，该方法对高频误差有较强的消除能力，有助于提高计算的稳定性。以n，$n+1$表示相邻时间层，Δt表示相邻时间步长，同时将式(13.10)等号左边第二项记作$\boldsymbol{R}_c$，等号右边的三项源项之和记作$\boldsymbol{Q}$，则四步Runge－Kutta法的具体格式如下：

$$\begin{cases} b\boldsymbol{U}^{(0)}=b\boldsymbol{U}^{n} \\ b\boldsymbol{U}^{(1)}=b\boldsymbol{U}^{(0)}-\alpha_1\Delta t\boldsymbol{R}_c^{(0)}+\alpha_1\Delta t\boldsymbol{Q}^{(0)} \\ b\boldsymbol{U}^{(2)}=b\boldsymbol{U}^{(0)}-\alpha_2\Delta t\boldsymbol{R}_c^{(1)}+\alpha_2\Delta t\boldsymbol{Q}^{(1)} \\ b\boldsymbol{U}^{(3)}=b\boldsymbol{U}^{(0)}-\alpha_3\Delta t\boldsymbol{R}_c^{(2)}+\alpha_3\Delta t\boldsymbol{Q}^{(2)} \\ b\boldsymbol{U}^{(4)}=b\boldsymbol{U}^{(0)}-\alpha_4\Delta t\boldsymbol{R}_c^{(3)}+\alpha_4\Delta t\boldsymbol{Q}^{(3)} \\ b\boldsymbol{U}^{n+1}=b\boldsymbol{U}^{(4)} \end{cases} \tag{13.11}$$

式中：$\alpha_1=\dfrac{1}{4}$，$\alpha_2=\dfrac{1}{3}$，$\alpha_3=\dfrac{1}{2}$，$\alpha_4=1$。对于定常计算，相邻时间步长Δt可取局部时间步长以进一步加速流场解的收敛过程，如下：

$$\Delta t=C_f\frac{\mathrm{Vol}}{|v_z|S_z+|v_\theta|S_\theta+|v_r|S_r+a\sqrt{S_z^2+S_\theta^2+S_r^2}} \tag{13.12}$$

式中：C_f为预先选取的CFL数；a为当地声速；S_z、S_θ和S_r分别为六面体单元在z、θ和r三个方向上的投影面积。

无粘通量的计算格式主要有中心差分格式和迎风格式两大类，其中著名的中心差分加二、四阶人工粘性项的计算格式最早由Jameson提出。该格式思想简单，计算量小，在实际工程问题中得到了广泛应用，但激波捕获精度有限，而如今高精度的迎风型格式更受到青睐。这里选取Edwards提出的低耗散通量分裂格式LDFSS(Low-Diffusion Flux－Splitting Scheme)处理无粘通量，并将其扩展到可以应用于本模型构建的有叶区内流动方程即式(13.2)中的无粘通量的计算，同时采用MUSCL(Monotone Upstream－Centered Scheme for Conservation Laws)插值及minmod限制器达到保单调特性和二阶精度。LDFSS格式的基本思想与AUSM(Advection Upstream Splitting Method)类格式一致，即将无粘通量分裂为对流通量项及压力通量项分别进行求解，其具有激波与接触间断的高分辨率，且无须熵修正，相比于Jameson中心差分格式计算量增加得很小，易于程序编制。

现以六面体网格单元某一界面上的无粘通量的计算为例对模型中所采用的LDFSS(2)格式进行具体说明。对于无叶区内，网格单元某一界面上的单位面积无粘通量为

$$\boldsymbol{E}\cdot n_z+\boldsymbol{F}\cdot n_\theta+\boldsymbol{G}\cdot n_r=\begin{bmatrix} \rho v_n \\ \rho v_z v_n+pn_z \\ \rho v_\theta v_n+pn_\theta \\ \rho v_r v_n+pn_r \\ \rho h^* v_n \end{bmatrix} \tag{13.13}$$

式中：v_n 为界面上合速度在其外法线方向上的投影，即 $v_n = v_z n_z + v_\theta n_\theta + v_r n_r$；$h^*$ 为单位质量流体的总焓，即 $h^* = e + p/\rho = c_p T + \frac{1}{2}(v_z^2 + v_\theta^2 + v_r^2) = c_p T^*$。

将式(13.13)分裂为包含对流项和压力项的通量，即

$$\begin{bmatrix} \rho v_n \\ \rho v_z v_n + p n_z \\ \rho v_\theta v_n + p n_\theta \\ \rho v_r v_n + p n_r \\ \rho h^* v_n \end{bmatrix} = \rho v_n \begin{bmatrix} 1 \\ v_z \\ v_\theta \\ v_r \\ h^* \end{bmatrix} + p \begin{bmatrix} 0 \\ n_z \\ n_\theta \\ n_r \\ 0 \end{bmatrix} \tag{13.14}$$

对于包含对流项的通量的计算方法如下：

$$\rho v_n \begin{bmatrix} 1 \\ v_z \\ v_\theta \\ v_r \\ h^* \end{bmatrix} = a_{1/2} \left(\rho_L C^+ \begin{bmatrix} 1 \\ v_z \\ v_\theta \\ v_r \\ h^* \end{bmatrix}_L + \rho_R C^- \begin{bmatrix} 1 \\ v_z \\ v_\theta \\ v_r \\ h^* \end{bmatrix}_R \right) \tag{13.15}$$

式中：下角标 L 和 R 分别表示网格单元界面左右两侧的流场变量，由 MUSCL 插值及 minmod 限制器获得。界面声速 $a_{1/2}$ 定义为

$$a_{1/2} = \frac{1}{2}(a_L + a_R) = \frac{1}{2}(\sqrt{\gamma R T_L} + \sqrt{\gamma R T_R}) = \frac{1}{2}\left(\sqrt{\frac{\gamma p_L}{\rho_L}} + \sqrt{\frac{\gamma p_R}{\rho_R}}\right) \tag{13.16}$$

分裂函数 $C^\pm$ 定义为

$$\begin{cases} C^+ = \alpha_L^+ (1.0 + \beta_L) Ma_L - \beta_L Ma_L^+ - Ma_{1/2}^+ \\ C^- = \alpha_R^- (1.0 + \beta_R) Ma_R - \beta_R Ma_R^- + Ma_{1/2}^- \end{cases} \tag{13.17}$$

界面左右马赫数 Ma_L、Ma_R 及分裂马赫数 Ma_L^+、Ma_R^- 定义如下：

$$\begin{cases} Ma_{L,R} = \dfrac{v_{nL,R}}{a_{1/2}} \\ Ma_L^+ = \dfrac{1}{4}(Ma_L + 1.0)^2 \\ Ma_R^- = -\dfrac{1}{4}(Ma_R - 1.0)^2 \end{cases} \tag{13.18}$$

$\alpha_{L,R}^\pm$ 和 $\beta_{L,R}$ 则用于保证在声速点附近时具有正确的解为

$$\begin{cases} \alpha_{L,R}^\pm = \dfrac{1}{2}[1.0 \pm \mathrm{sign}(Ma_{L,R})] \\ \beta_{L,R} = -\max[0.0, 1.0 - \mathrm{int}(|Ma_{L,R}|)] \end{cases} \tag{13.19}$$

而 $Ma_{1/2}^+$、$Ma_{1/2}^-$ 的定义如下：

$$
\begin{cases}
Ma_{1/2} = \dfrac{1}{4}\beta_{\mathrm{L}}\beta_{\mathrm{R}}\left[\sqrt{\dfrac{1}{2}(Ma_{\mathrm{L}}^{2}+Ma_{\mathrm{R}}^{2})}-1.0\right]^{2} \\
Ma_{1/2}^{+} = Ma_{1/2}\left(\dfrac{2p_{\mathrm{R}}}{p_{\mathrm{L}}+p_{\mathrm{R}}}-\dfrac{|p_{\mathrm{L}}-p_{\mathrm{R}}|}{p_{\mathrm{L}}}\right) \\
Ma_{1/2}^{-} = Ma_{1/2}\left(\dfrac{2p_{\mathrm{L}}}{p_{\mathrm{L}}+p_{\mathrm{R}}}-\dfrac{|p_{\mathrm{L}}-p_{\mathrm{R}}|}{p_{\mathrm{R}}}\right)
\end{cases}
\tag{13.20}
$$

对于式(13.14)中包含压力的通量项而言，可以发现只要确定界面上的静压 p 即可确定该项具体数值，其确定方法如下：

$$
\begin{cases}
p = D_{\mathrm{L}}^{+}p_{\mathrm{L}} + D_{\mathrm{R}}^{+}p_{\mathrm{R}} \\
D_{\mathrm{L,R}}^{\pm} = \alpha_{\mathrm{L,R}}^{\pm}(1.0+\beta_{\mathrm{L,R}}) - \beta_{\mathrm{L,R}}p_{\mathrm{L,R}}^{\pm} \\
p_{\mathrm{L,R}}^{\pm} = \dfrac{1}{4}(Ma_{\mathrm{L,R}}\pm 1.0)^{2}(2.0\mp Ma_{\mathrm{L,R}})
\end{cases}
\tag{13.21}
$$

以上即为 LDFSS(2)格式，而本模型在有叶区构建的流动方程与无叶区常规的流动方程有所区别，主要在于式(13.7)中周向无粘通量项 $\boldsymbol{F}$ 的不同。为方便在有叶区内应用该格式，本模型将叶片区内网格单元某一界面上的单位面积无粘通量分解为以下形式：

$$
\boldsymbol{E}\cdot n_z + \boldsymbol{F}\cdot n_\theta + \boldsymbol{G}\cdot n_r =
\begin{bmatrix}
\rho v_n \\
\rho v_z v_n + p n_z \\
\rho v_\theta v_n \\
\rho v_r v_n + p n_r \\
\rho h^{*} v_n - p\Omega r n_\theta
\end{bmatrix}
= \rho v_n
\begin{bmatrix}
1 \\ v_z \\ v_\theta \\ v_r \\ h^{*}
\end{bmatrix}
+ p
\begin{bmatrix}
0 \\ n_z \\ 0 \\ n_r \\ -\Omega r n_\theta
\end{bmatrix}
\tag{13.22}
$$

式中：$v_n = v_z n_z + \Omega r n_\theta + v_r n_r$。至此，式(13.22)中各分裂项的处理方式与常规的 LDFSS(2)格式一致，这里不再赘述。

粘性通量的椭圆特性使其离散过程相比于无粘通量要容易得多。由式(13.5)及式(13.10)可知，只需要确定网格单元表面涡粘性系数 μ_t、湍流热扩散系数 k_t 及相关流动参数的偏导数，即可确定该界面的粘性通量。由于模型主要针对主流区内的流动进行求解，并不关注近壁区小尺度粘性流动，因此涡粘性系数 μ_t 的计算方法沿用了 Gallimore 提出的一种半经验但简便的方法，即在全流场域内预先确定准则数 $\mu_t/\rho v_z L_{\mathrm{ref}}$ 的数值，再根据当地瞬时流场参数进一步确定当地 μ_t 的大小，其中 L_{ref} 为压气机特征长度。本书目前参考 Dunham 的处理方法，即将准则数 $\mu_t/\rho v_z L_{\mathrm{ref}}$ 在全流场域内处理为定值，特征尺度 L_{ref} 取为压气机的叶片高度。而对于压气机流场而言，准则数 $\mu_t/\rho v_z L_{\mathrm{ref}}$ 的量级一般在 10^{-3}。针对下面涉及的相关算例，该准则数均暂且为 2×10^{-3}，后期可结合试验研究及相关湍流模型对主流区涡粘性系数 μ_t 的取值方法做进一步完善。同时，将全流场域内的湍流普朗特数 Pr_t 预先给定为 0.9，再结

合当地 μ_t 确定当地湍流热扩散系数 k_t。

对于单元表面流动参数的偏导数的计算，采用一种应用较广泛的构造辅助单元体的方法。现以二维子午面内编号为(i, j)的网格单元界面上流动参数 q 沿 x 方向的偏导数$\partial q/\partial x$ 的计算为例做具体说明，对辅助单元体应用高斯定理可得该界面上的$\partial q/\partial x$ 为

$$\begin{cases} \dfrac{\partial q}{\partial x} = \dfrac{1}{\mathrm{Vol}}\displaystyle\int_{\mathrm{Vol}} \dfrac{\partial q}{\partial x}\mathrm{d}V = \dfrac{1}{\mathrm{Vol}}\sum_{k=1}^{4}\left[q_k(Sn_x)_k\right] \\ q_1 = q_{i,j} \\ q_2 = \dfrac{1}{4}(q_{i-1,j} + q_{i-1,j+1} + q_{i,j+1} + q_{i,j}) \\ q_3 = q_{i,j+1} \\ q_4 = \dfrac{1}{4}(q_{i,j} + q_{i,j+1} + q_{i+1,j+1} + q_{i+1,j}) \end{cases} \tag{13.23}$$

式中：Vol 为该二维辅助单元面积；S 及 n_x 分别为辅助单元界面长度及其单位外法向量沿 x 方向的分量。该方法可以很容易地类推到三维情形下求解相关流动参数沿相应方向的偏导数。

显然，式(13.2)中表征叶片效应的源项 $\boldsymbol{S}_F$ 的模化是本模型理论的关键所在，可以发现 $\boldsymbol{S}_F$ 中的未知项可以写为

$$\boldsymbol{F}_b = \begin{bmatrix} F_z \\ F_\theta \\ F_r \end{bmatrix} \tag{13.24}$$

该项即为叶片力源项，其模拟方法主要包含两方面关键内容：① 源项的构造方法，即叶片力的具体计算方法；② 源项的关联方法，即需要考虑如何使源项能够与当地流动状态相关联，以实现源项对上游进口扰动的响应。本节将从上述两方面展开对本模型中叶片力模化方法的阐述。

本模型基于 Marble 的思想，将彻体力分解为两部分：一部分为垂直于相对速度 $\boldsymbol{w}$ 的非粘性力 $\boldsymbol{\varphi}$（也称为非耗散力），另一部分为反向且平行于相对速度 $\boldsymbol{w}$ 的粘性力 $\boldsymbol{f}$（也称为耗散力），如下所示：

$$\boldsymbol{F}_b = \boldsymbol{\varphi} + \boldsymbol{f} = \begin{bmatrix} \varphi_z \\ \varphi_\theta \\ \varphi_r \end{bmatrix} + \begin{bmatrix} f_z \\ f_\theta \\ f_r \end{bmatrix} \tag{13.25}$$

$$\begin{cases} \boldsymbol{f} \,/\!/\, \boldsymbol{w} \\ \begin{bmatrix} f_z \\ f_\theta \\ f_r \end{bmatrix} = -\dfrac{f}{w}\begin{bmatrix} v_z \\ v_\theta - \Omega r \\ v_r \end{bmatrix} \end{cases} \tag{13.26}$$

$$\begin{cases} \boldsymbol{\varphi} \perp \boldsymbol{w} \\ \varphi_z v_z + \varphi_\theta (v_\theta - \Omega r) + \varphi_r v_r = 0 \end{cases} \tag{13.27}$$

式(13.26)中的 f 及 w 分别表示粘性力 $\boldsymbol{f}$ 及相对速度 $\boldsymbol{w}$ 的大小。

粘性叶片力主要用于模拟由叶片附面层流动造成的相关气流损失，针对该部分力建模的主要原则是确保其所做的功全部用于产生气流的熵，因此有下式：

$$\rho T \frac{\mathrm{d}s}{\mathrm{d}t} = -\boldsymbol{f} \cdot \boldsymbol{w} \tag{13.28}$$

考虑到粘性力 $\boldsymbol{f}$ 反向且平行于相对速度 $\boldsymbol{w}$，则有

$$\rho T \frac{\mathrm{d}s}{\mathrm{d}t} = fw \tag{13.29}$$

引入稳态、局部轴对称条件，则有

$$\rho T \left(v_z \frac{\partial s}{\partial z} + v_r \frac{\partial s}{\partial r} \right) = \rho T v_m \frac{\partial s}{\partial m} = fw \tag{13.30}$$

式中：v_m 为子午速度，即 $v_m = \sqrt{v_z^2 + v_r^2}$，$m$ 为子午流线坐标。

由式(13.30)可知，若确定了叶片区内某点处的熵 s 随子午流线坐标 m 的偏导数 $\partial s / \partial m$，即可确定该处的粘性力大小 f，进一步通过式(13.26)可以确定粘性力沿三个坐标方向的分量。本模型假设叶排各基元叶栅内熵沿子午面流线呈线性分布，并通过给定叶排各基元叶栅损失系数 ϖ 来计算对应叶高位置的熵增 Δs，如下所示：

$$f = \rho T \frac{v_m}{w} \frac{\Delta s}{\Delta m} \tag{13.31}$$

$$\Delta s = -R \ln \left[1 - \frac{\varpi \left(1 - \left(1 + \frac{\gamma - 1}{2} Ma_{\mathrm{r},1}^2 \right)^{-\frac{\gamma}{\gamma-1}} \right)}{\left(T_{\mathrm{r},2}^* / T_{\mathrm{r},1}^* \right)^{\frac{\gamma}{\gamma-1}}} \right] \tag{13.32}$$

式中：Δm 表示叶排进出口子午面流线长度，为方便起见，用子午面网格线长度代替此项；$Ma_{\mathrm{r},1}$ 表示转子叶排进口相对马赫数；$T_{\mathrm{r},1}^*$ 及 $T_{\mathrm{r},2}^*$ 分别表示转子叶排进、出口相对总温。对于静子叶排而言，$Ma_{\mathrm{r},1}$、$T_{\mathrm{r},1}^*$ 及 $T_{\mathrm{r},2}^*$ 均变为绝对量 $Ma_{\mathrm{s},1}$、$T_{\mathrm{s},1}^*$ 及 $T_{\mathrm{s},2}^*$，此时式(13.32)可简化为

$$\begin{aligned} \Delta s &= -R \ln \left[1 - \frac{\varpi \left(1 - \left(1 + \frac{\gamma - 1}{2} Ma_{\mathrm{s},1}^2 \right)^{-\frac{\gamma}{\gamma-1}} \right)}{\left(T_{\mathrm{s},2}^* / T_{\mathrm{s},1}^* \right)^{\frac{\gamma}{\gamma-1}}} \right] \\ &= -R \ln \left[1 - \varpi \left(1 - \left(1 + \frac{\gamma - 1}{2} Ma_{\mathrm{s},1}^2 \right)^{-\frac{\gamma}{\gamma-1}} \right) \right] \end{aligned} \tag{13.33}$$

下面是式(13.32)和式(13.33)的简要证明过程。

对于转子叶片而言，基元叶栅损失系数 ϖ 定义为

$$\varpi = \frac{(p_{\mathrm{r},2}^*)_i - p_{\mathrm{r},2}^*}{p_{\mathrm{r},1}^* - p_1} \tag{13.34}$$

式中：$(p_{r,2}^*)_i$ 表示等熵情况下转子叶排出口理想相对总压；$p_{r,2}^*$ 及 $p_{r,1}^*$ 分别表示实际情况下转子叶排进、出口相对总压；p_1 表示叶排进口静压。

对于理想气体而言，转子叶排进出口熵增 Δs 有如下关系：

$$\Delta s = c_p \ln \frac{T_2}{T_1} - R\ln \frac{p_2}{p_1} = c_p \ln \frac{T_{r,2}^*}{T_{r,1}^*} - R\ln \frac{p_{r,2}^*}{p_{r,1}^*} = R\left[\ln\left(\frac{T_{r,2}^*}{T_{r,1}^*}\right)^{\frac{\gamma}{\gamma-1}} - \ln \frac{p_{r,2}^*}{p_{r,1}^*}\right] \tag{13.35}$$

由等熵关系又有：

$$\frac{(p_{r,2}^*)_i}{p_{r,1}^*} = \left(\frac{T_{r,2}^*}{T_{r,1}^*}\right)^{\frac{\gamma}{\gamma-1}} \tag{13.36}$$

将式(13.36)代入式(13.34)整理得：

$$\frac{p_{r,2}^*}{p_{r,1}^*} = \left(\frac{T_{r,2}^*}{T_{r,1}^*}\right)^{\frac{\gamma}{\gamma-1}} - \varpi\left(1-\frac{p_1}{p_{r,1}^*}\right) = \left(\frac{T_{r,2}^*}{T_{r,1}^*}\right)^{\frac{\gamma}{\gamma-1}} - \varpi\left[1-\left(1+\frac{\gamma-1}{2}Ma_{r,1}^2\right)^{-\frac{\gamma}{\gamma-1}}\right] \tag{13.37}$$

将式(13.37)代入式(13.35)进行简单整理便可得到式(13.32)。

而对于静子叶片而言，基元叶栅损失系数ϖ定义为

$$\varpi = \frac{p_{s,1}^* - p_{s,2}^*}{p_{s,1}^* - p_1} \tag{13.38}$$

式中：$p_{s,1}^*$ 及 $p_{s,2}^*$ 分别表示静子叶排进、出口绝对总压。

同时，又有如下熵关系式：

$$\Delta s = c_p \ln \frac{T_2}{T_1} - R\ln \frac{p_2}{p_1} = c_p \ln \frac{T_{s,2}^*}{T_{s,1}^*} - R\ln \frac{p_{s,2}^*}{p_{s,1}^*} = -R\ln \frac{p_{s,2}^*}{p_{s,1}^*} \tag{13.39}$$

对式(13.38)进行变形得：

$$\frac{p_{s,2}^*}{p_{s,1}^*} = 1 - \varpi\left(1-\frac{p_1}{p_{s,1}^*}\right) = 1 - \varpi\left[1-\left(1+\frac{\gamma-1}{2}Ma_{s,1}^2\right)^{-\frac{\gamma}{\gamma-1}}\right] \tag{13.40}$$

将式(13.40)代入式(13.39)便可得到式(13.33)。

无粘叶片力主要用于体现叶片对气流的转折作用，即气流在叶片区内的流动方向将由无粘叶片力控制。在基于时间推进的通流计算模型中，该部分力通常被模化为一个与时间相关的未知项进行迭代求解，例如下式即属于该类方法：

$$\frac{\partial \varphi}{\partial \tau} = C(v_\theta^{\text{target}} - v_\theta) \tag{13.41}$$

式中：v_θ^{target} 为输入的目标周向速度；v_θ 为当前流场瞬时周向速度；τ 为虚拟时间；C 为迭代常数。可以发现，当计算完全收敛时，$v_\theta = v_\theta^{\text{target}}$。而 v_θ^{target} 的确定方法要视具体情况而定，当详细的叶型几何参数已知时，v_θ^{target} 可由当地叶型几何角叠加内部脱轨角间接获得，此即所谓的分析计算方法；当叶片三维几何造型尚未完全确定前，可依据叶片进出口所设计的环量变化量 $\Delta r v_\theta$ 直接给定叶片区内 v_θ^{target} 的光滑分布，此

即所谓的设计计算方法。如上文所述，这两类方法的主要差异在于能否在时间推进过程中自动捕获跨/超声叶排中的激波损失。

尽管基于虚拟时间步长的无粘叶片力计算方法在时间推进通流模型中得到了广泛应用，但是该方法含有需要人为调节的常数 C，而 C 的取值又对计算的收敛性影响显著。而本书发展的计算模型需要求解多级轴流压气机三维畸变流场，这无疑对其无粘叶片力模化方法的鲁棒性提出了更高的要求。因此，本书选择从稳态周向动量方程出发完成无粘叶片力的求解，与基于虚拟时间步长的无粘叶片力计算方法相比，该方法不含有迭代常数，而且物理意义更为直观。

首先在稳态、局部轴对称假设的前提下，由引入目标周向速度 v_θ^{target} 的周向动量方程获取叶片的总周向力 F_θ 为

$$F_\theta = \varphi_\theta + f_\theta = \frac{1}{b}\frac{\partial b(\rho v_z v_\theta^{\text{target}} - \tau_{z\theta})}{\partial z} + \frac{1}{br}\frac{\partial rb(\rho v_\theta^{\text{target}} v_r - \tau_{r\theta})}{\partial r} - \left(\frac{-\rho v_\theta^{\text{target}} v_r}{r} + \frac{\tau_{r\theta}}{r}\right) \tag{13.42}$$

式中：$\tau_{z\theta}$ 及 $\tau_{r\theta}$ 项中的 v_θ 也相应替换为 v_θ^{target}。

$$\begin{cases} v_\theta = \begin{cases} \Omega r - v_m \tan(\chi + \lambda) & \text{转子} \\ v_m \tan(\chi + \lambda) & \text{静子} \end{cases} \\ \lambda = \begin{cases} 0 & m_{\text{LE}} \leqslant m \leqslant m^* \\ \dfrac{\delta}{2}\left[1 - \cos\left(\pi \dfrac{m - m^*}{m_{\text{TE}} - m^*}\right)\right] & m^* < m \leqslant m_{\text{TE}} \end{cases} \end{cases} \tag{13.43}$$

当叶片区内 v_θ^{target} 确定之后，就涉及式(13.42)的具体求解方法了。其中一种常用的方法是将其等式右边化简为与式(13.30)结构相近的速度环量变化量 $\Delta r v_\theta$ 随子午流线坐标 m 的偏导数的形式，再将子午面网格线代替为子午流线，采用有限差分的方法求得 F_θ。但对于子午流道收缩剧烈的高速压气机而言，将子午网格线代替为子午流线的做法可能会引入较大的误差，同时该项有限差分法的求解方式与主控方程有限体积法的交替使用也可能会引入额外的数值误差，从而使得流场最终收敛后可能无法保证 $v_\theta = v_\theta^{\text{target}}$。而已有数值研究已经表明，无粘叶片力的量级要远大于粘性叶片力，显然该项的准确模拟是最终流场解有效性的重要保障。因此，本章对式(13.42)等号右端采用有限体积法进行积分求解，利用高斯定理将体积分转换为面积分，再采用前述介绍的 LDFSS(2)格式求解其无粘通量，构建辅助单元求解其粘性通量。这样的处理方式不仅不需要将子午流线假设为子午网格线，而且从数值解法上也与主控方程的求解方式保持一致，更有利于流场解朝着最终目标值收敛。

本模型将无粘径向力 φ_r 及无粘周向力 φ_θ 与叶型中弧面形状相联系，即 $\varphi_r = \varphi_\theta n_r / n_\theta$，其中 n_r 及 n_θ 表示叶型中弧面沿径向及周向的法向量。至此，再结合

式(13.27)即可确定无粘叶片力沿三个坐标方向的分量。

基于上述分析可知，只要确定了叶排损失系数ϖ及落后角 δ，再结合当地瞬时流动参数，即可联立相关等式确定 $\boldsymbol{S}_F$。因此，只要将ϖ及 δ 与叶片基元流道进口流动参数相关联，就可以间接建立彻体力源项与上游流动参数之间的联系。这里需要特别说明的是，由于本章重点研究畸变区范围超过"临界畸变角"概念的大尺度进气畸变扰动，因此叶片力源项对上游畸变扰动的动态响应目前不予考虑，重点关注源项与叶排进口流动参数关联方法的建立。

本章借鉴基元叶栅法的思想，采用通流理论中基于经验关联式的落后角及损失模型，建立不同周向位置、不同叶高基元流道落后角及损失系数与其进口攻角及马赫数之间的关系，从而有效地考虑进气方向及进口马赫数对叶片力的影响。同时，将基元叶栅法的关联思想与彻体力模型理论有机结合可以将均匀进气非设计点特性预测与进气畸变影响分析统一在一个理论框架下，从而构成一个相对完整的多级轴流压气机非设计状态性能及稳定性分析系统。

消化吸收了经典的 NASA SP－36 关联方法，建立一套相对完备的落后角及损失模型，并将其嵌套进流线曲率法中，在多台压气机非设计点性能计算中均取得了良好的预测效果。本章在该套关联方法中基于 Lakshminarayana、Roberts、Howell、Banjac 等的研究工作进一步综合考虑了转子叶尖间隙、上下端壁区二次流等三维流动对基元流道落后角及损失系数的影响。基元叶栅的落后角 δ 及损失系数ϖ与相关参数的主要关联形式如下：

$$\begin{cases}\delta=\delta_{\text{ref}}+f_1\left(\dfrac{i-i_{\text{ref}}}{\Delta\beta_{\text{ref}}}\right)\Delta\beta_{\text{ref}}+\delta_{\text{add}}\\ \varpi=\varpi_{\text{ref}}+f_2(Ma,h)(i-i_{\text{ref}})^2+\varpi_{\text{add}}\end{cases}\tag{13.44}$$

式中：i_{ref} 为基元叶栅的基准攻角，即对应于最小总压损失系数的攻角；δ_{ref} 和ϖ_{ref} 分别为对应于基准攻角 i_{ref} 的基准落后角和基准损失系数；$\Delta\beta_{\text{ref}}$ 为基元叶栅在基准攻角下的气流转折角；Ma 为基元叶栅进口马赫数；h 为基元叶栅所处相对径向高度。

式(13.44)中的 δ_{add} 主要用于考虑转子叶尖间隙、静子通道涡等二次流对落后角造成的影响。现阶段本模型在静子区域内主要依据 Roberts 模型预估通道涡对其落后角分布的影响。同时考虑到 Roberts 模型的理论局限性和工程经验性，根据 Banjac 等人的相关建议，将静子 δ_{add} 限制在 2°范围以内。而在转子区域内则采用 Lakshminarayana 提出的相关模型预估在叶尖间隙流影响下的落后角沿径向的分布规律，首先估算叶尖间隙涡核的径向位置如下：

$$\begin{cases} a = 0.14\tau(c/\tau \cdot \sqrt{C_L})^{0.85} \\ C_L = \dfrac{2\cos\beta_{mean}}{\sigma}(\tan\beta_1 - \tan\beta_2) \\ \tan\beta_{mean} = \dfrac{1}{2}(\tan\beta_1 + \tan\beta_2) \end{cases} \tag{13.45}$$

再获得转子 δ_{add} 的具体分布如下：

$$\delta_{add} = \begin{cases} \arctan\left(0.25C_L \dfrac{c}{\sigma}\right) & y < \tau \\ \arctan\left[0.25C_L \dfrac{c}{\sigma}\left(1 - \dfrac{y-\tau}{a}\right)\right] & \tau \leqslant y \leqslant a + \tau \\ 0 & y > a + \tau \end{cases} \tag{13.46}$$

式(13.45)和式(13.46)中：τ 为转子叶尖间隙尺寸；c 和 σ 分别为基元叶栅弦长和稠度；β_1 和 β_2 分别为转子基元叶栅进出口相对气流角；y 为基元叶栅与轮缘端壁之间的径向距离。

而式(13.44)中的ϖ_{add} 则表示转子叶尖间隙流动及端壁二次流造成的附加损失。在转子区域内的ϖ_{add} 由叶尖间隙损失ϖ_{tc} 和上下端壁区二次流损失ϖ_{sec} 两部分组成；而在静子区域内，暂不考虑静子带根部间隙的情况，仅考虑二次流损失ϖ_{sec}。目前，本模型基于 Lakshminarayana 提出的半经验方法估算ϖ_{tc} 的大小如下：

$$\varpi_{tc} = 0.7C_L^2 \frac{\tau}{H} \frac{c}{s} \frac{\cos^2\beta_1}{\cos^3\beta_{mean}} + 7C_L^{3/2} \frac{c}{H}\left(\frac{\tau}{s}\right)^{3/2} \frac{\cos^2\beta_1}{\cos^3\beta_{mean}} \tag{13.47}$$

式中：H 为转子叶片绝对高度，s 为转子叶尖处栅距。

另外，采用 Howell 提出的二次流损失模型衡量ϖ_{sec} 的大小如下：

$$\varpi_{sec} = 0.018C_L^2\sigma \frac{\cos^2\beta_1}{\cos^3\beta_{mean}} \tag{13.48}$$

最终根据 Banjac 等人提出的控制函数确定ϖ_{tc} 和ϖ_{sec} 在叶高上的具体分布。

需要说明的是，通流理论中建立起来的此类落后角及损失模型均基于半理论、半经验的关联思想，其可靠性需要有相对完备的经验数据库的支撑。随着压气机负荷和级压比的不断提高，其叶栅落后角及损失系数的关联方法也相应地不断改进完善，才能满足现代更先进的压气机的气动设计需求。而工程设计人员可以在本书构建的分析系统中，凭借实际设计经验的大量积累以及更先进可靠的理论分析手段，不断丰富改进此类表征基元叶栅特性的关联方法，使得本章发展的三维计算模型 MACAM 的预测精度及工程实用性不断提高，因此可以说 MACAM 的工程应用前景是十分广阔的。

准确判定压气机的稳定边界具有广泛的工程应用背景和很高的理论研究价值，但由于压气机失稳机理的高度复杂性，该问题同时也是迄今为止尚未真正解决的技术难题。本模型的主要功能是用于多级轴流压气机在均匀/畸变进气下非设计状态的性能及稳定性评估，因此选择合适的判稳方法至关重要。如前文所述，现有的压气机判稳方法可简单归纳为四类：稳定性判据、稳定性方程分析、动态失速过程预测和CFD数值发散。而与均匀进气情况相比，畸变进气条件下的稳定性研究更加棘手，综合目前这四类判稳方法的发展情况，稳定性判据在均匀进气和畸变进气情况下的应用均比较普遍。

所谓稳定性判据法是基于大量的试验研究和理论分析，建立半经验关联准则判定压气机的稳定性。在此类研究中，比较经典的方法有扩散因子准则、总静压升特性线零斜率准则等，但这些准则过于简单，通用性较差。而压气机的气动失稳现象是非常复杂的，因此需要关联的参数也比较多。Koch 于 20 世纪 80 年代初通过对大量轴流压气机试验结果的总结分析，提出一种最大静压升系数法来判断多级压气机在均匀进气条件下的气动稳定性。该方法综合考虑了基元叶栅几何参数、转子叶尖间隙、转/静轴向间隙、雷诺数及叶片进口气动速度三角形的影响，关联因素较为全面。

Koch 以压气机级为基本单元，定义了一种气动有效静压升系数 $\mathrm{Ch_{ef}}$ 如下：

$$\mathrm{Ch_{ef}}=\frac{c_pT_1\left[(p_3/p_1)^{\frac{\gamma-1}{\gamma}}-1\right]-\dfrac{U_2^2-U_1^2}{2}}{\dfrac{w_{1,\mathrm{ef}}^2+v_{2,\mathrm{ef}}^2}{2}} \tag{13.49}$$

式中：T_1、p_1 及 U_1 分别为级进口静温、静压及轮缘速度；U_2 为该级转子出口轮缘速度；p_3 表示级出口静压；$w_{1,\mathrm{ef}}$ 为转子叶栅进口相对有效动压头；$v_{2,\mathrm{ef}}$ 为静子叶栅进口绝对有效动压头，其定义如下：

$$\begin{cases}w_{1,\mathrm{ef}}=\dfrac{\sqrt{w_1^2+2.5w_{1,\min}+0.5U_1^2}}{2}\\ v_{2,\mathrm{ef}}=\dfrac{\sqrt{v_2^2+2.5v_{2,\min}+0.5U_2^2}}{2}\end{cases} \tag{13.50}$$

式中：

$$w_{1,\min}=\begin{cases}w_1\sin(\alpha_1+\beta_1) & (\alpha_1+\beta_1)\leqslant 90^\circ \text{ 且 } \alpha_1\geqslant 0^\circ\\ w_1 & (\alpha_1+\beta_1)>90^\circ\\ U_1 & \alpha_1<0^\circ\end{cases} \tag{13.51}$$

$$v_{2,\min}=\begin{cases}v_2\sin(\alpha_2+\beta_2) & (\alpha_2+\beta_2)\leqslant 90^\circ \text{ 且 } \beta_2\geqslant 0^\circ\\ v_2 & (\alpha_2+\beta_2)>90^\circ\\ U_2 & \beta_2<0^\circ\end{cases} \tag{13.52}$$

13.1.2　多维度耦合模型

我国现有的二维的温度畸变、压力温度组合畸变对发动机整机稳定性影响的仿真程序 GasTurb - Dist 的一个基本假设是不考虑气流沿径向分布的影响，因此只能适用于周向畸变情况。另一方面，对于涡扇发动机而言，温度畸变的径向畸变对稳定性的影响很显著，温度畸变和压力畸变相对位置的影响也十分复杂，因此该程序无法准确评估温度畸变、压力温度组合畸变的影响，需要对其改进。

数值缩放技术作为美国 NPSS、VIVACE 等计划的关键技术成果之一，其理念是将更高维度、更高精度的部件仿真模型与低维整机计算模型进行有机结合，提高发动机整机数值模拟的精度水平，从而实现在有限的计算资源下，从更高精度层次对发动机整机特性进行分析，同时使得部件设计在整机环境下可以得到全面快速评估，增加发动机设计体系的保真度。

为从更高维度分析复杂进气畸变对航空发动机压缩系统流场特性的影响，同时为兼顾一定的计算效率以满足工程应用的需要，本章在数值缩放技术的理论框架下，将三维彻体力模型与二维多子平行发动机模型进行有机结合，构建了适用于分析复杂进气畸变对航空发动机整机特性影响的多维耦合计算模型。在该多维耦合计算模型中，采用本章开发的多级轴流压气机三维彻体力模型 MACAM 模拟发动机进气道及压缩系统部件，采用二维多子平行发动机模型 GasTurb - Dist 描述压缩系统下游部件内的流动情况，包含燃烧室、涡轮及尾喷管。在压缩系统出口与燃烧室进口之间设置交接面，进行 MACAM 三维计算和 GasTurb - Dist 二维计算之间的转换。为满足交接面上总压及总温的守恒性，现阶段选取总压、总温、周向速度及静压作为传递变量，忽略交接面上的径向分速度。在具体计算的每一时间步中，MACAM 将交接面上的每一周向位置的总压、总温及周向速度进行径向平均后沿流向传递给 GasTurb - Dist 作为其进口边界条件；与此同时，GasTurb - Dist 将交接面上计算获得的各周向扇区的静压沿相反方向传递给 MACAM 作为其出口边界，考虑到交接面上周向速度大小有限，因此认为静压沿半径方向呈均匀分布。图 13.1 所示为发动机多维耦合计算模型的整体技术方法示意图。

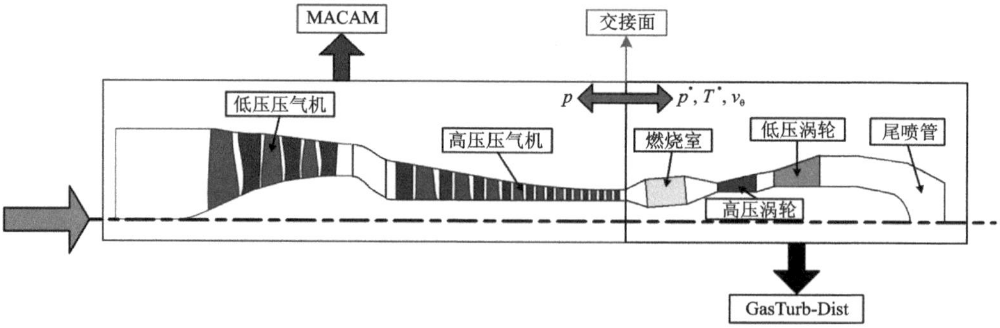

图 13.1　多维度耦合的发动机组合畸变影响计算模型示意图

进气畸变对发动机稳定性影响多维度耦合计算模型，能够用于计算真实温度畸变图谱、压力温度组合畸变图谱对发动机稳定性的影响。基于数值缩放理念，将多级轴流压气机三维彻体力模型与二维多子平行发动机模型有机结合，搭建适合分析复杂进气畸变对航空发动机整机流场特性影响的多维耦合计算模型。在该数值框架下，可以实现以有限的计算资源从更高精度层次对发动机进气畸变下的整机特性进行评估，同时可以从三维层面分析发动机压缩系统在整机环境下的内部畸变流场特征。航空发动机复杂进气畸变多维耦合计算模型的建立进一步发掘了航空压气机三维彻体力模型的应用潜力，并将整机进气畸变工程数值模拟策略的维度从当前二维水平提升至三维高度。

当对于风扇/压气机部件组合畸变的影响进行分析时，可以采用三维彻体力模型单独分析。

13.2 数值仿真流程

根据三维彻体力计算模型 MACAM 编制了三维彻体力计算程序 MACAC，计算的主要流程包括读入相关数据，生成计算网格，求解主控方程和最终流场解的输出等，如图 13.2 所示。首先用 Mesh 子程序完成网格划分，然后调用 Input 子程序完成进出口边界条件、攻角与落后角关联曲线、叶型高度与叶型损失关联曲线、叶型形式等参数，调用 Init 子程序，采用直接给定压力、温度的方法或者读入初场文件的方式完成初场给定，随后用四阶 Runge - Kutta 格式进行时间推进求解，根据流场发散或者用 Koch 最大静压升系数法判断稳定边界，获得等转速特性和稳定边界，当进口具有压力畸变、温度畸变、压力温度组合畸变时，流程一样，只是在输入文件中需要给定畸变的范围和强度等参数，或者以输入文件的形式给定畸变的分布。

多维度耦合的发动机组合畸变影响计算模型用到了两种计算程序，其程序流程图如图 13.3 所示。在实际的数值仿真过程中，按照发动机的风扇/压气机、燃烧室、涡轮、尾喷管、进口管道等几何参数分别建立压缩部件的三维彻体力模型和高压压气机、燃烧室、涡轮和尾喷管的 Dist 二维整机模型，根据需要评定的发动机工作点和进口流场参数或者图谱，构建三维彻体力计算模型的进口边界条件。先假设一个风扇出口静压，通过时间推进求解，获得风扇流场及其出口边界即高压压气机进口总压、总温和周向速度，将这些参数作为 Dist 二维整机模型的进口边界参数，进行进气畸变影响的稳定性求解，判断是否失稳。在计算过程中，两个程序之间会相互迭代，最终获得整机的一个收敛解，则发动机稳定工作，一旦发散或者出现风扇叶排静压升系数大于 1，则认为发动机失稳。

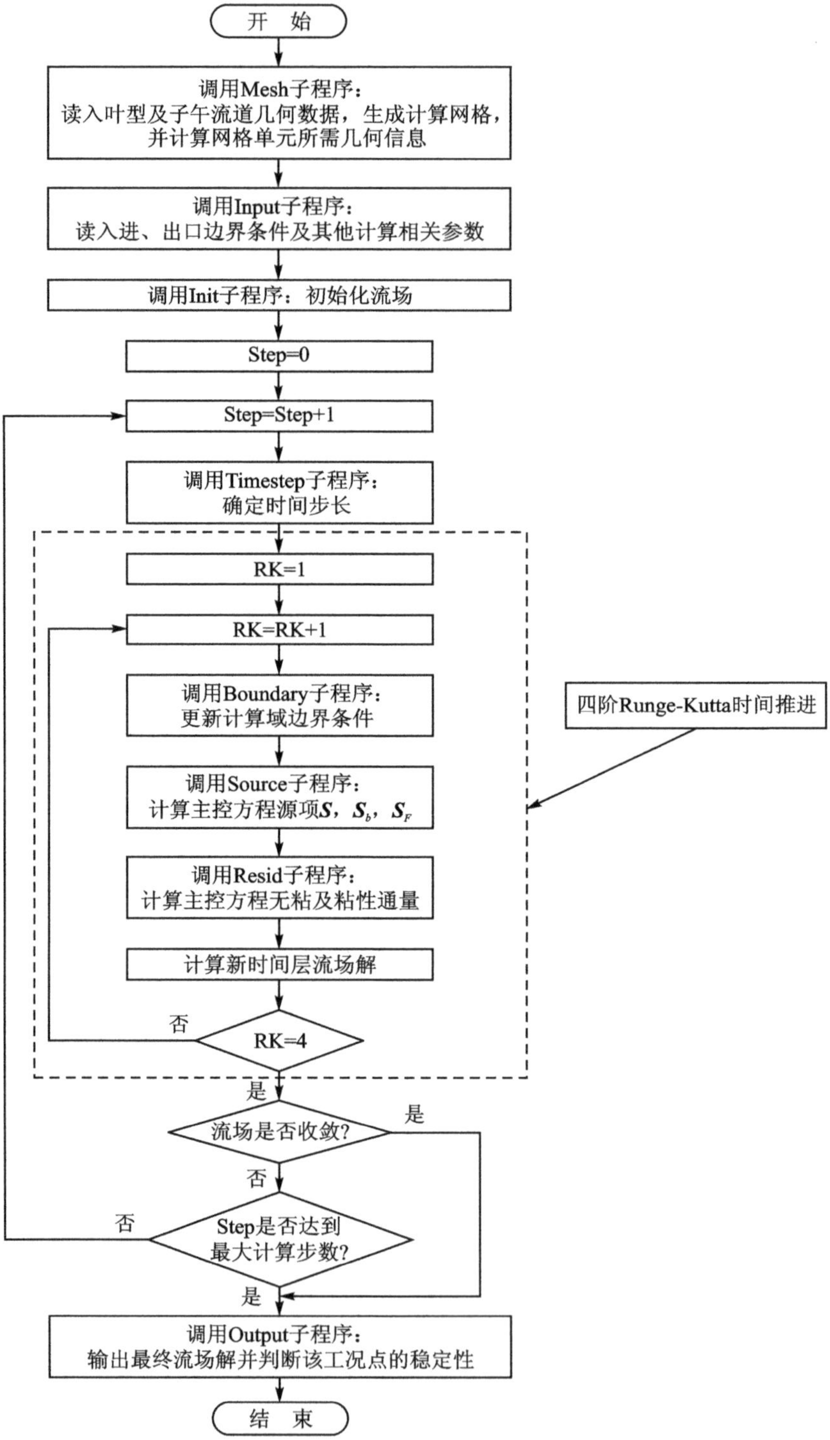

图 13.2 MACAC 程序流程图

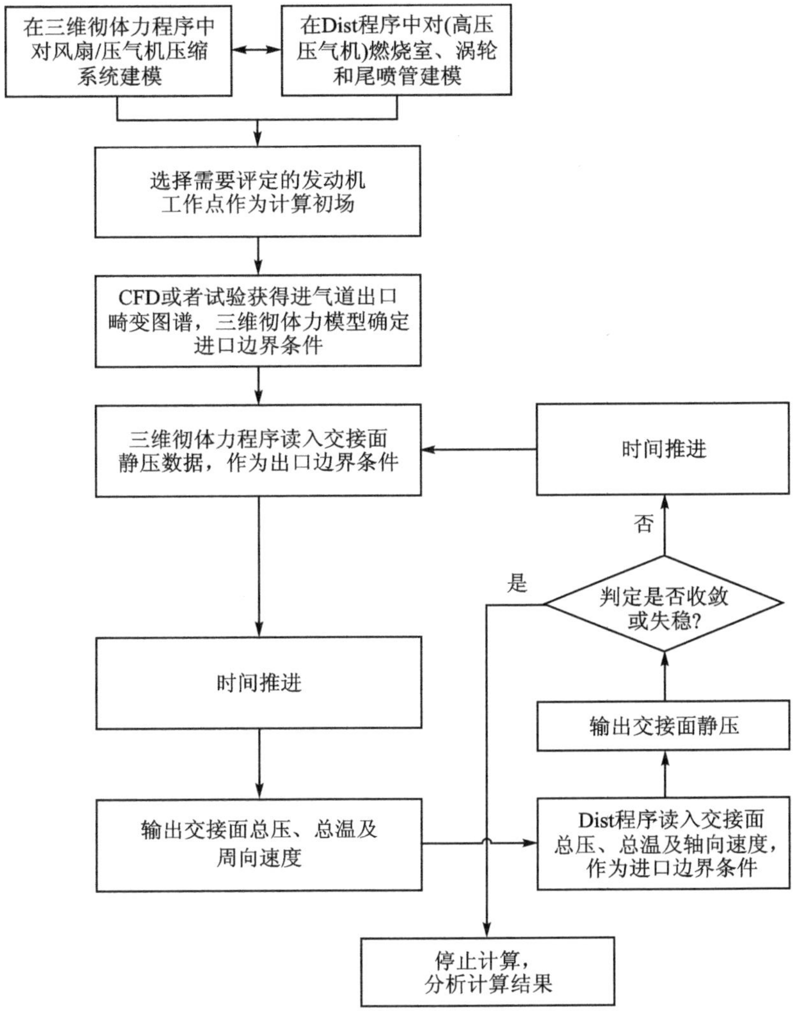

图 13.3　多维度耦合计算程序流程图

13.3　压力温度组合畸变的影响

13.3.1　对压气机部件的稳定性评估

一般来说，在总压、总温畸变区域不重合的情况下，压气机的稳定边界下降最小；而当总压、总温畸变皆在同一区域时，其稳定边界下降最大；当有部分区域重叠时，稳定边界介于前两种情况之间，压气机特性曲线同时具有前两种情况的部分特征。

在计算域进口0截面给定90°稳态周向总压畸变和总温畸变，并设定其转速与压气机转速相同，研究相位的影响，包括同相位和反相位两种情况。总共研究3种不同强度的总压总温组合畸变，总压畸变区总压较未畸变区下降分别是5%、10%和15%，总温畸变区总温较未畸变区升高分别是5%、10%和15%，总压畸变指数 dP 和总温畸变指数 dT 的定义公式如下：

$$\mathrm{d}P = \frac{P_{\mathrm{L}}^{*}}{P_{0}^{*}} \times 100\% \tag{13.53}$$

$$\mathrm{d}T = \frac{T_{\mathrm{H}}^{*}}{T_{0}^{*}} \times 100\% \tag{13.54}$$

进口总压和总温分布如图13.4和图13.5所示。分析该压气机在同相位和反相位总压总温组合畸变的总体性能和稳定边界的变化情况，结果如图13.6和图13.7所示。

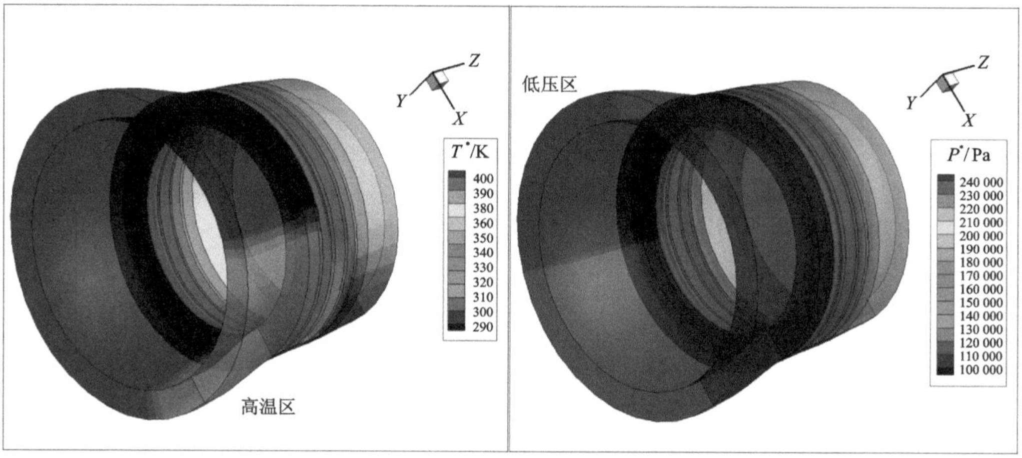

图 13.4　同相位总压总温组合畸变进口总压和总温分布

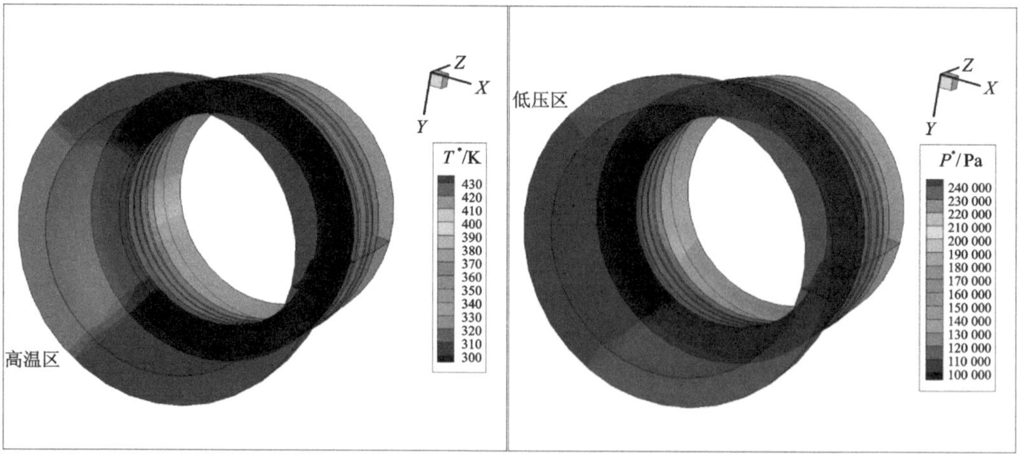

图 13.5　反相位总压总温组合畸变进口总压和总温分布

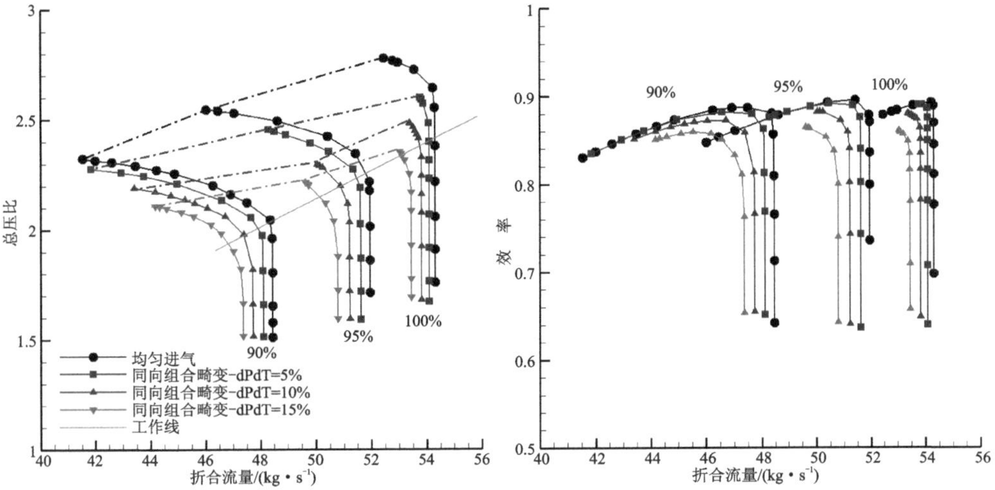

图 13.6　同相位总压总温组合畸变对压气机特性影响

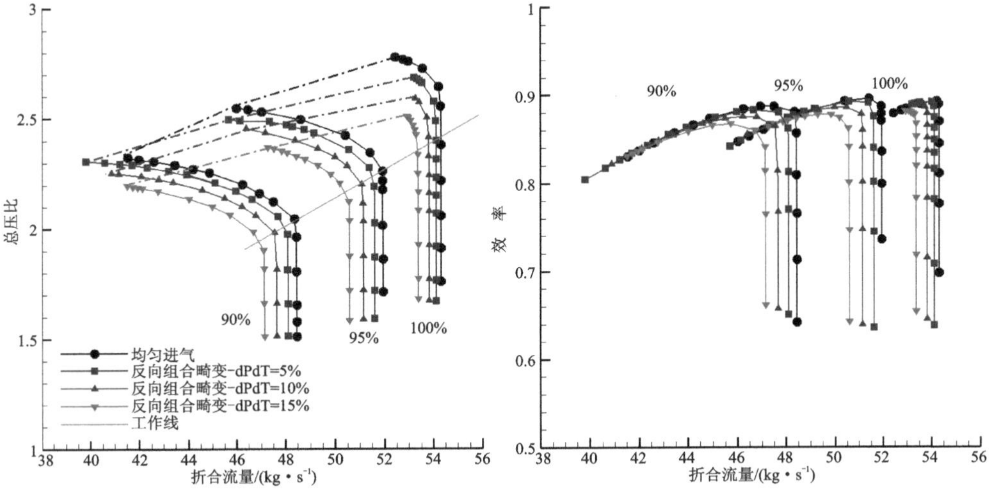

图 13.7　反相位总压总温组合畸变对压气机特性影响

图 13.6 所示为同相位总压总温组合畸变下，当畸变值 $dPdT$ 分别等于 5%、10%和 15%时，100%、95%和 90%设计转速的等转速特性和稳定边界。畸变值 $dPdT$ 表示同时具有总压畸变 dP 和总温畸变 dT，$dPdT=5\%$，表示总压畸变 $dP=5\%$和总温畸变 $dT=5\%$。可以看出，随着畸变指数的增加，总压总温组合畸变的影响逐渐加剧，造成总压比降低、效率减小、稳定边界右移，稳定工作范围减小、堵塞边界左移。

当总压总温组合畸变处于同相位时，对稳定性的影响非常大，造成稳定裕度大幅度降低，如表 13.1 和图 13.8 所示，随着畸变值的增加，稳定裕度减小。在 90%设计转速，畸变值从5%到15%，稳定裕度从14.61%降低至3.91%，减小了10.7%，相对值约73.24%。在100%设计转速，畸变值从5%到15%，稳定裕度从8.20%降低至0.74%，减小了7.46%，相对值约90.97%。

当总压总温组合畸变处于反相位时，对稳定性的影响降低，如表13.2和图13.9所示。在90%设计转速，畸变值从5%到15%，稳定裕度从20.51%降低至14.26%，减小了6.25%，相对值约30.47%。在100%设计转速，畸变值从5%到15%，稳定裕度从12.04%降低至6.87%，减小了5.17%，相对值约42.94%。因此，在压气机处于总压总温组合进气畸变情况下，若能将总压畸变区和总温畸变区处于反相位，则可以显著降低总压畸变和总温畸变对稳定性的影响。

表13.1　同相位总压总温组合畸变值下各转速的稳定裕度

组合畸变值/%	转速/%	稳定边界点流量/(kg·s^{-1})	稳定边界点总压比	工作点流量/(kg·s^{-1})	工作点总压比	稳定裕度/%
0	100	52.453 2	2.779 6	54.306 9	2.415 84	16.05
	95	46.014 4	2.547 6	51.709 9	2.249 82	21.42
	90	41.541 4	2.322 4	48.374 8	2.036 63	24.69
5	100	53.762 8	2.600 6	54.086 8	2.401 77	8.20
	95	48.285 1	2.454 6	51.463 4	2.234 07	14.61
	90	41.845 3	2.277 7	47.904 6	2.006 57	23.05
10	100	53.376 5	2.486 1	53.743 4	2.379 82	4.93
	95	50.042 2	2.295 2	50.882 6	2.196 94	5.86
	90	43.404 6	2.190 8	47.401 2	1.974 39	17.48
15	100	53.030 4	2.353 0	53.097 6	2.338 54	0.74
	95	49.625 1	2.213 9	50.136 3	2.149 23	3.91
	90	44.180 7	2.107 4	46.819 7	1.937 22	13.26

表13.2　反相位总压总温组合畸变值下各转速的稳定裕度

组合畸变值/%	转速/%	稳定边界点流量/(kg·s^{-1})	稳定边界点总压比	工作点流量/(kg·s^{-1})	工作点总压比	稳定裕度/%
0	100	52.453 2	2.779 6	54.306 9	2.415 84	16.05
	95	46.014 4	2.547 6	51.709 9	2.249 82	21.42
	90	41.541 4	2.322 4	48.374 8	2.036 63	24.69
5	100	53.220 5	2.687 5	54.118 1	2.403 77	12.04
	95	45.689 0	2.495 8	51.497 2	2.236 23	20.51
	90	39.824 2	2.306 2	47.936	2.008 57	27.64

续表 13.2

组合畸变值/%	转速/%	稳定边界点流量/(kg·s^{-1})	稳定边界点总压比	工作点流量/(kg·s^{-1})	工作点总压比	稳定裕度/%
10	100	53.266 6	2.590 5	53.820 2	2.384 73	8.89
	95	46.385 0	2.454 6	51.048 3	2.207 53	18.28
	90	40.885 7	2.254 0	47.536 3	1.983 03	24.33
15	100	52.930 2	2.508 9	53.363 7	2.355 55	6.87
	95	47.286 9	2.369 8	50.374 8	2.164 48	14.26
	90	41.516 5	2.194 9	46.908 3	1.942 88	21.66

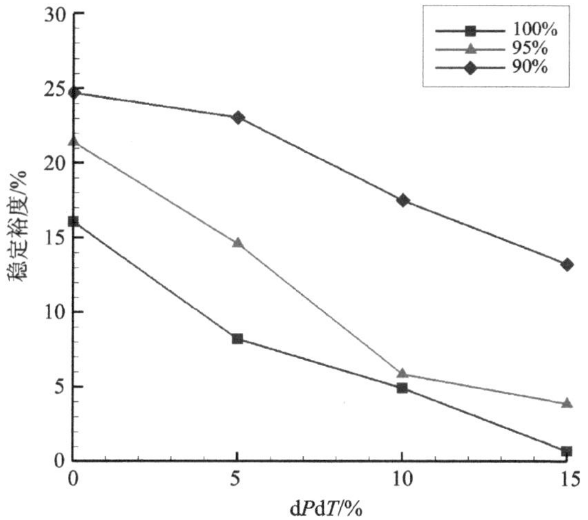

图 13.8　同相位总压总温组合畸变对稳定裕度影响

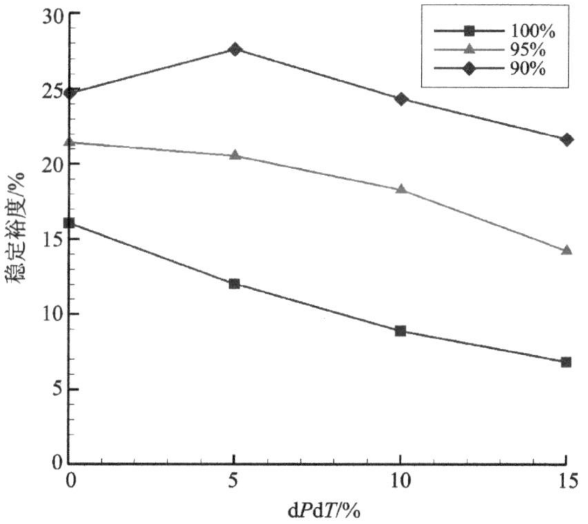

图 13.9　反相位总压总温组合畸变对稳定裕度影响

13.3.2 对整机的稳定性评估

对某型涡扇发动机，研究了发动机起飞状态压力温度组合畸变的影响。图 13.10 所示为组合相位角分别为 0°、90°和 180°下的临界畸变值。由图可见，组合畸变相位角对发动机气动稳定性的影响非常显著。在相位角等于 0°时，其对应的临界温度畸变值明显低于相位角等于 90°和 180°的临界值，说明该使用条件下其对发动机抗畸变能力的影响最为恶劣。选取相位角等于 0°得到的临界温度畸变值与压力综合畸变指数的关系曲线作为评定组合畸变作用下的基准关系曲线。

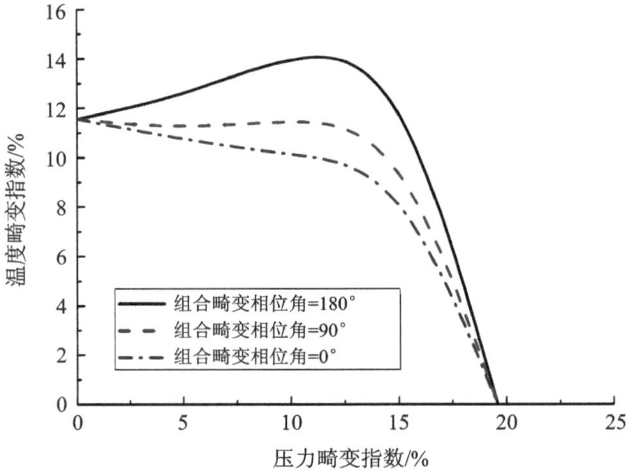

图 13.10 不同组合畸变相位角下的畸变值

组合畸变敏感系数的 $\alpha_{W,T}$ 的定义为

$$\alpha_{W,T}=\frac{\mathrm{SM}_{\mathrm{av}}-(\alpha_T\cdot\delta T_{\mathrm{cr,w}}+\alpha_W\cdot W)}{W\cdot\delta T_{\mathrm{cr}}} \tag{13.55}$$

式中：$\delta T_{\mathrm{cr,w}}$ 为组合畸变作用下发动机的临界温度畸变值；$\mathrm{SM}_{\mathrm{av}}$ 为原始可用稳定裕度；α_T 是温度畸变敏感系数；α_W 是压力畸变敏感系数；W 表示给定的压力畸变指数。

从公式(13.55)可以看出，计算组合畸变敏感系数之前，首先要对发动机单独评估温度畸变和压力畸变对稳定性的影响，获得发动机的温度畸变敏感系数和压力畸变敏感系数，然后给定一个压力畸变指数 W，获得在该压力畸变指数下的临界温度畸变值。因此，组合畸变敏感系数 $\alpha_{W,T}$ 将随着压力畸变指数 W 的改变而变化。$\alpha_{W,T}$ 一方面表示组合畸变对发动机气动稳定性的影响程度，另一方面也可以表示压力畸变和温度畸变的相关影响关系。当 $\alpha_{W,T}>0$ 时，表示相互影响增强；当 $\alpha_{W,T}<0$ 时，表示相互影响减弱。

根据式(13.55)可以获得不同综合压力畸变指数对应的组合畸变敏感系数，如图 13.11 所示。

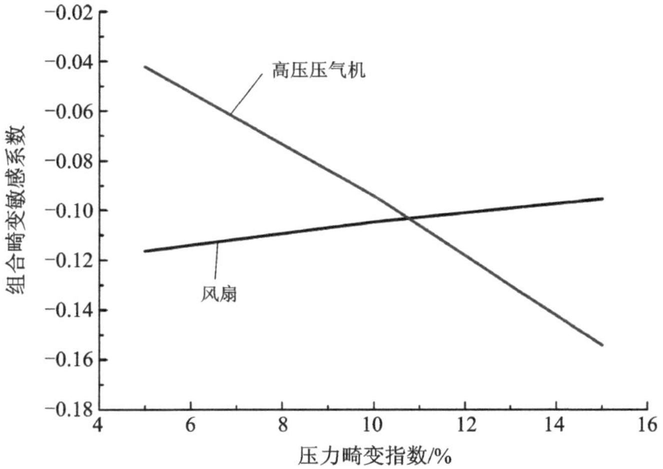

图 13.11　组合畸变敏感系数

第 14 章
旋流畸变对稳定性影响数值仿真

旋流畸变是现代高性能作战飞机经常会遭遇的一种对发动机稳定性有显著影响的物理流动现象，但很多情况并不能视而不见，狂风战斗机在研制过程中就因旋流畸变问题而付出了惨痛的代价。我国的稳定性评定规范中虽然未涵盖旋流畸变，但是从旋流畸变影响稳定性的机理来看，实际上与压力畸变存在较多的相似之处，两者都是由于局部区域速度三角形的改变，影响了风扇/压气机的部分叶片的流动，造成流动提前分离，最终导致稳定性恶化，因此，在稳定性评定时，可以参考压力畸变的评估方法。旋流畸变的类型多且结构复杂，很多时候与压力畸变共存，因此，对于数值仿真方法要求较高，一般情况下，建议采用三维数值仿真方法。目前，很多科研人员采用三维 CFD 方法研究旋流畸变对风扇/压气机气动稳定性影响的机理和规律，获得了一些有价值的学术研究成果，但是对于多级风扇/压气机结构以及发动机整机，仿真成本过高、计算准确度不够，研究结论可靠性不高，工程应用还存在较大的争议。

三维彻体力模型可以凭借相对少量的网格量、较高的计算精度实现多级风扇/压气机气动性能和稳定性的数值仿真，因此，通过在风扇/压气机进口给定旋流畸变场，可以用三维彻体力模型研究旋流畸变对多级风扇/压气机的影响，获得等转速特性和稳定边界的变化。另外，用多维度耦合模型也可以评估旋流畸变对发动机整机气动稳定性的影响。

14.1 仿真模型和仿真方法

研究旋流畸变影响的三维彻体力模型和多维度耦合模型与第 13 章中介绍的进气压力温度组合畸变的方法基本上相同，这里不再详细介绍。

旋流畸变与进气压力、温度畸变存在差异的地方是，压力畸变和温度畸变都是轴向进气，而旋流畸变是非轴向进气，比如整体涡式旋流畸变，存在正的周向气流角，一般假设沿周向均匀分布，径向分布会有差异，径向气流角一般等于零；而对涡旋流和局部涡旋流，周向气流角和径向气流角都存在，且一般情况下沿周向、径向都不是均匀的，气流参数分布更加复杂。因此，在输入文件设置、程序读取输入参数并进行数据处理时，需要获得不同周向、径向位置的周向气流角和径向气流角，通过一个插值程序，建立进口边界所有计算网格的周向气流角和径向气流角。

14.2　数值仿真流程

旋流畸变对航空发动机气动稳定性的影响，主要体现在风扇和压气机两个压缩部件上，因此，在进行旋流畸变影响气动稳定性的数值仿真中，可以分为风扇/压气机部件和发动机整机两种形式。在进行风扇/压气机部件气动稳定性分析时，评估流程可以分为两种形式。

第 1 种评估流程形式是针对特定的图谱，分析在该旋流畸变图谱进气条件下，风扇/压气机稳定性变化情况，如图 14.1 所示。这种流程适用于航空发动机装机对象

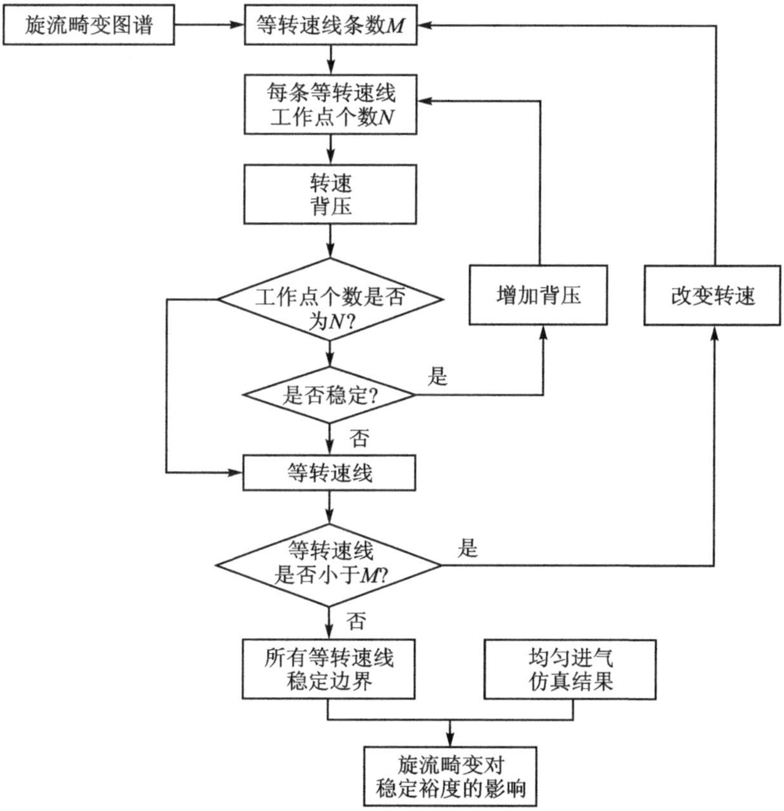

图 14.1　旋流畸变对风扇/压气机部件稳定性影响数值仿真(第 1 种评估流程形式)

已知，且进气道出口旋流畸变场已获得。

第 2 种评估流程形式是发动机在研制过程中，详细的进气道出口旋流畸变图谱未知，此时，可以参考压力畸变的评估方式，通过数值仿真的方法，获得旋流畸变强度与稳定裕度损失之间的关联曲线，一旦进气道出口旋流畸变强度确定后，就可以计算出该旋流畸变对稳定裕度的影响，如图 14.2 所示。这种评估方式，与利用移动式插板评估总压畸变影响的方法不同，主要原因是在增加旋流畸变强度的情况下，要保证工作点位置不容易实现，因此构建关联曲线是比较合适的方法，具有良好的可操作性。

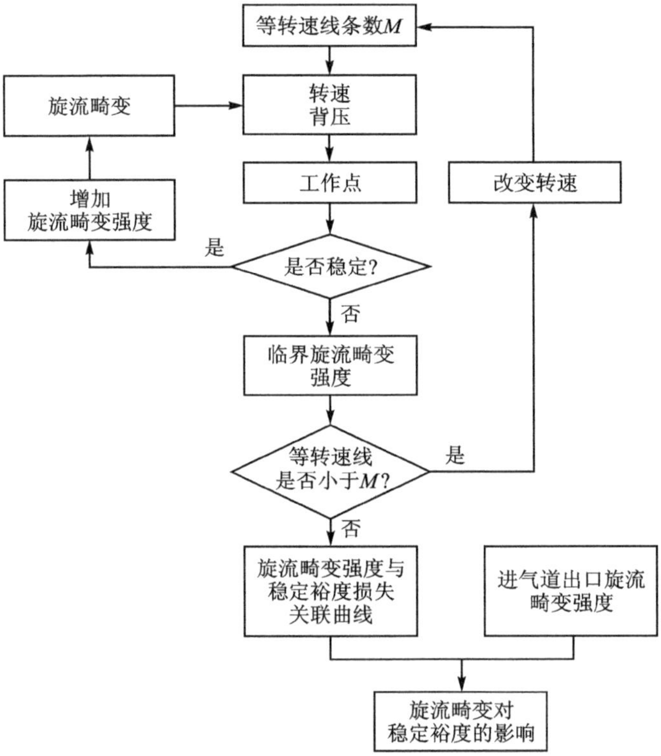

图 14.2　旋流畸变对风扇/压气机部件稳定性影响数值仿真(第 2 种评估流程形式)

采用多维度耦合模型，研究旋流畸变对航空发动机整机气动稳定性的影响，与二维整机模型的计算流程存在一定的差异。二维整机模型是固定工作点，即在进口流量函数给定后，施加进气畸变，判断发动机能否稳定工作，如果稳定工作，则继续增加畸变指数，直至发动机失稳。而多维度耦合模型，在进口给定的是总温、总压、速度方向，这些参数可以图谱的形式读入，也可以按照畸变范围、强度读入，风扇工作点受到出口截面静压的影响，而该截面的静压由下游二维整机模型决定，因此稳定性评估流程建议如下：

① 给定发动机进口旋流畸变类型，整体涡或对涡，以及旋流强度，即气流角分布。

② 三维彻体力模型根据给定的进口条件、假设的出口背压获得初始流场，将出

口总温、总压、速度传递给二维整机模型，二维整机模型进口静压传递给三维彻体力模型，两个模型迭代计算，最终获得在旋流畸变进气条件下发动机的推力和耗油率，并判断能否稳定工作。

③ 发动机涡轮前燃气温度、转速等固定，逐渐增加旋流畸变强度，最终使得发动机失稳，获得临界旋流畸变强度。根据原始可用稳定裕度，计算临界旋流畸变敏感系数，在已知稳定性评估工况的旋流畸变强度的情况下，即可获得旋流畸变需用稳定裕度。

14.3　旋流畸变的影响

14.3.1　对压气机部件的稳定性评估

以某两级压气机为研究对象，采用三维彻体力模型，研究叶尖间隙等于 0.2 mm，100％和 90％设计转速，压气机进口旋流角度等于－20°、－10°、－2°、10°、20°情况下的等转速特性，结果如图 14.3 所示。其中，图(a)是总压比-折合流量关系图，图(b)是效率-折合流量关系图。可以看出，旋流对于总压比特性、效率、堵塞边界和稳定边界都有很大的影响。当进口处于同向旋流时，由于压气机进口攻角减小，导致总压比下降，堵塞边界左移，稳定边界右移，稳定工作范围减小，效率也有一定程度下降，同向旋流角度越大，总压比下降和效率的减小越显著；当进口处于反向旋流时，且当反向旋流角度介于－10°～0°之间时，由于压气机进口攻角增大，导致总压比增加，堵塞边界右移，稳定边界右移，稳定工作范围减小，效率也有一定程度下降；反向旋流角度

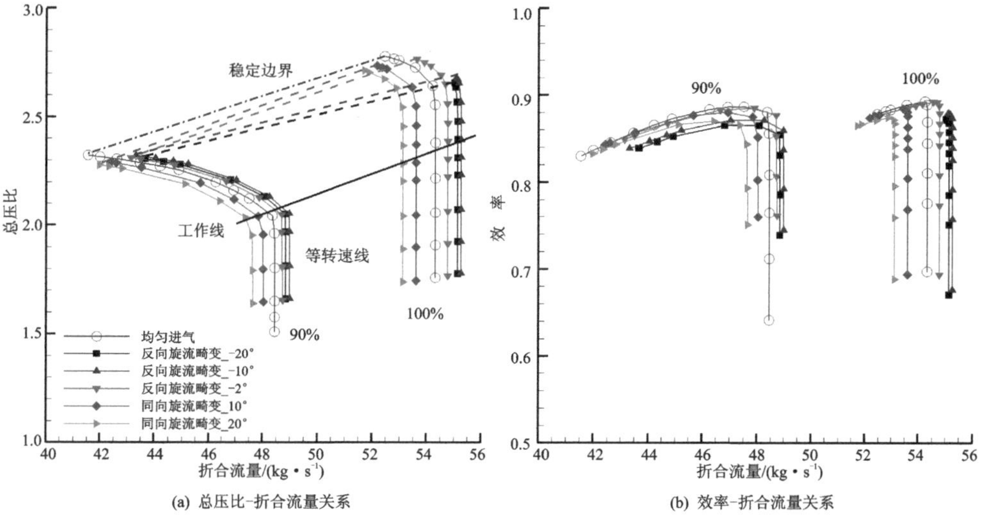

图 14.3　旋流对特性曲线影响 BFM 计算结果

从−10°变化到−20°，总压比和效率的均减小，说明反向旋流过大，反而导致压气机性能变差，另外，也导致稳定边界右移，对压气机的稳定性造成了很大的影响。

随着旋流角度的增大和减小，峰值效率都逐渐减小，100%和95%设计转速变化幅度较为相似。100%设计转速，旋流角度从0°增加至20°，峰值效率降低约0.018 1，旋流角度从0°降低至−20°，峰值效率降低约0.020 5；90%设计转速，旋流角度从0°增加至20°，峰值效率降低约0.016 4，旋流角度从0°降低至−20°，峰值效率降低约0.021 5，如图14.4所示。

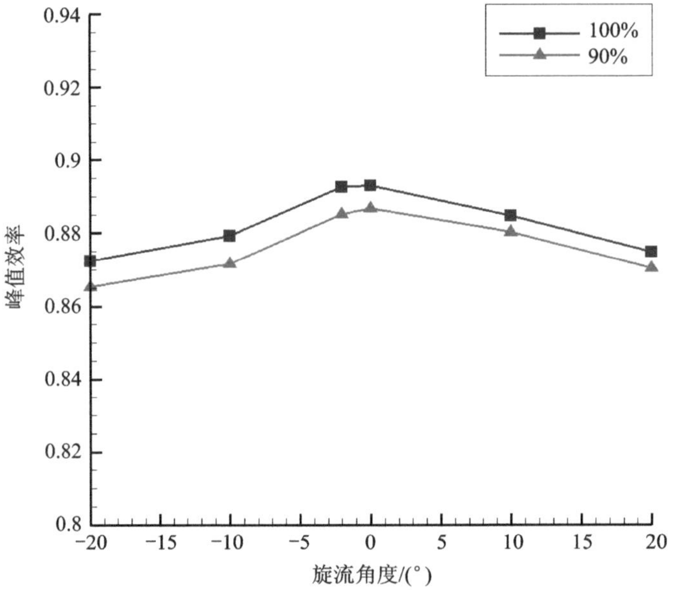

图14.4　旋流对峰值效率影响计算结果

采用同向旋流会降低压气机的总压比，增压能力下降，同向旋流角度越大，峰值效率点的总压比越来越小。反向旋流可以提高压气机的总压比，反向旋流角度越大，并不能一直增加总压比，反而是由于攻角过大，导致增压能力反而减小。100%设计转速，旋流角度从0°增加至20°，峰值效率点总压比降低约0.012 2，旋流角度从0°降低至−2°，峰值效率点总压比增加约0.048 4，旋流角度从−2°降低至−20°，峰值效率点总压比降低约0.038 4；90%设计转速，旋角度从0°增加至20°，峰值效率点总压比降低约0.010 6，旋流角度从0°降低至−2°，峰值效率点总压比增加约0.004 3，旋流角度从−2°降低至−20°，峰值效率点总压比增加约0.003 3，如图14.5所示，因此，旋流角度的影响对于设计转速的影响更大一些。

旋流对堵塞点流量也有影响，同向旋流导致堵塞点流量减小，同向旋流角度越大，堵塞点流量减小越多；反向旋流导致堵塞点流量增大，反向旋流角度越大，堵塞点流量增大越多。100%设计转速，旋流角度从0°增大至20°，堵塞点流量减小约1.186 2 kg/s，旋流角度从0°减小至−20°，堵塞点流量增大约0.813 2 kg/s；90%设

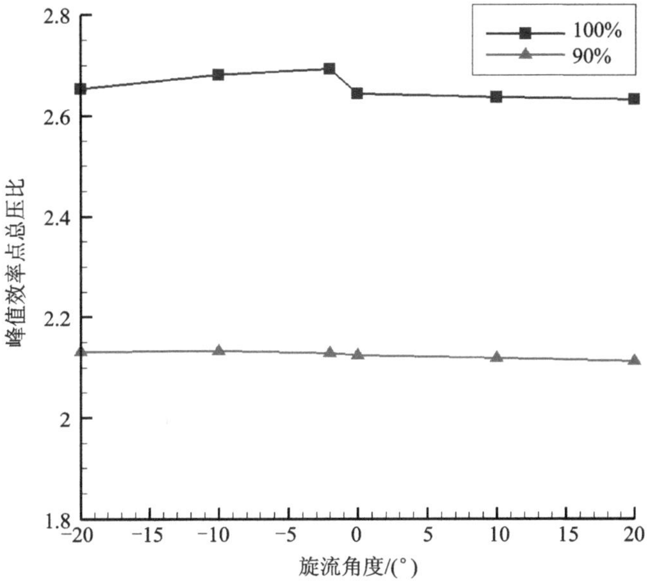

图 14.5　旋流对峰值效率点总压比影响计算结果

计转速，旋流角度从 0°增大至 20°，堵塞点流量减小约 0.809 4 kg/s，旋流角度从 0°减小至−20°，堵塞点流量增大约 0.399 7 kg/s，如图 14.6 所示。

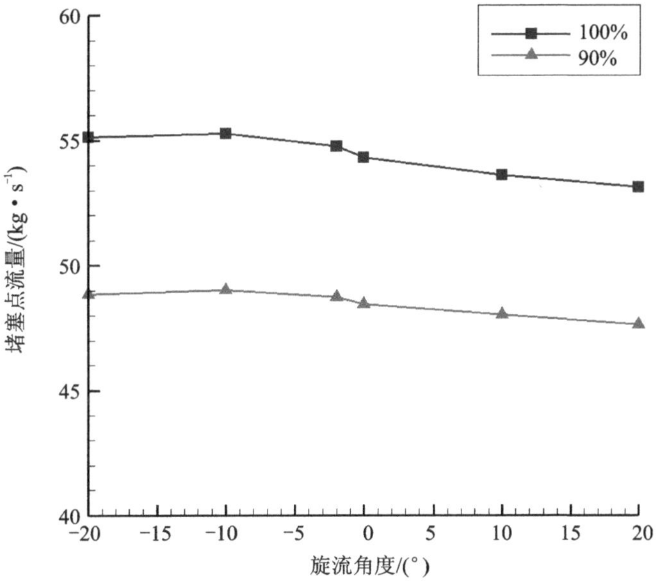

图 14.6　旋流对堵塞点流量影响计算结果

旋流对稳定边界点流量有影响，同向旋流导致稳定边界点流量减小，同向旋流角度越大，稳定边界点流量减小越多；反向旋流导致稳定边界点流量增大，反向旋流角度越大，稳定边界点流量增大越多。100%设计转速，旋流角度从0°增大至20°，稳定边界点流量减小约0.748 4 kg/s，旋流角度从0°减小至−20°，稳定边界点流量增大约2.548 9 kg/s；90%设计转速，旋流角度从0°增大至20°，稳定边界点流量反而增大约0.445 7 kg/s，旋流角度从0°减小至−20°，稳定边界点流量增大约2.126 9 kg/s，如图14.7所示。总体上看，同向旋流导致稳定边界左移，反向旋流导致稳定边界右移。

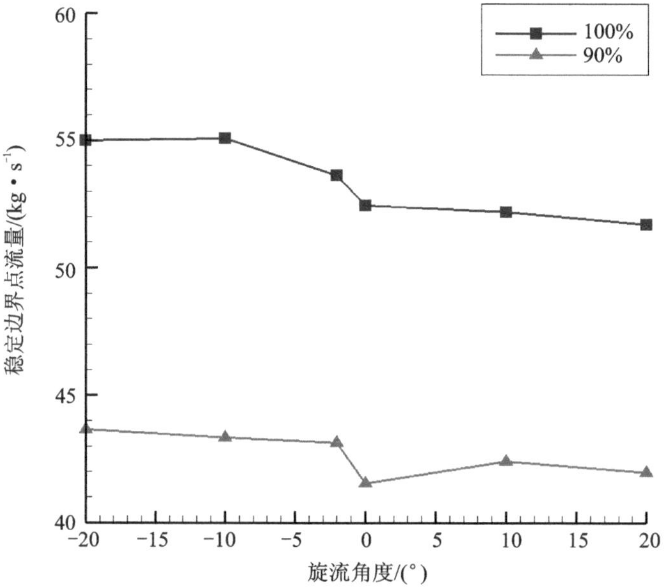

图14.7 旋流对稳定边界点流量影响计算结果

假定该压气机的共同工作线如图14.3(a)中的粗实线。表14.1列出了不同旋流角度下100%和90%设计转速工作点和稳定边界点参数及稳定裕度。图14.8所示为稳定裕度和旋流角度的关系曲线，可以看出，轴向进气时(旋流角度等于0°)，压气机稳定裕度最大，100%和90%设计转速时稳定裕度分别等于18.56%和23.5%。同向旋流和反向旋流都会降低压气机的稳定裕度，同向旋流对稳定裕度的影响比较小，下降幅度大概在2%左右，反向旋流对稳定裕度的影响比较大，100%设计转速，旋流角度等于−20°时，稳定裕度比轴向进气时低8.12%。转速越高，旋流对稳定裕度的影响越明显。

表14.1 不同旋流角度下各转速的稳定裕度

旋流角度/(°)	转速/%	稳定边界点流量/$(kg\cdot s^{-1})$	稳定边界点总压比	工作点流量/$(kg\cdot s^{-1})$	工作点总压比	稳定裕度/%
−20	100	55.002 1	2.653 3	55.130 6	2.381 76	10.44
−10	100	55.085 2	2.680 5	55.267 8	2.387 99	11.21
−2	100	53.632 6	2.766 2	54.769 3	2.365	16.28

续表 14.1

旋流角度/(°)	转速/%	稳定边界点流量/(kg·s^{-1})	稳定边界点总压比	工作点流量/(kg·s^{-1})	工作点总压比	稳定裕度/%
0	100	52.453 2	2.779 6	54.317 8	2.344 17	18.56
10	100	52.183 9	2.735 6	53.619 9	2.312 08	17.75
20	100	51.704 8	2.713 4	53.131 9	2.289 09	17.90
−20	90	43.668 3	2.306 7	48.569 6	2.078 68	18.98
−10	90	43.326 9	2.322 3	48.692 4	2.084 56	20.13
−2	90	43.146 2	2.310 8	48.450 4	2.073 26	20.10
0	90	41.541 4	2.322 4	48.196 4	2.061 17	23.50
10	90	42.421 9	2.291 1	47.803 3	2.043 2	20.86
20	90	41.987 1	2.278 6	47.391 2	2.024 1	21.30

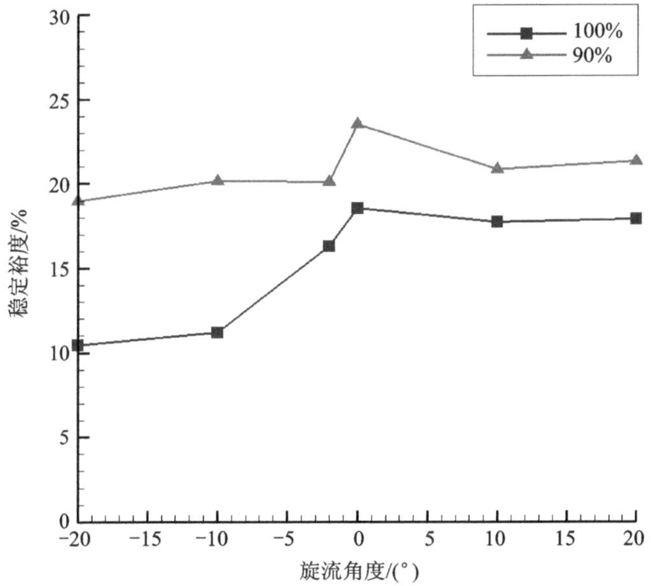

图 14.8　旋流对稳定裕度影响计算结果

14.3.2　对整机的稳定性评估

在发动机进口给定如图 14.9 所示的对涡旋流畸变中，重点分析了该旋流畸变下整机环境中风扇/增压级内部流场特征。

图 14.10 所示为风扇转子进口静压、轴向速度云图，图 14.11 所示为风扇转子出口的总压、总温云图，图 14.12 所示为内涵增压级进口总压、总温云图。

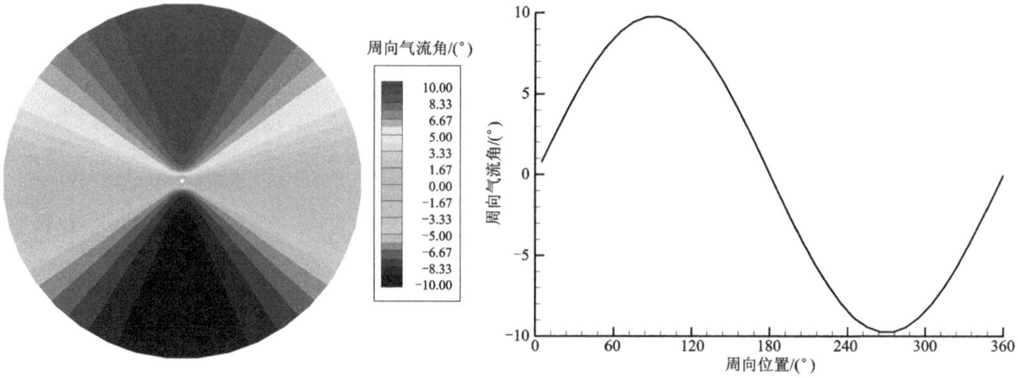

图 14.9　发动机进口对涡旋流畸变

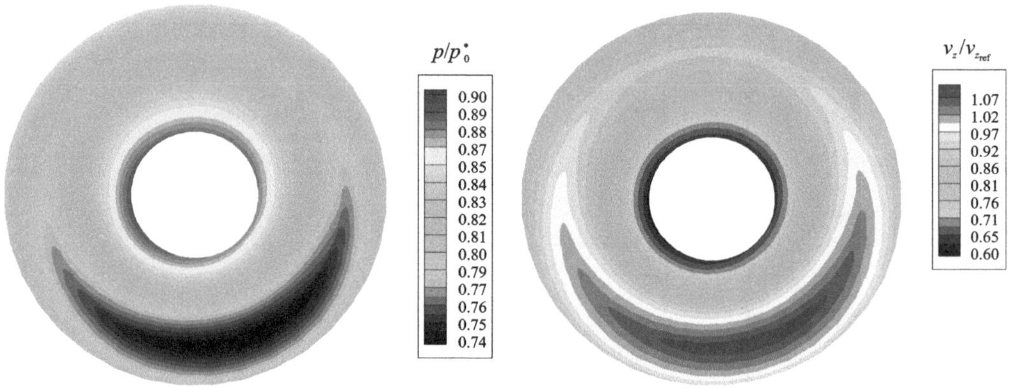

图 14.10　风扇转子进口静压及轴向速度云图

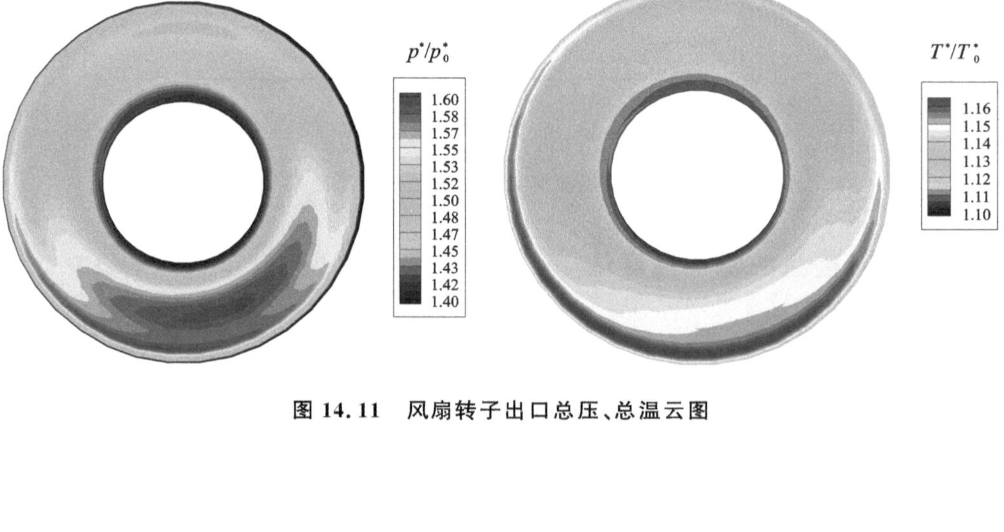

图 14.11　风扇转子出口总压、总温云图

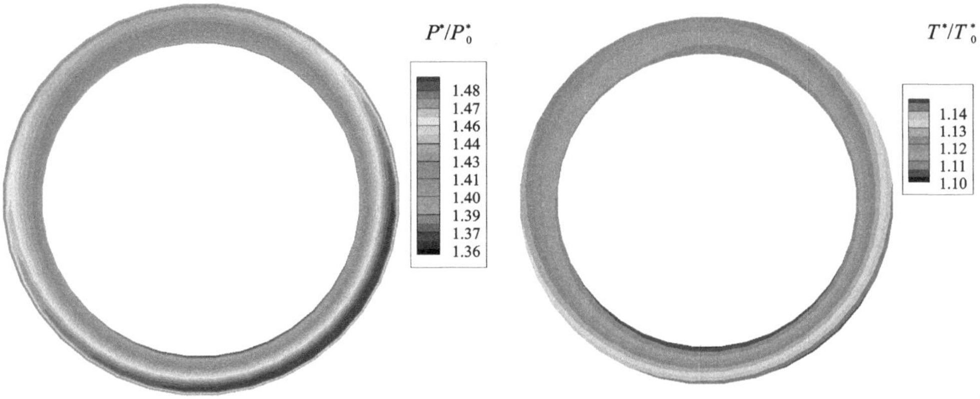

图 14.12 内涵增压级进口总压、总温云图

由以上方图中可以看出，发动机进口旋流畸变经发动机相互作用，在风扇转子进口形成静压及速度畸变，速度畸变与方向畸变的耦合作用使得风扇转子出口生成总压、总温畸变，但不同叶高处的滞止参数畸变分布特征差异较大，而以往的二维计算模型是无法反映出这一特征差异的，由此可见，发展三维计算模型具有重要意义。

均匀进气时，发动机的推力和耗油率分别是 474.63 kN 和 0.127 27[kg/(h · N)]。在发动机进口施加正弦波分布的对涡时，由于对涡的特点，从平行发动机的角度看，其对工作点的影响是平衡的，基本不会造成推力和耗油率明显的变化。从计算结果看，施加对涡后，发动机的推力和耗油率分别是 473.35 kN 和 0.127 19[kg/(h · N)]，对涡造成发动机推力略有下降，耗油率变化很小，可以忽略。

第 15 章
雷诺数对稳定性影响数值仿真

关于雷诺数对航空发动机中的压气机和涡轮的性能和稳定性的影响，国外早在20世纪50年代就开始了这方面的研究。自20世纪末以来，随着高空无人机技术的发展，低雷诺数效应对航空发动机性能和气动稳定性的影响再次受到关注。

当飞行器高空飞行(尤其是高空小表速飞行)时，由于大气密度远小于地面，压气机和涡轮的工作雷诺数低，导致效率、通流能力和气动稳定边界下降，进而影响航空发动机的性能和气动稳定性。现有航空发动机在高空低雷诺数条件下的典型特征是气动性能和稳定性下降。例如：美国"全球鹰"无人机的动力装置AE30071H在19.8 km高空巡航时，低压涡轮部件效率下降6%；赛斯纳奖状喷气公务机的动力装置PW545发动机高空性能试验研究表明，该发动机在19.8 km、$Ma=0.7$巡航状态下的低压涡轮部件效率下降5%，风扇效率下降4%。

在高空巡航状态下，航空发动机压气机和涡轮的工作雷诺数可降至10^4量级。高空、低速飞行条件下的低雷诺数效应，会使叶片附面层流态由湍流变为层流，导致附面层增厚、分离点前移、损失增加，进而会使压气机和涡轮部件的性能急剧下降，发动机推力减小，耗油率增大，影响飞行器巡航时间和有效载荷等性能指标。

美、俄等国和我国都将雷诺数列为航空发动机的降稳因子之一，在航空发动机研制周期内需要准确评估雷诺数对气动稳定性的影响。

从20世纪50年代起，雷诺数对压气机和涡轮的影响就得到了较为广泛的研究，如：Baljé通过理论分析和计算，从叶片附面层等方面分析了雷诺数对叶轮机工作性能的影响，发现级压比和相似转速是影响压气机对雷诺数变化的敏感性的重要因素，并指出雷诺数的影响是可以预估的；Horlock等人通过试验和计算研究发现，低雷诺数下叶片附面层的转捩特性与常规雷诺数下不同；Neustein通过对一台大尺寸轴流压气机模型的试验研究发现，雷诺数低于某一特定值时压气机特性降低迅速；Rhoden通过对不同雷诺数下3种叶栅试验研究发现，在负攻角、低雷诺数条件下，吸力面会发生层流分离，在高雷诺数时吸力面会发生部分层流分离，然后流动会转变为湍流，并发生分离附着现象；Stuart进一步对Rhoden的试验结果进行了研究发现，转捩区会随着雷诺数增大而前移，而层流分离点的迁移量要小得多，当雷诺数 $Re>2\times10^5$ 时转捩区发生在层流分离点之前；Wassell 通过研究分析认为，雷诺数变化会相应地造成压气机的压比特性和效率特性曲线的平移，而特性曲线的形状基本不会发生变化，并对当时的压气机试验数据进行了统计分析，提出了雷诺数对压气机试验性能影响的修正方法。

以上结果都表明，雷诺数变化会对压气机性能造成较大的影响。而其性能下降的主要原因就是雷诺数的下降导致其叶片表面附面层的流态由湍流变为层流，使得其附面层更加容易分离，进而导致压气机压比、流量、效率和喘振裕度的减小，发动机推力下降，耗油率上升。

可见，低雷诺数效应的物理本质在于雷诺数对叶片附面层转捩及附面层抗分离能力的影响。

图 15.1 所示为典型的轴流压气机叶片附面层随雷诺数的变化及对压气机效率的影响。根据叶片附面层的不同，可将雷诺数范围划分为三个区域，各区域间的分界分别称为层流分离边界（laminar separation boundary）和湍流粗糙壁边界（surface roughness boundary），雷诺数跨越这两个边界会造成压气机性能的显著改变。

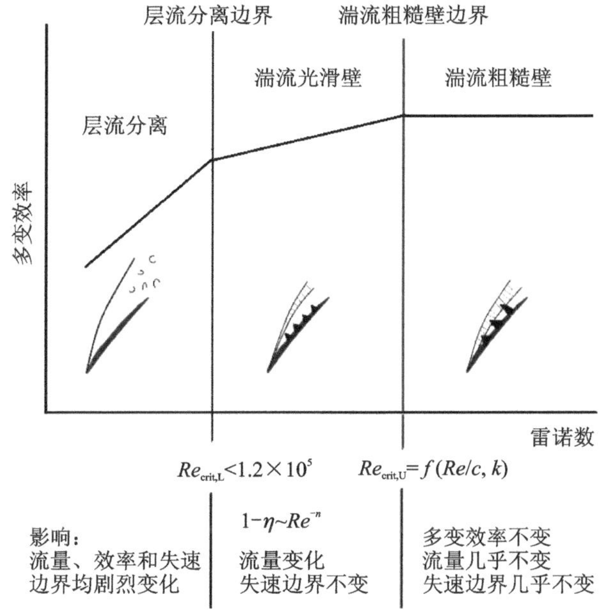

图 15.1　雷诺数对压气机叶片附面层的影响

当雷诺数小于层流分离边界（图 15.1 中左边的分界线）的雷诺数时，叶片附面层为层流附面层。由于层流附面层抗逆压力梯度的能力差，容易分离，因而叶片不能维持大的气流转折和气动负荷，压气机做功能力差、效率低。

图 15.1 中的中间区域为湍流光滑壁区，是压气机通常的工作雷诺数区域。在这

一区域，压气机效率与雷诺数的关系遵从指数函数的规律，随马赫数和平均级展弦比等条件的不同，幂指数在 0.05～0.2 之间变化。

在湍流粗糙壁边界（图 15.1 中右边的边界）右侧，为湍流粗糙壁区的雷诺数范围，压气机的效率不再随雷诺数变化。当代航空发动机在低空高速飞行时，高压压气机的雷诺数较易进入湍流粗糙壁区。

图 15.1 可以定性地解释低雷诺数效应对压气机性能的影响——当雷诺数低于湍流粗糙壁边界雷诺数（也可以称为自模化雷诺数）时，随着雷诺数的降级，压气机叶片附面层更容易分离，因而造成压气机做功能力下降，即压比下降、效率降低。

15.1 仿真模型和仿真方法

15.1.1 压气机特性的雷诺数影响修正

在研究雷诺数对压气机特性的影响时，首先须确定各种特征雷诺数。Wassell 方法对效率、流量和喘点压比的修正分别采用不同定义的特征雷诺数，包括效率修正特征雷诺数 Re_{I}、流量修正特征雷诺数 Re_{II} 和喘点压比修正特征雷诺数 Re_{III}，其计算公式分别为

$$Re_{\mathrm{I}} = \frac{c_1 \cdot b_1 \cdot \rho_1}{\mu} \tag{15.1}$$

$$Re_{\mathrm{II}} = \frac{c_1 \cdot x_1 \cdot \rho_1}{\mu} \tag{15.2}$$

$$Re_{\mathrm{III}} = \frac{c_{1a} \cdot h_1 \cdot \rho_1}{\mu} \tag{15.3}$$

以上式中：c_1 为第一级转子叶片中径处的气流相对速度；b_1 为第一级转子叶片中径处弦长；ρ_1 为气流平均静密度；μ 为空气粘性系数；x_1 为第一级转子叶片中径前缘到喉部的距离；c_{1a} 为第一级转子叶片中径处的气流轴向速度；h_1 为第一级转子进口的环形高度。

空气粘性系数可用苏士兰近似公式计算：

$$\mu = \frac{1.459 \times 10^{-5} T_{s1}^{3/2}}{T_{s1}^{3/2} + 110.6} \tag{15.4}$$

1. 压气机效率的雷诺数修正

Wassell 方法对压气机效率的修正采用多变效率与雷诺数的关联式。因此，若风扇/压气机特性中采用等熵效率，须进行等熵效率和多变效率的转换。

压气机绝热效率 η_{C} 与多变效率 η_{p} 之间的关系如下：

$$\eta_{\mathrm{C}}=\frac{\pi_{\mathrm{C}}^{\frac{k-1}{k}}-1}{\pi_{\mathrm{C}}^{\frac{k-1}{k\eta_{\mathrm{p}}}}-1} \tag{15.5}$$

Wassell 方法中多变效率 η_{p} 与雷诺数 Re_{I} 的变化关系可表示为

$$1-\eta_{\mathrm{p}}=K\cdot Re_{\mathrm{I}}^{-m} \tag{15.6}$$

式中：系数 K 值由试验或者部件特性计算所得的工作点确定；指数 $m=p\cdot q$，其中 p 和 q 分别由图 15.2 所示的关系曲线 $p=f(\mathrm{MEAN}(V/\sqrt{T}))$ 和 $q=f(\bar{L})$ 来确定。

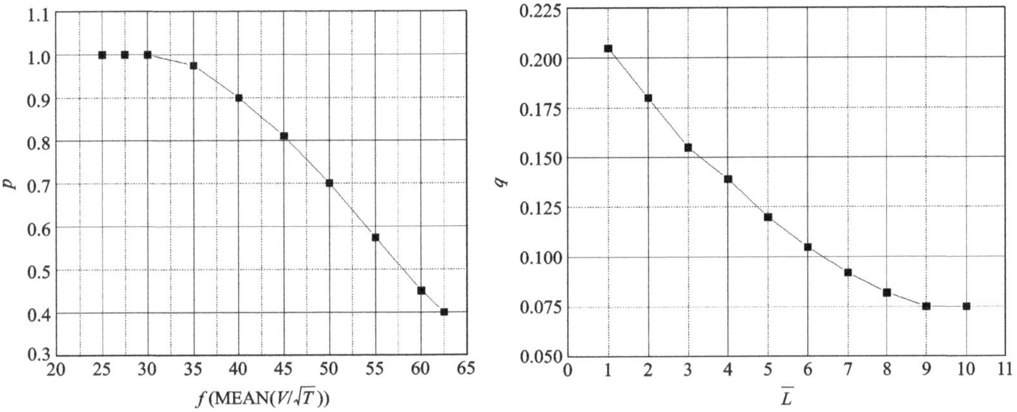

图 15.2 p、q 参数关联曲线

图 15.2 中的参数 $\bar{L}$ 和 $\mathrm{MEAN}(V/\sqrt{T})$ 采用下式计算：

$$\begin{cases}\bar{L}=\dfrac{L\cdot Z}{0.5(h_1+h_2)(Z-0.5)}\\[2ex] \mathrm{MEAN}(V/\sqrt{T})=\dfrac{n}{n_{\mathrm{d}}}\sqrt{\dfrac{C_{\mathrm{am}}^2+[0.5C_{\mathrm{m}}(1+c_p\cdot\Delta T\cdot Z/C_{\mathrm{m}}^2)]^2}{T_{t1}+0.5\Delta T}}\end{cases} \tag{15.7}$$

式中：n 为工作点压气机转速；n_{d} 为设计转速；T 为风扇/压气机温升；Z 为风扇/压气机级数；C_{m} 为中间级转子中径处的叶片轮缘速度；C_{am} 为第一级进口和最后一级转子进口轴向速度的平均值；L 为压气机第一级转子进口到末级转子出口之间的轴向长度；h_1 为第一级转子进口环形高度；h_2 为最后一级转子进口环形高度。

进行风扇/压气机特性的效率修正时，可先根据标况下压气机的参数确定系数 K 值，然后根据实际工作参数按图 15.2 中的曲线确定指数 p 和 q，继而可以根据前述多变效率 η_{p} 与雷诺数 Re_{I} 的关系式确定风扇/压气机在实际工作雷诺数下的效率。

2. 压气机流量的修正

风扇/压气机流量 W 随雷诺数 Re_{II} 的变化关系如下：

$$\frac{t}{x}\cdot\frac{W+W^*}{W^*}=f(Re_{\text{II}}) \tag{15.8}$$

式中：t 为第一级转子叶片中径喉道宽度；x 为第一级转子叶片中径前缘到叶片喉道的距离；W 为对应于实际 Re_{II} 的质量流量；W^* 为对应于 $Re_{\text{II}}=1\times10^5$ 条件下的质量流量。由于实际流动是三维的，轮毂比的大小会影响雷诺数效应。修正关系曲线如图 15.3 所示。

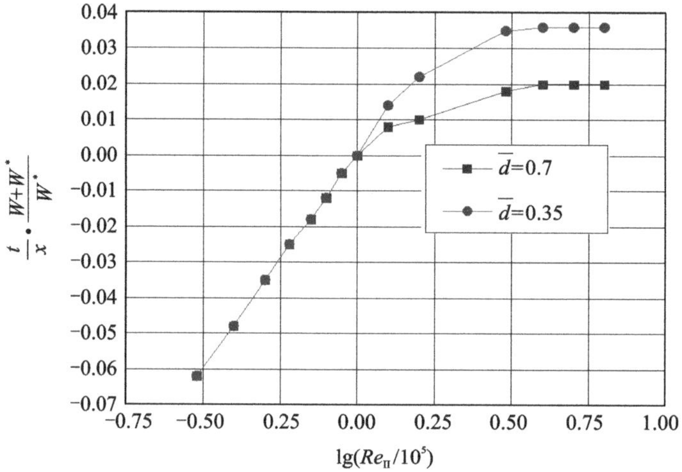

图 15.3　压气机流量修正参数随雷诺数的变化关系

图 15.3 的压气机流量修正关系是以 $Re_{\text{II}}=1\times10^5$ 的工作条件为基准的。然而，工程应用中通过试验获得的风扇/压气机特性时的工作条件往往并非 $Re_{\text{II}}=1\times10^5$。因此，在风扇/压气机特性雷诺数修正程序中，首先根据标况下的压气机参数按图 15.4 的关系曲线逆向折算 $Re_{\text{II}}=1\times10^5$ 工作条件下的参数；然后，再以 $Re_{\text{II}}=1\times10^5$ 工作条件下的参数为基准，按图 15.3 的关系曲线确定实际工作雷诺数下的压气机特性参数。

3. 压气机压比的雷诺数修正

当压气机后面的管道系统阻力不变时，在很宽的雷诺数范围内，压气机特性线上相似点上的相似功保持不变，即

$$L_{\text{C}}(Re)=c_p\cdot(\Delta T^*/\Delta T_1^*)=\text{const} \tag{15.9}$$

如图 15.4 所示，设点 a 是在自模区内某个转速下的工作点，当雷诺数由 Re_a 降低到 Re_b 时，流量相似参数下降量为 $\Delta(W\cdot\sqrt{T_1^*}/P_1^*)$，工作点向左移动到点 b。在管道阻力不变的条件下相似点 a 和 b 的相似功是相等的，即满足下式：

$$L_{\text{C}}=c_p\frac{\Delta T^*}{T_1^*}=\left(\frac{\pi_{\text{C}}^{\frac{k-1}{k}}-1}{\eta_{\text{C}}}\right)_a=\left(\frac{\pi_{\text{C}}^{\frac{k-1}{k}}-1}{\eta_{\text{C}}}\right)_b \tag{15.10}$$

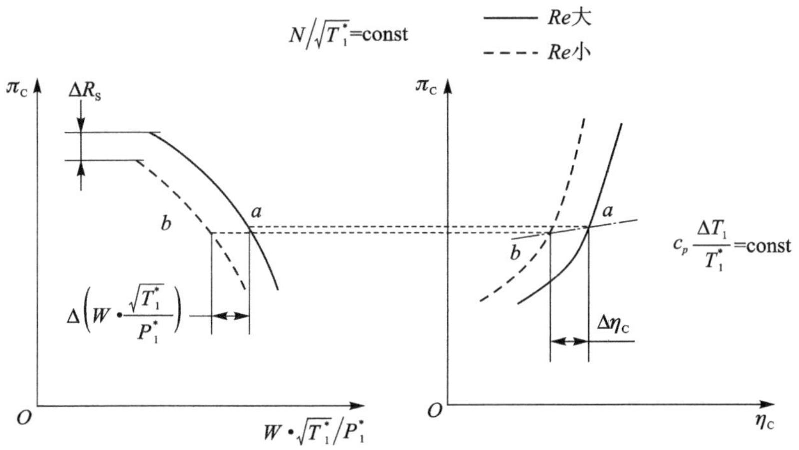

图 15.4　相似点压比确定方法示意图

因此，由工作点 a 的压比 $\pi_{C,a}$ 和效率 $\eta_{C,a}$ 可以求出相似功 L_C，进而由 L_C 及工作点 b 的效率 $\eta_{C,b}$ 求出工作点 b 的压比 $\pi_{C,b}$。

4. 喘点压比的修正

喘点压比随雷诺数 $Re_{Ⅲ}$ 的变化关系为

$$\frac{\pi_s-\pi_s^*}{\pi_s^*}=f(Re_{Ⅲ}) \tag{15.11}$$

式中：π_s 为喘点压比；π_s^* 为对应于 $Re_{Ⅲ}=1\times10^5$ 时的喘点压比。二者与 $Re_{Ⅲ}$ 的关系曲线如图 15.5 所示。

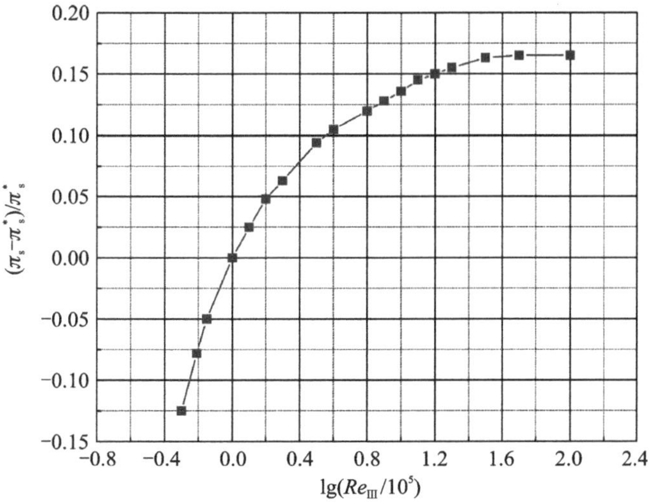

图 15.5　压气机喘点压比随雷诺数 $Re_{Ⅲ}$ 的变化关系

与前述压气机流量的修正类似，在进行喘点压比修正时，先根据标况下的压气机参数按图 15.5 的关系曲线逆向折算 $Re_{Ⅲ}=1\times10^5$ 工作条件下的参数；然后，再以 $Re_{Ⅲ}=1\times10^5$ 工作条件下的参数为基准，按图 15.5 的关系曲线确定实际工作雷诺数下的压气机特性参数。

5. Wassell 方法值得注意的问题

① Wassell 发表的文章指出流量、喘点压比的修正数据均仅有设计点（或设计转速）附近的数据支撑。

② 效率的修正采用了受到普遍认可的指数规律的形式——这在当前来看是合理的。

③ 效率修正方法和流量修正方法分别来自不同的研究工作。这两个参数的修正量之间有何关联（是同时修正还是仅修正一个即可，又或者二者有特定联系）尚不清楚。Wassell 的文章也没有给出完整的特性线修正结果。

④ 其理论化构思具有局限性可能不适于宽广的参数范围使用，如：效率修正的理论假设为叶背附面层的发展，流量修正的理论假设为第一级转子堵塞，喘点压比修正的理论假设为第一级进喘，压比修正时采用了相似流量作为相似的唯一标准。

⑤ 采用的是几十年前的数据。

鉴于以上问题，建议：

① 不宜应用于低于 85%折合转速的特性线修正。

② 当前应谨慎对待修正结果。若修正量显著超过以往经验或文献报道的范围，则不宜采信。

③ 对于发动机总体计算需要的风扇/压气机特性，这个修正方法的框架还是不错的，可用具体的部件及发动机经验数据对修正关系曲线进行校正。

④ 纵然有经验数据，也不宜普遍推广。最好具体型号的经验数据只用于同型号。

15.1.2 涡轮特性的雷诺数影响修正

1. 涡轮效率的雷诺数修正

影响涡轮效率的特征雷诺数定义为

$$Re_{T,\Sigma}=\frac{W\cdot b_{W}}{A_{av}\cdot\mu_{g}} \tag{15.12}$$

式中：W 为涡轮进口质量流量；b_W 为工作叶片平均弦长；A_{av} 为涡轮进出口截面面积的平均值；μ_g 为按燃气进出口温度平均值计算的燃气粘性系数。

涡轮特征雷诺数的临界值取为 $Re_{T,\Sigma,cr}=2\times10^5$，当雷诺数 $Re_{T,\Sigma,cr}>2\times10^5$ 时，认为雷诺数变化对涡轮效率没有影响。涡轮效率相对值 $\bar{\eta}_T=\eta_T/\eta_{T,cr}$（$\eta_{T,cr}$ 为 $Re_{T,\Sigma,cr}=2.0\times10^5$ 时的效率）随 $\overline{Re}_{T,\Sigma}=Re_{T,\Sigma}/Re_{T,\Sigma,cr}$ 的变化关系如图 15.6 所示。

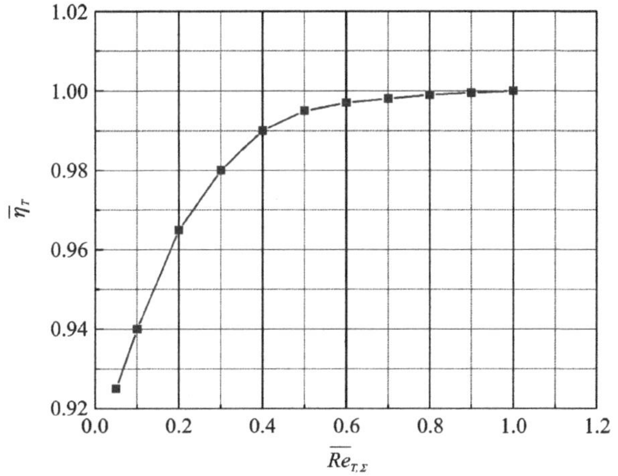

图 15.6　涡轮 $\bar{\eta}_T$ 随雷诺数$\overline{Re}_{T,\Sigma}$ 的变化关系

2. 涡轮流量的雷诺数修正

影响涡轮流通能力的涡轮导向器特征雷诺数定义为

$$Re_{T,v}=\frac{W\cdot b_v}{A_v\cdot\mu_g}\tag{15.13}$$

式中：b_v 为导向器中径弦长；A_v 为导向器最小截面面积的平均值。试验结果表明，当 $Re_{T,v}\geqslant 2.5\times10^5$ 时，雷诺数变化对涡轮流通能力没有影响。涡轮流量相似参数 $B_T=W\cdot\sqrt{T_{t4}}/P_{t4}$ 的相对值 $\bar{B}_T=B_T/B_{T,cr}$ 随 $\overline{Re}_{T,v}=Re_{T,v}/Re_{T,v,cr}$ 的变化关系曲线如图 15.7 所示。其中，$B_{T,cr}$ 为 $Re_{T,v}=2.5\times10^5$ 时的流量相似参数，$Re_{T,v,cr}=2.5\times10^5$。

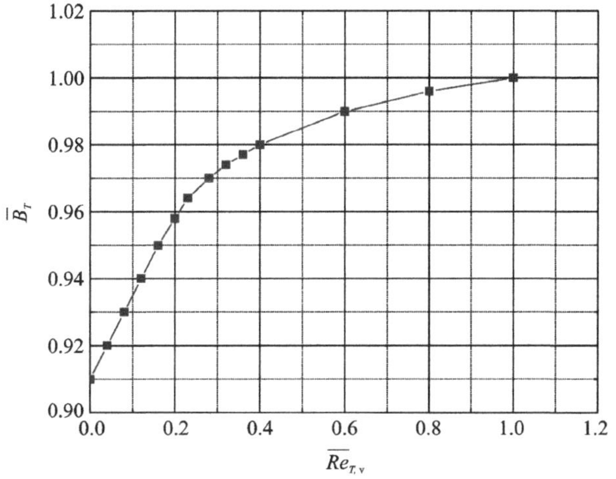

图 15.7　涡轮 $\bar{B}_T$ 随雷诺数$\overline{Re}_{T,v}$ 的变化关系

15.2 数值仿真流程

在发动机研制的不同阶段，掌握的信息和数据不同，雷诺数影响评定的方法和置信度也不同。图 15.8 所示为按照发动机研制流程顺序安排的雷诺数影响评定流程。该流程仅示意了各阶段的评定工作内容，与具体评定过程的复杂程度无关。

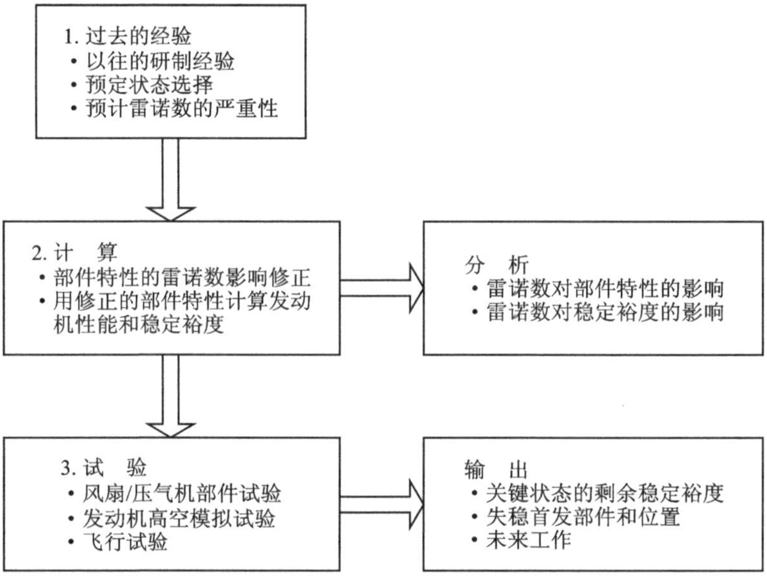

图 15.8 雷诺数影响评定流程示意

1. 过去的经验

在发动机方案设计阶段，可以结合发动机设计要求，根据以往的研制经验确定雷诺数影响评定的关键状态，并评估雷诺数对发动机性能和稳定裕度影响的严重程度。

2. 计 算

在发动机工程设计阶段，根据关键状态的高度-速度条件对叶轮机部件特性进行雷诺数影响修正，利用修正过的部件特性计算发动机的稳定工作点和稳定裕度，分析雷诺数对发动机稳定裕度的影响量值。

部件特性的雷诺数影响修正可采用工程方法，也可采用带附面层转捩模型的 CFD 方法。

3. 试　验

在发动机试制调试阶段，可通过低雷诺数条件下的叶轮机部件试验、发动机高空台试验、飞行试验等方法，确定关键工况的真实部件特性及发动机在低雷诺数条件下的剩余稳定裕度。若在低雷诺数条件下发生气动失稳，可记录失稳首发部件等信息，为未来工作积累必要的数据。

15.3　雷诺数的影响

15.3.1　某军用航空发动机气动稳定性评定

1. 风扇特性的雷诺数影响修正

表 15.1 列出了飞行高度 H=15 km、马赫数 Ma=0.7 和 H=20 km、Ma=1.2 两种飞行条件下 100%风扇折合转速的特征雷诺数。

表 15.1　风扇特征雷诺数

H/km	Ma	风扇进口总温/K	风扇进口总压/Pa	Re_{I}（×10^5）	Re_{II}（×10^5）	Re_{III}（×10^5）
15 000	0.7	237.93	16 771	6.94	2.21	11.4
20 000	1.2	279.18	13 283	4.83	1.54	7.94

图 15.9 所示为飞行高度 H=15 km、马赫数 Ma=0.7 和 H=20 km、Ma=1.2 两种飞行条件下风扇修正特性与原始特性的对比。

表 15.2 列出了风扇修正特性与原始特性的特征参数偏差量。

表 15.2　风扇修正特性与原始特性的偏差

参　数	原始特性	LPC_15km_0.7	偏差/%	LPC_20km_1.2	偏差/%
最高效率	0.844	0.813	−3.139	0.805	−3.912
折合流量/(kg·s^{-1})	122.768	121.800	−0.789	121.479	−1.050
喘点压比	5.117	5.040	−1.511	5.018	−1.932

2. 压气机部件特性修正

压气机位于内涵风扇的下游，因此，压气机的进口气流参数不仅与飞行条件有关，而且还受到风扇工作状态的制约。而在发动机整机环境下，风扇的工作状态又取决于发动机各部件的共同工作。这样，要确定压气机进口气流参数，就需要进行发动

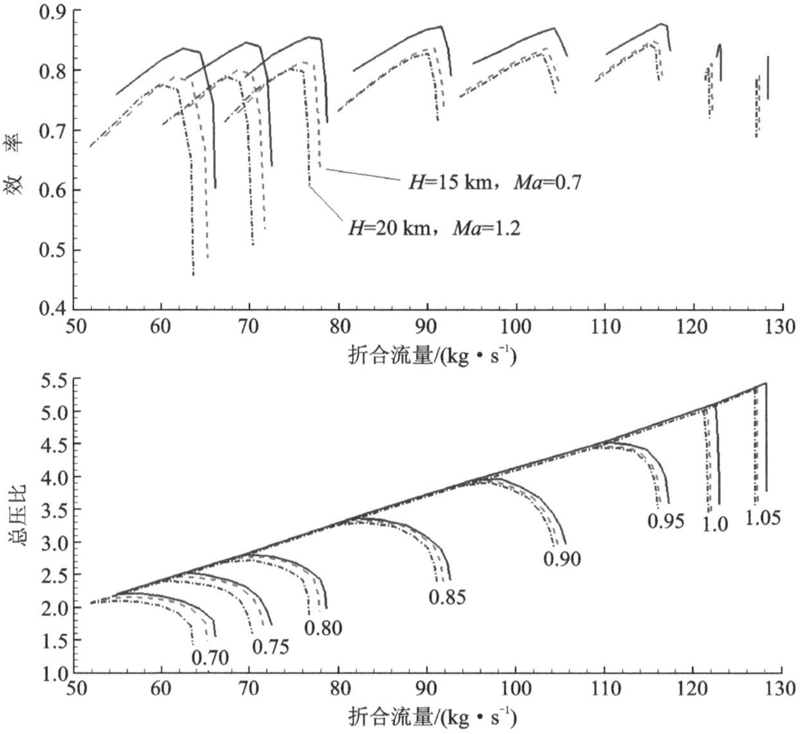

图 15.9　风扇修正特性与原始特性对比

机总体气动热力计算。

这里通过发动机总体计算确定特定的高空飞行条件和风扇折合转速下的压气机进口气流参数，用于压气机特性的雷诺数修正。

表 15.3 列出了飞行高度 $H=15$ km、马赫数 $Ma=0.7$ 和 $H=20$ km、$Ma=1.2$ 两种飞行条件下 100%风扇折合转速的高压压气机特征雷诺数。

表 15.3　压气机进口气流参数

H/km	Ma	风扇折合转速/%	高压压气机进口总温/K	高压压气机进口总压/Pa	Re_{I}（$\times 10^5$）	Re_{II}（$\times 10^5$）	Re_{III}（$\times 10^5$）
15	0.7	100	384.17	67 050	6.83	4.3	7.87
20	1.2	100	451.69	53 484	4.85	3.05	5.59

图 15.10 所示为飞行高度 $H=15$ km、马赫数 $Ma=0.7$ 和 $H=20$ km、$Ma=1.2$ 两种飞行条件下 100%风扇折合转速的压气机修正特性与原始特性的对比。

高压压气机特性的雷诺数修正量很小，使得修正后的特性线几乎与原始特性线重叠。

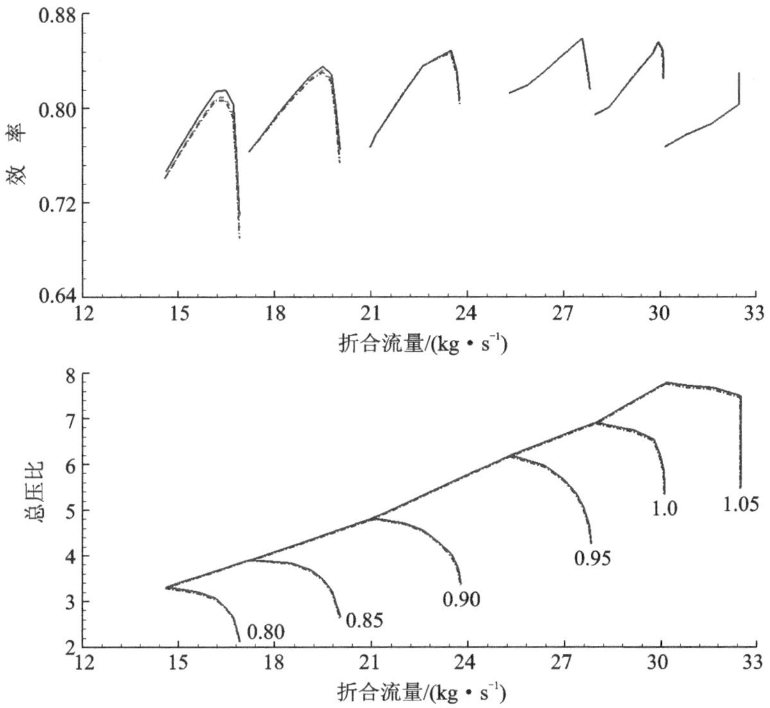

图 15.10　压气机修正特性与原始特性对比(100%风扇折合转速)

3. 雷诺数对发动机气动稳定性的影响

图 15.11 和图 15.12 分别显示了飞行高度 $H=20$ km、马赫数 $Ma=1.2$、100%

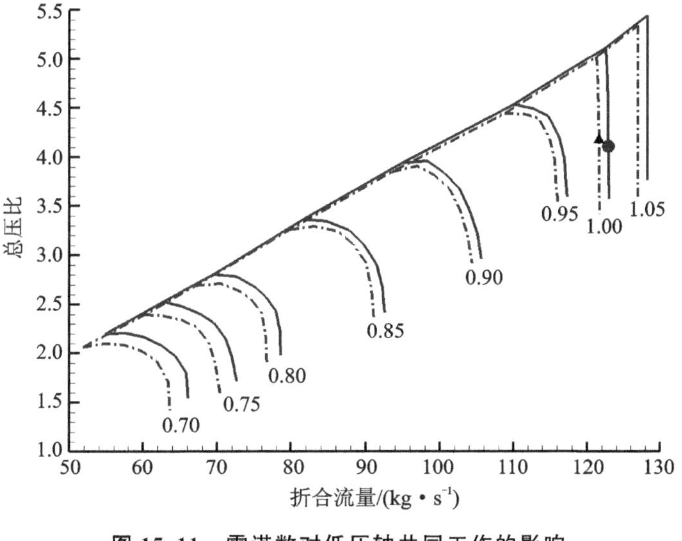

图 15.11　雷诺数对低压轴共同工作的影响

风扇折合转速条件下雷诺数对风扇和压气机工作点的影响。图中，圆点是采用原始的风扇和压气机特性计算的工作点，三角形是采用雷诺数修正后的风扇和压气机特性计算的工作点。

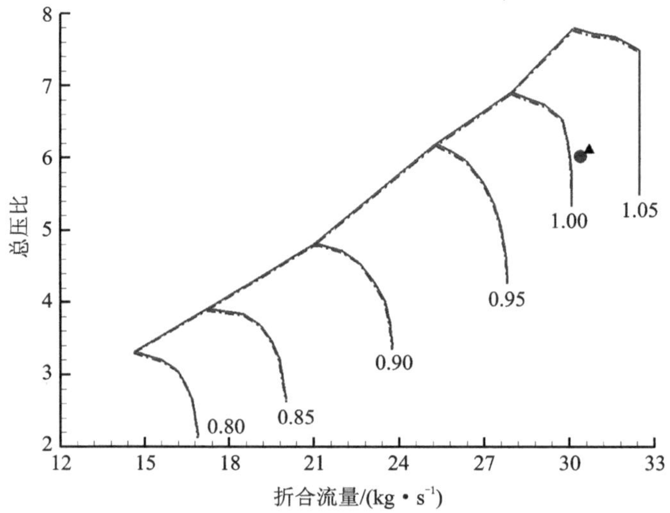

图 15.12 雷诺数对高压轴共同工作的影响

由表 15.4 和表 15.5 可知，在所选的飞行条件下，风扇和压气机的稳定裕度损失量在 3.5%～4.5%之间，压气机的稳定裕度损失较风扇小；风扇工作点压比升高幅度在 1.6%以内，工作点折合流量减小幅度在 1.1%以内；压气机工作点压比升高幅度最高接近 3%，工作点折合流量的增大在 1%以内。

表 15.4 雷诺数对风扇工作点的影响

H/km	Ma	风扇折合转速/%	修正状态	折合流量/($kg \cdot s^{-1}$)	流量变化量/%	压　比	压比变化量/%	稳定裕度	稳定裕度损失/%
15	0.7	100	无	122.848	/	4.093	/	0.254	/
15	0.7	100	有	121.881	−0.787	4.148	1.355	0.219	−3.5
20	1.2	100	无	122.842	/	4.112	/	0.248	/
20	1.2	100	有	121.551	−1.051	4.176	1.554	0.206	−4.3

表 15.5 雷诺数对压气机工作点的影响

H/km	Ma	风扇折合转速/%	修正状态	压气机折合转速	折合流量/($kg \cdot s^{-1}$)	流量变化量/%	压　比	压比变化量/%	稳定裕度	稳定裕度损失/%
15	0.7	100	无	1.007	30.396	/	6.030	/	0.247	/
15	0.7	100	有	1.012	30.650	0.836	6.162	2.181	0.227	−2.0
20	1.2	100	无	1.007	30.382	/	6.022	/	0.248	/
20	1.2	100	有	1.013	30.686	1.001	6.188	2.749	0.221	−2.7

15.3.2　某民用航空发动机气动稳定性综合评定

1. 风扇特性的雷诺数影响修正

表 15.6 列出了飞行高度 $H=15$ km、马赫数 $Ma=0.7$ 飞行条件下 100％风扇折合转速的特征雷诺数。

表 15.6　风扇特征雷诺数

H/km	Ma	风扇进口总温/K	风扇进口总压/Pa	Re_{I}（$\times10^5$）	Re_{II}（$\times10^5$）	Re_{III}（$\times10^5$）
15	0.7	237.93	165 44	5.33	2.23	13.3

图 15.13 所示为飞行高度 $H=15$ km、马赫数 $Ma=0.7$ 飞行条件下风扇修正特性与原始特性的对比。

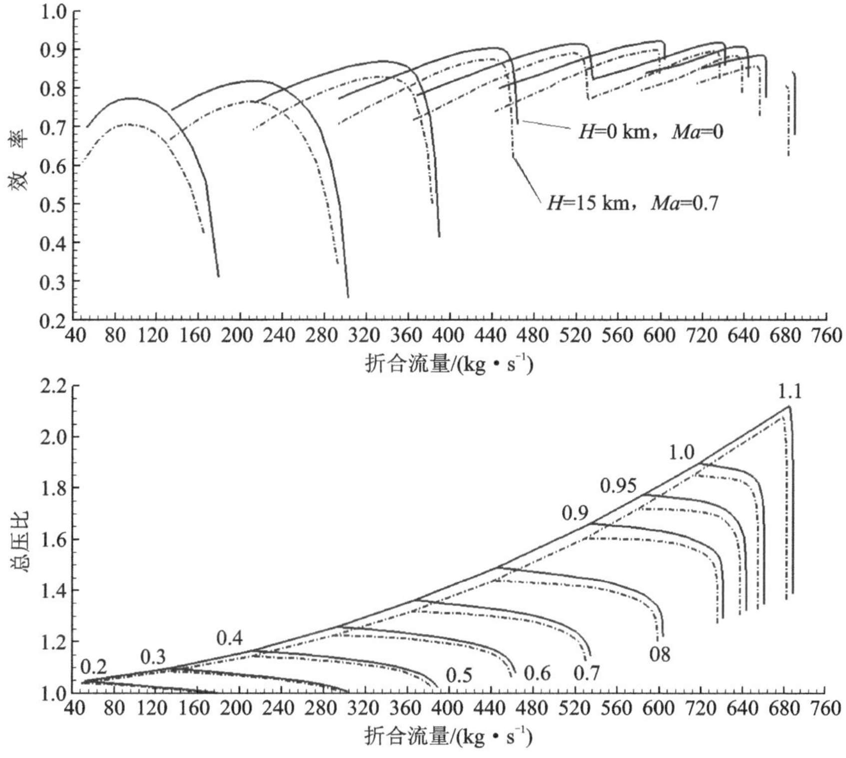

图 15.13　风扇修正特性与原始特性对比

表 15.7 列出了 100％折合转速下风扇修正特性与原始特性的特征参数偏差量。

表 15.7　风扇修正特性与原始特性的偏差

参　数	原始特性	LPC_15km_0.7	偏差/%
最高效率	0.886	0.857	−3.27
折合流量/(kg·s^{-1})	637.7	632.4	−0.832
喘点压比	1.897	1.849	−2.53

2. 增压级部件特性修正

增压级位于内涵风扇的下游，因此，增压级的进口气流参数不仅与飞行条件有关，而且也受到风扇工作状态的制约。而在发动机整机环境下，风扇的工作状态又取决于发动机各部件的共同工作。这样，要确定增压级进口气流参数，就需要进行发动机总体气动热力计算。

这里通过发动机总体计算确定特定的高空飞行条件和风扇折合转速下的增压级进口气流参数，用于增压级特性的雷诺数修正。

表 15.8 列出了飞行高度 H=15 km、马赫数 Ma=0.7 飞行条件下 100%风扇折合转速的增压级特征雷诺数。

表 15.8　增压级进口气流参数

H/km	Ma	风扇折合转速/%	增压级进口总温/K	增压级进口总压/Pa	Re_{I} (×10^5)	Re_{II} (×10^5)	Re_{III} (×10^5)
15	0.7	100	260.07	21 646	3.21	1.76	11.87

图 15.14 所示为飞行高度 H=15 km、马赫数 Ma=0.7 飞行条件下 100%风扇折合转速的增压级修正特性与原始特性的对比。

表 15.9 列出 100%风扇折合转速下增压级修正特性与原始特性的特征参数偏差量。

表 15.9　增压级修正特性与原始特性的偏差

参　数	原始特性	LPC_15km_0.7	偏差/%
最高效率	0.907	0.891	−1.76
折合流量/(kg·s^{-1})	59.7	58.8	−1.51
喘点压比	5.507	5.307	−3.63

3. 高压压气机部件特性修正

高压压气机位于内涵风扇和增压级的下游，因此，需要通过发动机总体气动热力计算来确定高压压气机的进口气流参数。

这里通过发动机总体计算确定特定的高空飞行条件和风扇折合转速下的高压压

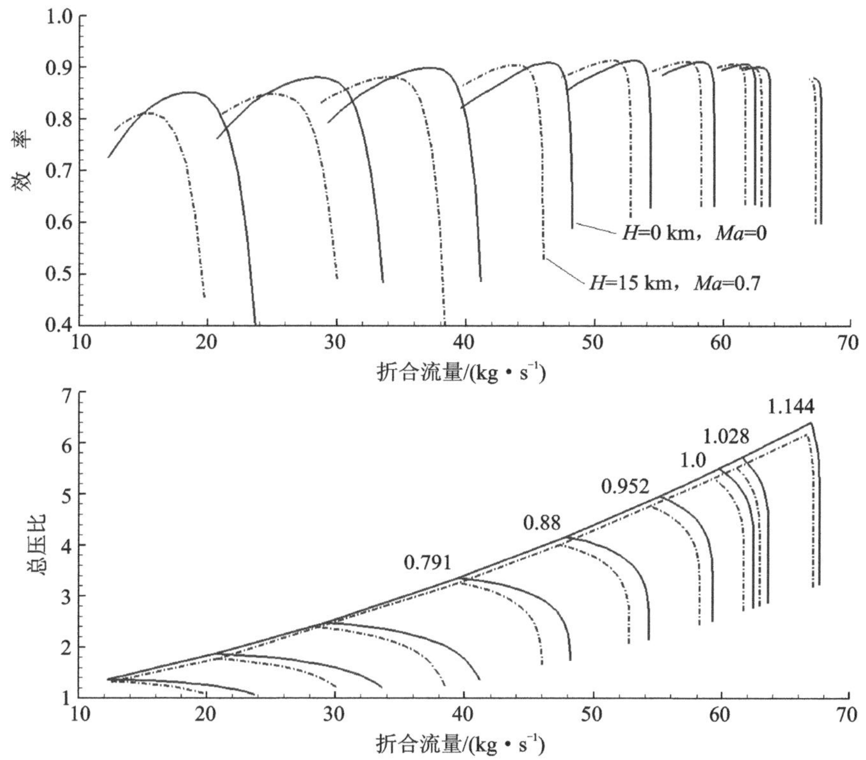

图 15.14　增压级修正特性与原始特性对比

气机进口气流参数，用于高压压气机特性的雷诺数修正。

表 15.10 列出了飞行高度 $H=15$ km、马赫数 $Ma=0.7$ 飞行条件下 100%风扇折合转速的高压压气机特征雷诺数。

表 15.10　高压压气机进口气流参数

H/km	Ma	风扇折合转速/%	压气机进口总温/K	压气机进口总压/Pa	Re_{I} ($\times10^5$)	Re_{II} ($\times10^5$)	Re_{III} ($\times10^5$)
15	0.7	100	413.55	85 451	5.68	3.57	11.16

图 15.15 所示为飞行高度 $H=15$ km、马赫数 $Ma=0.7$ 飞行条件下 100%风扇折合转速的高压压气机修正特性与原始特性的对比。由图可知，高压压气机的特性受雷诺数影响很小，尤其是在高转速时，修正后的特性线几乎与未修正的原始特性线重合。

表 15.11 列出了 100%风扇折合转速下高压压气机修正特性与原始特性的特征参数偏差量。

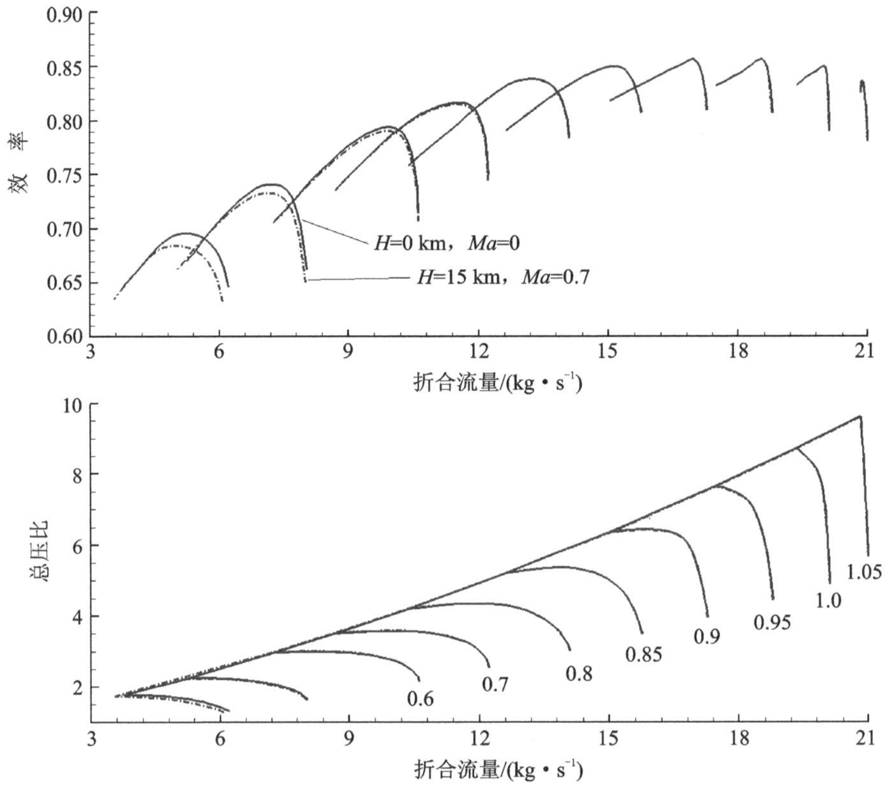

图 15.15　高压压气机修正特性与原始特性对比

表 15.11　高压压气机修正特性与原始特性的偏差

参　数	原始特性	LPC_15km_0.7	偏差/%
最高效率	0.851	0.849	−0.24
折合流量/(kg·s^{-1})	19.34	19.33	−0.05
喘点压比	8.729	8.710	−0.22

4. 雷诺数对发动机气动稳定性的影响

图 15.16～图 15.18 分别显示了飞行高度 $H=15$ km、马赫数 $Ma=0.7$、100% 风扇折合转速条件下雷诺数对风扇、增压级和压气机工作点的影响。图中，圆点是采用原始的风扇、增压级和压气机特性计算的工作点，三角形是采用雷诺数修正后的风扇和压气机特性计算的工作点。

由表 15.12～表 15.14 可知，在所选的飞行条件下，雷诺数影响导致风扇稳定裕度损失 2.3%，增压级稳定裕度增大 1.7%，高压压气机稳定裕度损失 3.7%；风扇工

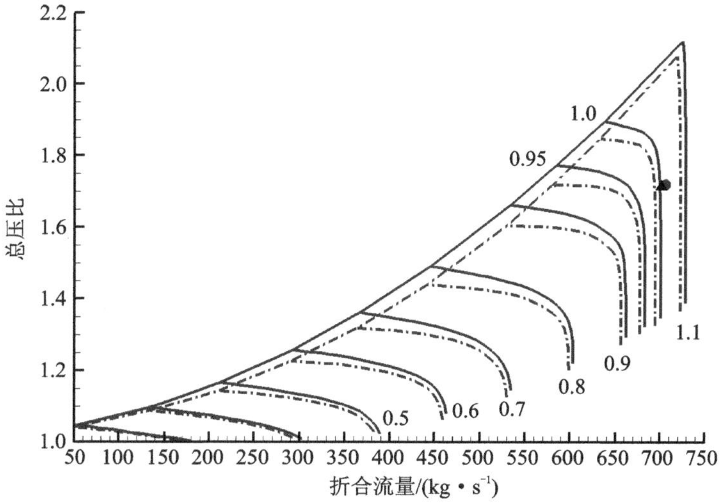

图 15.16　雷诺数对大涵道比涡扇发动机风扇工作点的影响

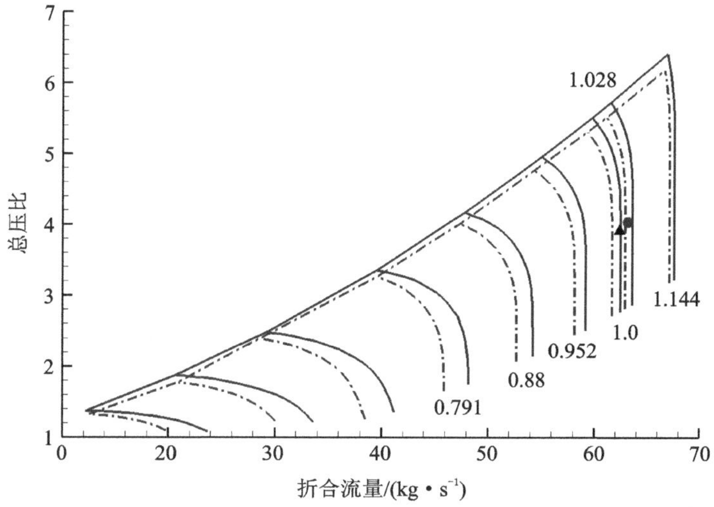

图 15.17　雷诺数对大涵道比涡扇发动机增压级工作点的影响

作点压比降低 0.407%，增压级工作点压比降低 3.077%，高压压气机工作点压比升高 2.819%；风扇工作点折合流量减小 0.727%，增压级工作点折合流量减小 1.233%，高压压气机工作点折合流量增大 1.562%。可见，虽然低雷诺数效应对风扇和增压级特性影响较大，但是，发动机部件匹配的结果却导致高压压气机稳定裕度损失最多。

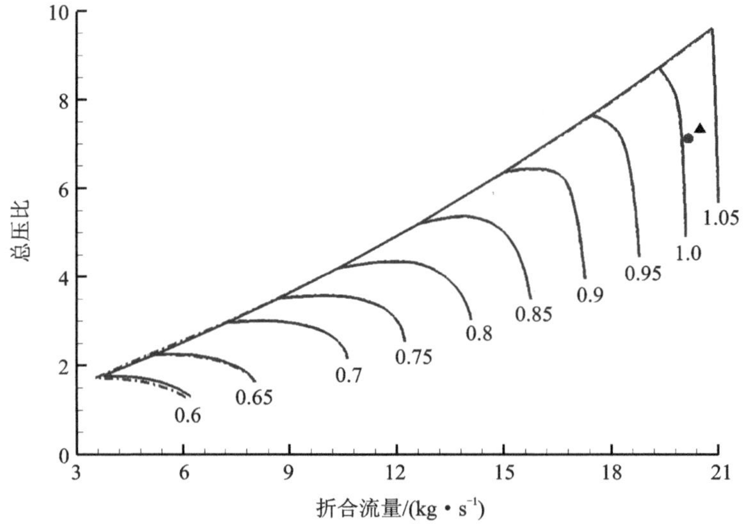

图 15.18　雷诺数对大涵道比涡扇发动机高压压气机工作点的影响

表 15.12　雷诺数对风扇工作点的影响

H/km	Ma	风扇折合转速/%	修正状态	折合流量/(kg·s^{-1})	流量变化量/%	压　比	压比变化量/%	稳定裕度	稳定裕度变化量/%
15	0.7	100	无	706.668	/	1.721	/	0.102	/
15	0.7	100	有	701.526	−0.727	1.714	−0.407	0.079	−2.3

表 15.13　雷诺数对增压级工作点的影响

H/km	Ma	风扇折合转速/%	修正状态	增压级折合转速	折合流量/(kg·s^{-1})	流量变化量/%	压　比	压比变化量/%	稳定裕度	稳定裕度变化量/%
15	0.7	100	无	1.016	63.148	/	4.030	/	0.366	/
15	0.7	100	有	1.015	62.369	−1.233	3.906	−3.077	0.383	1.7

表 15.14　雷诺数对高压压气机工作点的影响

H/km	Ma	风扇折合转速/%	修正状态	压气机折合转速	折合流量/(kg·s^{-1})	流量变化量/%	压　比	压比变化量/%	稳定裕度	稳定裕度变化量/%
15	0.7	100	无	1.008	20.172	/	7.128	/	0.225	/
15	0.7	100	有	1.023	20.487	1.562	7.329	2.819	0.188	−3.7

第 16 章
过渡态影响

航空发动机过渡态是指发动机从一个稳定工作状态快速转换到另一个稳定工作状态的动态变化过程，包括涡喷/涡扇发动机的加减速和接通、断开加力，以及变循环发动机特有的工作模式转换等。在过渡态中，航空发动机的工作点位置、性能参数、稳定裕度等都可能随时间迅速变化，如果调节规律设计不当，可能导致发动机气动失稳，出现旋转失速或者喘振。因此，需要在航空发动机研制和使用的不同阶段对过渡态如何影响气动稳定性进行准确评定。

发动机的过渡态其实相当于在外部和内部某种非定常扰动的干扰下，发动机做出的动态响应，因此，可以基于非定常流动理论，在发动机一维部件匹配方法的基础上，考虑高低压转子转动惯量、容腔效应、主燃烧室和加力燃烧室充油动态性以及工作模式转换过程中的动态响应等因素的影响，建立适用于涡喷/涡扇发动机和变循环发动机的过渡态对气动稳定性影响的评定方法。

16.1 仿真模型和仿真方法

16.1.1 物理模型

构建的物理模型主要是针对小涵道比涡扇发动机、大涵道比涡扇发动机和带有核心机驱动风扇级的双外涵变循环发动机，气动稳定性评定内容包括加、减速和接通、断开加力以及工作模式转换（只针对变循环发动机）等过渡态对航空发动机气动稳定性的影响。

航空发动机的过渡态通常是由油门杆角度或者其他变几何部件的快速调节等扰动导致的。在扰动作用下，发动机的稳态工作状态无法保持，表现出与稳态时不同的非定常特性。航空发动机中的过渡态所具备的非定常特性由下述因素决定：

① 高、低速转子转动惯量；

② 气动参数在主燃烧室、加力燃烧室、外涵通道等大尺寸容腔中的容积效应；

③ 主燃烧室油门杆角度位置与燃油流量大小的动态关联特性；

④ 加力燃烧室燃油总管充油的动态性；

⑤ 变循环发动机工作模式选择活门的开度与内外涵空气流量的动态关联特性。

为同时满足工程精度以及计算成本等多方面要求，尽可能合理地描述过渡态中发动机内部的流动特征，需要对控制方程的非定常因素进行适当简化，给出了以下几条假设：

① 由于研究对象具有轴对称的几何特点，而且气动稳定性分析并不关注气动参数沿发动机径向的变化，因此引入一维流动假设，而周向的气动参数变化用"多子发动机"模型来考虑，同一个子发动机内不考虑参数的周向变化；基于一维流动假设，以发动机各部件为基本单元，将发动机的流道沿轴向划分成一系列计算单元，如图 16.1 所示。

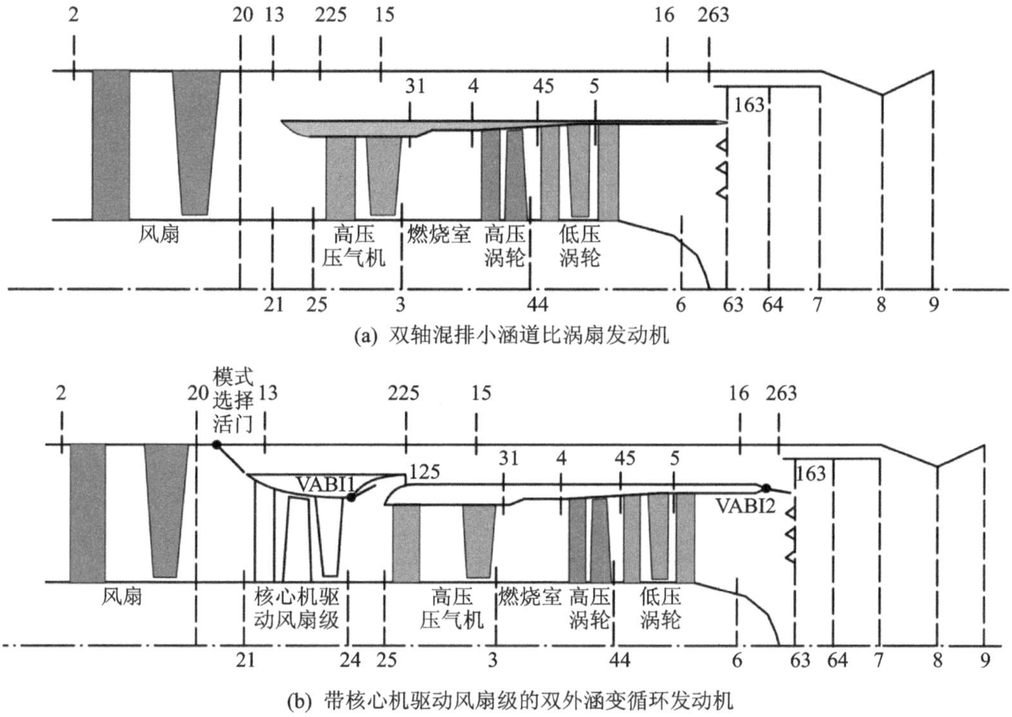

图 16.1　过渡态对发动机气动稳定性影响分析采用的单元划分和主要截面编号

② 引入理想气体假设，气体粘性对发动机性能的影响通过部件特性反映。

③ 发动机各部件的特性不受过渡态影响，与稳态时相同。

④ 控制方程不考虑摩擦损失和重力的影响。

⑤ 气体的等熵过程指数 k 是气体温度和气体成分的函数，忽略气体压力的

影响。

⑥ 涡轮冷却气体的温度与引气口的温度相同。

⑦ 内、外涵出口截面(见图16.1(a)的63截面和163截面,见图16.1(b)125截面和225截面)静压平衡。

图16.1(a)、(b)分别为涡扇发动机和变循环发动机单元划分方法和主要截面编号。用沿轴向的各个截面将发动机划分为若干个计算单元,包括进气道单元、风扇单元、CDFS单元(仅对变循环发动机)、高压压气机单元、主燃烧室单元、高压涡轮单元、低压涡轮单元、涡轮后接管道单元、外涵管路单元、掺混室单元、加力燃烧室单元和尾喷管单元。VABI1和VABI2分别是变循环发动机的前、后可变面积涵道引射器。VABI1、VABI2和喷管喉道面积被设置为适当的大小来保持所需的涵道比和背压,以给加速或超声巡航状态提供高的单位推力,改善加速性能。

各主要截面编号的含义见表16.1。其中,0截面在发动机远前方,表示大气环境,截面参数由飞行高度和飞行马赫数决定;43截面和49截面是两个假想截面,其中43截面表示不考虑高压涡轮转子冷却气影响时的高压涡轮出口截面,49截面表示不考虑低压涡轮转子冷却气影响时的低压涡轮出口截面;263截面为喷管冷却管路的进口,当打开加力时,一部分温度较低的外涵气流从263截面进入该管路,绕过加力燃烧室直接到达尾喷管喉道处,用于冷却尾喷管。

表16.1　航空发动机主要截面编号的含义

编号	含义	编号	含义	编号	含义	编号	含义
0	大气环境	20	风扇出口	31	主燃烧室进口	5	低压涡轮出口(冷却后)
125	核心涵道出口	21	CDFS进口	4	主燃烧室出口	6	涡轮后接管道进口
13	前外涵道进口	225	副涵道出口	41	高压涡轮导向器出口	63	热端掺混面
15	前掺混室出口	24	CDFS出口	43	高压涡轮出口(冷却前)	64	后掺混室出口、加力燃烧室进口
16	后外涵道出口	25	高压压气机进口	44	高压涡轮出口(冷却后)	7	加力燃烧室出口
163	冷端掺混面	263	喷管冷却管路进口	45	低压涡轮进口	8	喷管喉道截面
2	风扇进口	3	高压压气机出口	49	低压涡轮出口(冷却前)	9	喷管出口(仅对拉瓦尔喷管)

16.1.2 控制方程

在一维流动假设下,每个截面只需要总压、总温、流量三个参数即可完全确定该截面的气动状态。下面针对结构和工作原理较复杂的变循环发动机，建立描述其过渡态的各部件的控制方程，对于涡扇发动机过渡态的控制方程，可以在此基础上简化得到。

1. 进气道

① 进口——0 截面

$$T_0^* = T_0/\tau(Ma, k_0) \tag{16.1}$$

$$P_0^* = P_0/\pi(Ma, k_0) \tag{16.2}$$

$$\dot{m}_0 = \dot{m}_2 \tag{16.3}$$

式(16.1)～式(16.3)中：T_0 和 P_0 分别表示对应飞行高度的大气温度和大气压力；τ 函数表示静温和总温之比，π 函数表示静压和总压之比，二者均是马赫数 Ma 和等熵过程指数 k_0 的函数；根据基本假设⑤可知，k_0 由静温 T_0 和空气成分决定；0 截面的流量 $\dot{m}_0$ 由下游的 2 截面决定。

$$\tau_0 = \frac{1}{1 + \frac{k_0 - 1}{2}Ma^2}, \quad \pi = \frac{1}{\left(1 + \frac{k_0 - 1}{2}Ma^2\right)^{\frac{k_0}{k_0 - 1}}}$$

② 出口——2 截面

$$T_2^* = T_0^* \tag{16.4}$$

$$P_2^* = P_0^* \times \sigma_2 \tag{16.5}$$

$$\dot{m}_2 = \dot{m}_{20} \tag{16.6}$$

式(16.4)～式(16.6)中：σ_2 表示进气道的总压恢复系数，可以根据进气道总压恢复特性，由飞行马赫数 Ma 插值得到，也可以根据经验公式计算得到；2 截面的流量 $\dot{m}_2$ 由下游 20 截面决定。

2. 风　扇

① 进口——2 截面

② 出口——20 截面

$$P_{20}^* = P_2^* \times \pi_{\text{fan}}^* \tag{16.7}$$

$$T_{20}^* = f_{\text{comp}}(T_2^*, \pi_{\text{fan}}^*, \eta_{\text{fan}}^*) \tag{16.8}$$

$$\dot{m}_{20} = \dot{m}_{13} + \dot{m}_{21} \tag{16.9}$$

式(16.7)～式(16.9)中：式(16.7)和式(16.8)引入了两个未知量 π_{fan}^* 和 η_{fan}^*，分别表示风扇的总压比和等熵效率；f_{comp} 是基于变比热法的压缩部件求解函数，由压缩部件进口总温、总压比和等熵效率计算其出口总温，该函数同样适用于核心机驱动风扇级和高压压气机；20 截面的流量 $\dot{m}_{20}$ 由其下游的前外涵道进口流量 $\dot{m}_{13}$ 和核心机驱动风扇级进口流量 $\dot{m}_{21}$ 共同决定。

3. 核心机驱动风扇级

① 进口——21 截面

$$P_{21}^{*} = P_{20}^{*} \times \sigma_{21} \tag{16.10}$$

$$T_{21}^{*} = T_{20}^{*} \tag{16.11}$$

$$\dot{m}_{21} = \dot{m}_{24} \tag{16.12}$$

式(16.10)～式(16.12)中：σ_{21} 表示从风扇出口到核心机驱动风扇级进口之间的中介机匣的总压恢复系数；21 截面的流量 $\dot{m}_{21}$ 由下游 24 截面决定。

② 出口——24 截面

$$P_{24}^{*} = P_{21}^{*} \times \pi_{\text{CDFS}}^{*} \tag{16.13}$$

$$T_{24}^{*} = f_{\text{comp}}(T_{21}^{*}, \pi_{\text{CDFS}}^{*}, \eta_{\text{CDFS}}^{*}) \tag{16.14}$$

$$\dot{m}_{24} = \dot{m}_{125} + \dot{m}_{25} \tag{16.15}$$

式(16.13)～式(16.15)中：式(16.13)和式(16.14)引入了两个未知量 π_{CDFS}^{*} 和 η_{CDFS}^{*}，分别表示核心机驱动风扇级的总压比和等熵效率；24 截面的流量 $\dot{m}_{24}$ 由其下游的 CDFS 涵道出口流量 $\dot{m}_{125}$ 和高压压气机进口流量 $\dot{m}_{25}$ 共同决定。

4. 高压压气机

① 进口——25 截面

$$P_{25}^{*} = P_{24}^{*} \times \sigma_{25} \tag{16.16}$$

$$T_{25}^{*} = T_{24}^{*} \tag{16.17}$$

$$\dot{m}_{25} = \dot{m}_{25,\text{cor}} \frac{P_{25}^{*}/P_{\text{std}}}{\sqrt{T_{25}^{*}/T_{\text{std}}}} \tag{16.18}$$

式(16.16)～式(16.18)中：σ_{25} 表示从核心机驱动风扇级出口到高压压气机进口之间的中介机匣的总压恢复系数；为了计算 25 截面的流量 $\dot{m}_{25}$，式(16.18)引入了一个未知量 $\dot{m}_{25,\text{cor}}$，表示高压压气机进口截面的折合流量；p_{std} 和 T_{std} 分别表示国际标准大气在海平面高度处的压强和温度，$p_{\text{std}} = 101.325\ \text{kPa}$，$T_{\text{std}} = 288.15\ \text{K}$。

② 出口——3 截面

$$P_{3}^{*} = P_{31}^{*} \tag{16.19}$$

$$T_{3}^{*} = f_{\text{comp}}(T_{25}^{*}, P_{3}^{*}/P_{25}^{*}, \eta_{\text{HPC}}^{*}) \tag{16.20}$$

$$\dot{m}_{3} = \dot{m}_{25} - \dot{m}_{\text{Cl,IGV,LPT}} - \dot{m}_{\text{Cl,LPT}} - \dot{m}_{\text{Bld}} \tag{16.21}$$

式(16.19)～式(16.21)中：3 截面总压 P_{3}^{*} 由下游 31 截面的 P_{31}^{*} 决定，考虑了主燃烧室压力波动向上游传播的影响；式(16.20)引入了一个未知量 η_{HPC}^{*}，该参数表示高压压气机的等熵效率；式(16.21)中出现的附加引气流量，对照图 16.2 所示的引气系统进行说明。

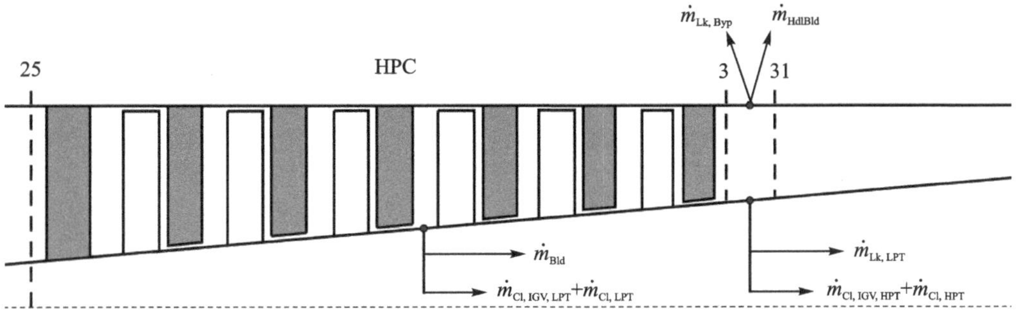

图 16.2　高压压气机引气系统示意图

图中：

$\dot{m}_{Cl,IGV,LPT}$—— 高压压气机级间引气，用于冷却低压涡轮导向器；

$\dot{m}_{Cl,LPT}$—— 高压压气机级间引气，用于冷却低压涡轮转子；

$\dot{m}_{Bld}$—— 高压压气机级间引气，用于飞机座舱；

$\dot{m}_{Cl,IGV,HPT}$—— 高压压气机出口引气，用于冷却高压涡轮导向器；

$\dot{m}_{Cl,HPT}$—— 高压压气机出口引气，用于冷却高压涡轮转子；

$\dot{m}_{Lk,LPT}$—— 从高压压气机出口泄漏至低压涡轮出口；

$\dot{m}_{Lk,Byp}$—— 从高压压气机出口泄漏至后外涵道；

$\dot{m}_{HdlBld}$—— 高压压气机出口引气，在低转速时打开，用于增大稳定裕度。

各股附加引气均由高压压气机进口流量乘以一定的比例系数得到，在本模型中不视为未知变量。

5. 主燃烧室

① 进口——31 截面

$$T_{31}^{*}=T_{3}^{*} \tag{16.22}$$

$$P_{31}^{*}=P_{4}^{*}/\sigma_{4} \tag{16.23}$$

$$\dot{m}_{31}=\dot{m}_{3}-\dot{m}_{Cl,IGV,HPT}-\dot{m}_{Cl,HPT}-\dot{m}_{Lk,LPT}-\dot{m}_{Lk,Byp}-\dot{m}_{HdlBld} \tag{16.24}$$

式(16.22)～式(16.24)中：σ_4 表示主燃烧室的总压恢复系数，式(16.23)考虑了主燃烧室内压力波动向上游传播的影响；式(16.24)中出现的附加引气流量的含义可参照图 16.2。

② 出口——4 截面

$$T_{4}^{*}=T_{4}^{*}+\Delta t\times(\mathrm{d}T_{4}^{*}/\mathrm{d}t) \tag{16.25}$$

$$P_{4}^{*}=P_{4}^{*}+\Delta t\times(\mathrm{d}P_{4}^{*}/\mathrm{d}t) \tag{16.26}$$

$$\dot{m}_{4}=\dot{m}_{41}-\dot{m}_{Cl,IGV,HPT} \tag{16.27}$$

式(16.25)～式(16.27)中：式(16.25)和式(16.26)引入了两个未知量$\mathrm{d}T_{4}^{*}/\mathrm{d}t$和

$\mathrm{d}P_4^*/\mathrm{d}t$，分别是根据主燃烧室内的容腔效应计算得出的总温、总压的时间导数；4 截面的流量 $\dot{m}_4$ 由下游决定。

6. 高压涡轮

① 导向器出口——41 截面

$$T_{41}^* = f_{\text{cool}}(T_4^*, \dot{m}_4, T_3^*, \dot{m}_{\text{Cl,IGV,HPT}}) \tag{16.28}$$

$$P_{41}^* = P_4^* \tag{16.29}$$

$$\dot{m}_{41} = \dot{m}_{41,\text{cor}} \times \frac{P_{41}^*/P_{\text{std}}}{\sqrt{T_{41}^*/T_{\text{std}}}} \tag{16.30}$$

从燃烧室出口流出的燃气（流量为 $\dot{m}_4$，总温为 T_4^*）和从高压压气机出口引出的冷却气（流量为 $\dot{m}_{\text{Cl,IGV,HPT}}$，总温为 T_3^*）在高压涡轮进口导向器处掺混，根据能量守恒得到 T_{41}^*。用 f_{cool} 表示这一冷却过程，该函数同样适用于其他截面处冷却气和主流的掺混。涡轮冷却系统如图 16.3 所示。为了计算 41 截面的流量 $\dot{m}_{41}$，式(16.30)引入了一个未知量 $\dot{m}_{41,\text{cor}}$，表示高压涡轮转子进口的折合流量。

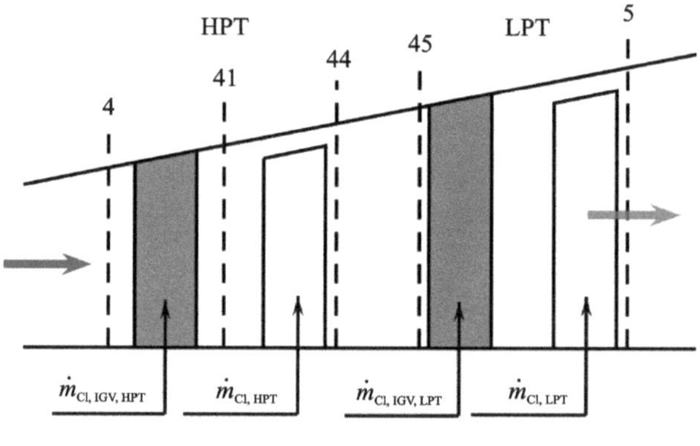

图 16.3　涡轮冷却气系统示意图

② 高压涡轮出口截面——43 截面（加入冷却气 $\dot{m}_{\text{Cl,HPT}}$ 之前）

$$\dot{m}_{43} = \dot{m}_{41} \tag{16.31}$$

$$P_{43}^* = P_{44}^* \tag{16.32}$$

$$T_{43}^* = f_{\text{turb}}(T_{41}^*, P_{41}^*/P_{43}^*, \eta_{\text{HPT}}^*) \tag{16.33}$$

式(16.33)中引入了一个未知量 η_{HPT}^*，表示高压涡轮的等熵效率；f_{turb} 是基于变比热法的涡轮部件求解函数，由涡轮转子进口总温、落压比和等熵效率计算出口总温。该函数同样适用于低压涡轮。

③ 高压涡轮出口截面——44 截面（加入冷却气 $\dot{m}_{\text{Cl,HPT}}$ 之后）

$$P_{44}^* = P_{45}^*/\sigma_{45} \tag{16.34}$$

$$T_{44}^* = f_{\text{cool}}(T_{43}^*, \dot{m}_{43}, T_3^*, \dot{m}_{\text{Cl,HPT}}) \tag{16.35}$$

$$\dot{m}_{44}=\dot{m}_{43}+\dot{m}_{\mathrm{Cl,HPT}} \tag{16.36}$$

式(16.34)～式(16.36)中：σ_{45} 表示从高压涡轮出口到低压涡轮进口段的总压恢复系数；冷却气 $\dot{m}_{\mathrm{Cl,HPT}}$ 不做功。

7. 低压涡轮

① 进口截面——45 截面

$$\dot{m}_{45}=\dot{m}_{44} \tag{16.37}$$

$$T_{45}^{*}=T_{44}^{*} \tag{16.38}$$

$$P_{45}^{*}=P_{49}^{*}\times\pi_{\mathrm{LPT}}^{*} \tag{16.39}$$

式(16.39)引入了一个未知量 π_{LPT}^{*}，表示低压涡轮的落压比。

② 出口截面——49 截面(加入冷却气 $\dot{m}_{\mathrm{Cl,LPT}}$ 和 $\dot{m}_{\mathrm{Lk,LPT}}$ 之前)

$$\dot{m}_{49}=\dot{m}_{45}+\dot{m}_{\mathrm{Cl,IGV,LPT}} \tag{16.40}$$

$$T_{49}^{*}=f_{\mathrm{turb}}(T_{45}^{*},\pi_{\mathrm{LPT}}^{*},\eta_{\mathrm{LPT}}^{*},\dot{m}_{\mathrm{Cl,IGV,LPT}}) \tag{16.41}$$

$$P_{49}^{*}=P_{5}^{*} \tag{16.42}$$

式(16.41)中引入了一个未知量 η_{LPT}^{*}，表示低压涡轮的等熵效率；在利用 f_{turb} 函数计算 T_{49}^{*} 时需要考虑冷却气 $\dot{m}_{\mathrm{Cl,IGV,LPT}}$，这股冷却气是做功的。

③ 出口截面——5 截面(加入冷却气 $\dot{m}_{\mathrm{Cl,LPT}}$ 和 $\dot{m}_{\mathrm{Lk,LPT}}$ 之后)

$$\dot{m}_{5}=\dot{m}_{49}+\dot{m}_{\mathrm{Cl,LPT}}+\dot{m}_{\mathrm{Lk,LPT}} \tag{16.43}$$

$$T_{5}^{*}=f_{\mathrm{cool}}(T_{49}^{*},\dot{m}_{49},T_{3}^{*},\dot{m}_{\mathrm{Lk,HPT}},T_{\mathrm{mid}}^{*},\dot{m}_{\mathrm{Cl,HPT}}) \tag{16.44}$$

$$P_{5}^{*}=P_{6}^{*}/\sigma_{6} \tag{16.45}$$

式(16.43)～式(16.45)中：σ_{6} 表示低压涡轮出口到排气管道进口之间的总压恢复系数；式(16.45)考虑了加力燃烧室内压力波动的上传；T_{mid}^{*} 表示高压压气机中间级引气处的总温。

8. 涡轮下游排气管道

① 进口截面——5 截面

② 出口截面——6 截面

$$\dot{m}_{6}=\dot{m}_{5} \tag{16.46}$$

$$T_{6}^{*}=T_{5}^{*} \tag{16.47}$$

$$P_{6}^{*}=P_{63}^{*}/\sigma_{63} \tag{16.48}$$

式中：σ_{63} 表示涡轮下游排气管道的总压恢复系数。式(16.48)反映了加力燃烧室内压力波动向上游的传播。

9. 前外涵道

① 进口——13 截面

$$T_{13}^{*}=T_{20}^{*} \tag{16.49}$$

$$P_{13}^{*}=P_{20}^{*}\times\sigma_{13} \tag{16.50}$$

$$\dot{m}_{13}=f_{13}(\alpha_{13},t) \tag{16.51}$$

式(16.49)～式(16.51)中：σ_{13} 表示从风扇出口到前外涵道进口的总压恢复系数；前外涵道进口流量 $\dot{m}_{13}$ 是模式选择活门开度 α_{13} 和时间 t 的函数，可以采用一阶滞后模型来描述 $\dot{m}_{13}$ 对 α_{13} 的动态响应。

② 出口——225 截面

$$\dot{m}_{225}=\dot{m}_{13} \tag{16.52}$$

$$T_{225}^{*}=T_{13}^{*} \tag{16.53}$$

$$P_{225}^{*}=P_{13}^{*}\times\sigma_{225} \tag{16.54}$$

式中：σ_{225} 表示前外涵道的总压恢复系数。

10. 副掺混室

① 冷端进口——225 截面

② 热端进口——125 截面

$$P_{125}^{*}=P_{24}^{*}\times\sigma_{125} \tag{16.55}$$

$$T_{125}^{*}=T_{24}^{*} \tag{16.56}$$

$$\dot{m}_{125}=f_{125}(\alpha_{125},t) \tag{16.57}$$

式(16.55)～式(16.57)中：σ_{125} 表示 CDFS 涵道的总压恢复系数；CDFS 涵道出口流量 $\dot{m}_{125}$ 是前可变面积涵道引射器(VABI1)开度 α_{125} 和时间 t 的函数，采用一阶滞后模型来描述 $\dot{m}_{125}$ 对 α_{125} 的动态响应。

③ 出口——15 截面

$$\dot{m}_{15}=\dot{m}_{125}+\dot{m}_{225} \tag{16.58}$$

$$T_{15}^{*}=f_{\mathrm{cool}}(T_{125}^{*},\dot{m}_{125},T_{225}^{*},\dot{m}_{225}) \tag{16.59}$$

$$P_{15}^{*}=f_{\mathrm{mix1}}(P_{125}^{*},T_{125}^{*},\dot{m}_{125},A_{125},P_{225}^{*},T_{225}^{*},\dot{m}_{225},A_{225}) \tag{16.60}$$

式中：f_{mix1} 函数根据掺混室冷端进口和热端进口参数，计算掺混室出口总压。

11. 后外涵道

① 进口截面——15 截面

② 出口截面——16 截面

$$T_{16}^{*}=T_{16}^{*}+\Delta t\times(\mathrm{d}T_{16}^{*}/\mathrm{d}t) \tag{16.61}$$

$$P_{16}^{*}=P_{16}^{*}+\Delta t\times(\mathrm{d}P_{16}^{*}/\mathrm{d}t) \tag{16.62}$$

$$\dot{m}_{16}=\dot{m}_{163} \tag{16.63}$$

式(16.61)～式(16.63)中：式(16.61)和式(16.62)引入了两个未知量 $\mathrm{d}T_{16}^{*}/\mathrm{d}t$ 和 $\mathrm{d}P_{16}^{*}/\mathrm{d}t$，分别是根据后外涵道内的容腔效应计算得出的总温、总压的时间导数；

16 截面的流量 $\dot{m}_{16}$ 由下游 163 截面决定。

12. 主掺混室

① 冷端进口——163 截面

$$P_{163}^{*}=P_{16}^{*} \tag{16.64}$$

$$T_{163}^{*}=T_{16}^{*} \tag{16.65}$$

$$\dot{m}_{163}=f_{\mathrm{mix2}}(P_{163}^{*},T_{163}^{*},A_{163},\dot{m}_{63},P_{63}^{*},T_{63}^{*},A_{63}) \tag{16.66}$$

式中：f_{mix2} 函数根据 163 截面和 63 截面的静压平衡约束计算 163 截面的流量。

② 热端进口——63 截面

$$P_{63}^{*}=(P_{64}^{*}A_{64}/\sigma_{64}-P_{163}^{*}A_{163})/A_{63} \tag{16.67}$$

$$T_{63}^{*}=T_{6}^{*} \tag{16.68}$$

$$\dot{m}_{63}=\dot{m}_{6} \tag{16.69}$$

式(16.67)～式(16.69)中：σ_{64} 表示主掺混室的总压恢复系数；63 截面的流量由上游决定。

③ 出口——64 截面

$$\dot{m}_{64}=\dot{m}_{163}+\dot{m}_{63} \tag{16.70}$$

$$T_{64}^{*}=f_{\mathrm{cool}}(T_{163}^{*},\dot{m}_{163},T_{63}^{*},\dot{m}_{63}) \tag{16.71}$$

$$P_{64}^{*}=P_{7}^{*}/\sigma_{7} \tag{16.72}$$

式中：σ_{7} 表示加力燃烧室的总压恢复系数。式(16.72)考虑了加力燃烧室内压力波动的上传。

13. 加力燃烧室

① 进口——64 截面

② 出口——7 截面

$$T_{7}^{*}=T_{7}^{*}+\Delta t\times(\mathrm{d}T_{7}^{*}/\mathrm{d}t) \tag{16.73}$$

$$P_{7}^{*}=P_{7}^{*}+\Delta t\times(\mathrm{d}P_{7}^{*}/\mathrm{d}t) \tag{16.74}$$

$$\dot{m}_{7}=\dot{m}_{8} \tag{16.75}$$

式(16.73)～式(16.75)中：式(16.73)和式(16.74)引入了两个未知量 $\mathrm{d}T_{7}^{*}/\mathrm{d}t$ 和 $\mathrm{d}P_{7}^{*}/\mathrm{d}t$，分别是根据加力燃烧室内的容腔效应计算得出的总温、总压的时间导数；7 截面流量 $\dot{m}_{7}$ 由下游的尾喷管决定。

14. 尾喷管

$$T_{8}^{*}=T_{7}^{*} \tag{16.76}$$

$$P_{8}^{*}=P_{7}^{*} \tag{16.77}$$

$$\dot{m}_{8}=f_{\mathrm{noz}}(A_{8}/A_{9},P_{8}^{*},P_{\mathrm{b}}) \tag{16.78}$$

式(16.78)中:引入了一个未知量 A_8 表示拉瓦尔喷管的喉部面积;A_9 为喷管出口面积,A_9 是 A_8 的函数;P_b 表示尾喷管出口背压;f_{noz} 函数用于计算尾喷管喉道处通过的流量。

15. 补充方程

式(16.1)～式(16.78)涉及 26 个截面,每个截面上都包含总压、总温、流量三个未知变量,共计 78 个。除此之外,在上述 78 个方程中还额外引入了 17 个未知量,如表 16.2 所列。

表 16.2　额外引入的未知量

序　号	未知量	序　号	未知量
1	π^*_{fan}	10	η^*_{HPT}
2	η^*_{fan}	11	π^*_{LPT}
3	π^*_{CDFS}	12	η^*_{LPT}
4	η^*_{CDFS}	13	$\mathrm{d}T^*_{16}/\mathrm{d}t$
5	$\dot{m}_{25,cor}$	14	$\mathrm{d}P^*_{16}/\mathrm{d}t$
6	η^*_{HPC}	15	$\mathrm{d}T^*_7/\mathrm{d}t$
7	$\mathrm{d}T^*_4/\mathrm{d}t$	16	$\mathrm{d}P^*_7/\mathrm{d}t$
8	$\mathrm{d}P^*_4/\mathrm{d}t$	17	A_8
9	$\dot{m}_{41,cor}$		

因此,求解上述方程还需要补充 17 个方程,如下:

$$\pi^*_{fan}=f_{fan1}(N_L/\sqrt{T^*_2},\varphi_{fan},\dot{m}_2\sqrt{T^*_2}/P^*_2) \tag{16.79}$$

$$\eta^*_{fan}=f_{fan2}(N_L/\sqrt{T^*_2},\varphi_{fan},\dot{m}_2\sqrt{T^*_2}/P^*_2) \tag{16.80}$$

$$\pi^*_{CDFS}=f_{CDFS1}(N_H/\sqrt{T^*_{21}},\varphi_{CDFS},\dot{m}_{21}\sqrt{T^*_{21}}/P^*_{21}) \tag{16.81}$$

$$\eta^*_{CDFS}=f_{CDFS2}(N_H/\sqrt{T^*_{21}},\varphi_{CDFS},\dot{m}_{21}\sqrt{T^*_{21}}/P^*_{21}) \tag{16.82}$$

$$\dot{m}_{25,cor}=f_{HPC1}(N_H/\sqrt{T^*_{25}},\varphi_{HPC},P^*_3/P^*_{25}) \tag{16.83}$$

$$\eta^*_{HPC}=f_{HPC2}(N_H/\sqrt{T^*_{25}},\varphi_{HPC},P^*_3/P^*_{25}) \tag{16.84}$$

$$\frac{\mathrm{d}T^*_4}{\mathrm{d}t}=\frac{R_4T^*_4}{P^*_4V_b}\frac{1}{c_V}\left[\dot{m}_f\left(H_u\eta_b+h_f-\frac{h^*_4}{k_4}\right)+\dot{m}_{31}\left(h^*_{31}-\frac{h^*_4}{k_4}\right)-\dot{m}_4\left(h^*_4-\frac{h^*_4}{k_4}\right)\right] \tag{16.85}$$

$$\frac{\mathrm{d}P^*_4}{\mathrm{d}t}=\frac{R_4T^*_4}{V_b}(\dot{m}_{31}+\dot{m}_f-\dot{m}_4)+\frac{P^*_4}{T^*_4}\frac{\mathrm{d}T^*_4}{\mathrm{d}t} \tag{16.86}$$

$$\dot{m}_{41,cor}=f_{HPT1}(N_H/\sqrt{T^*_4},P^*_{41}/P^*_{43}) \tag{16.87}$$

$$\eta^*_{HPT}=f_{HPT2}(N_H/\sqrt{T^*_4},P^*_{41}/P^*_{43}) \tag{16.88}$$

$$\pi_{\mathrm{LPT}}^{*}=f_{\mathrm{LPT1}}\left(N_{\mathrm{L}}/\sqrt{T_{45}^{*}},\dot{m}_{45}\sqrt{T_{45}^{*}}/P_{45}^{*}\right) \tag{16.89}$$

$$\eta_{\mathrm{LPT}}^{*}=f_{\mathrm{LPT2}}\left(N_{\mathrm{L}}/\sqrt{T_{45}^{*}},\pi_{\mathrm{LPT}}^{*}\right) \tag{16.90}$$

$$\frac{\mathrm{d}T_{16}^{*}}{\mathrm{d}t}=\frac{R_{16}T_{16}^{*}}{P_{16}^{*}V_{\mathrm{bp}}}\frac{1}{c_V}\left[\dot{m}_{15}\left(h_{15}^{*}-\frac{h_{16}^{*}}{k_{16}}\right)-\dot{m}_{16}\left(h_{16}^{*}-\frac{h_{16}^{*}}{k_{16}}\right)\right] \tag{16.91}$$

$$\frac{\mathrm{d}P_{16}^{*}}{\mathrm{d}t}=\frac{R_{16}T_{4}^{*}}{V_{\mathrm{bp}}}(\dot{m}_{15}-\dot{m}_{16})+\frac{P_{16}^{*}}{T_{16}^{*}}\frac{\mathrm{d}T_{16}^{*}}{\mathrm{d}t} \tag{16.92}$$

$$\frac{\mathrm{d}T_{7}^{*}}{\mathrm{d}t}=\frac{R_{7}T_{7}^{*}}{P_{7}^{*}V_{\mathrm{AB}}}\frac{1}{c_V}\left[\dot{m}_{\mathrm{f,AB}}\left(H_u\eta_{\mathrm{AB}}+h_{\mathrm{f,AB}}-\frac{h_{7}^{*}}{k_{7}}\right)+\dot{m}_{64}\left(h_{64}^{*}-\frac{h_{7}^{*}}{k_{7}}\right)-\dot{m}_{7}\left(h_{7}^{*}-\frac{h_{7}^{*}}{k_{7}}\right)\right] \tag{16.93}$$

$$\frac{\mathrm{d}P_{7}^{*}}{\mathrm{d}t}=\frac{R_{7}T_{7}^{*}}{V_{\mathrm{AB}}}(\dot{m}_{64}+\dot{m}_{\mathrm{f,AB}}-\dot{m}_{7})+\frac{P_{7}^{*}}{T_{7}^{*}}\frac{\mathrm{d}T_{7}^{*}}{\mathrm{d}t} \tag{16.94}$$

$$A_8=\mathrm{CONTROL}_1(\ ) \tag{16.95}$$

式(16.79)～式(16.95)中：f_{fan1} 和 f_{fan2} 分别表示风扇的流量-压比特性和流量-效率特性；f_{CDFS1} 和 f_{CDFS2} 分别表示核心机驱动风扇级的流量-压比特性和流量-效率特性；f_{HPC1} 和 f_{HPC2} 分别表示高压压气机的压比-流量特性和压比-效率特性；f_{HPT1} 和 f_{HPT2} 分别表示高压涡轮的落压比-流量特性和落压比-效率特性；f_{LPT1} 和 f_{LPT2} 分别表示低压涡轮的落压比-流量特性和落压比-效率特性。压缩部件和涡轮部件的特性由数据文件直接给定。在利用式(16.89)计算低压涡轮落压比时，需要局部迭代。

式(16.85)、式(16.86)和式(16.91)～式(16.94)是容腔效应方程。喷管喉道面积由控制规律$\mathrm{CONTROL}_1$ 决定。

在式(16.79)～式(16.94)中又引入了 7 个新的未知量 φ_{fan}、φ_{CDFS}、φ_{HPC}、$\dot{m}_{\mathrm{f}}$、$\dot{m}_{\mathrm{f,AB}}$、N_{L}、N_{H}，故需要再补充 7 个方程，如下：

$$\varphi_{\mathrm{fan}}=\mathrm{CONTROL}_2(\ ) \tag{16.96}$$

$$\varphi_{\mathrm{CDFS}}=\mathrm{CONTROL}_3(\ ) \tag{16.97}$$

$$\varphi_{\mathrm{HPC}}=\mathrm{CONTROL}_4(\ ) \tag{16.98}$$

$$\dot{m}_{\mathrm{f}}=\mathrm{CONTROL}_5(\ ) \tag{16.99}$$

$$\dot{m}_{\mathrm{f,AB}}=\mathrm{CONTROL}_6(\ ) \tag{16.100}$$

$$N_{\mathrm{L}}=N_{\mathrm{L}}+\Delta t\times f_{\mathrm{NL}} \tag{16.101}$$

$$N_{\mathrm{H}}=N_{\mathrm{H}}+\Delta t\times f_{\mathrm{NH}} \tag{16.102}$$

式(16.96)～式(16.102)中：φ_{fan}、φ_{CDFS}、φ_{HPC} 分别表示风扇、核心机驱动风扇级和高压压气机的进口导叶角度；$\dot{m}_{\mathrm{f}}$、$\dot{m}_{\mathrm{f,AB}}$ 分别表示主燃烧室和加力燃烧室的燃油流量，这 5 个变量均由相应的控制规律决定；N_{H} 和 N_{L} 分别表示高、低压转子的物理转速，由高、低压转子功率平衡以及转子动力学方程决定。

综上所述，针对图 16.1(b)所示的变循环发动机，其过渡态一共涉及 26 个截面上的 102 个未知量，独立方程包括式(16.1)～式(16.102)，共 102 个。方程个数等于未知量个数，故方程组封闭。

对于常规结构的小涵道比混排涡扇发动机，由于缺少了核心机驱动风扇级单元，其未知变量和控制方程个数要相应减少。

16.1.3 仿真方法

1. 主燃烧室总压恢复系数 σ_4

如果没有主燃烧室总压恢复系数特性曲线，可用以下经验公式计算 σ_4：

$$\sigma_4 = 1 - \text{const} \cdot \lambda_{31} \tag{16.103}$$

式中：λ_{31} 为燃烧室进口的速度系数；const 为常数，可根据设计点的 σ_4 和 λ_{31} 确定。

2. 主燃烧室燃烧效率 η_b

如果没有主燃烧室燃烧效率特性曲线，可用以下经验公式计算 η_b：

$$\eta_b = \begin{cases} 1 - 0.8\left(\dfrac{\dot{m}_4}{0.05T_{31}^* p_{31}^{*\,1.25}}\right)^2 \left[1 + \left(1 - \dfrac{3.0}{\alpha_4}\right)^2\right]^2 & \alpha_4 \leqslant 3.0 \\ 1 - 0.8\left(\dfrac{\dot{m}_4}{0.05T_{31}^* p_{31}^{*\,1.25}}\right)^2 \left[1 + \left(1 - \dfrac{\alpha_4}{3.0}\right)^2\right]^2 & \alpha_4 > 3.0 \end{cases} \tag{16.104}$$

式中：α 表示主燃烧室的余气系数。

3. 加力燃烧室总压恢复系数 σ_7

如果没有加力燃烧室总压恢复系数特性曲线，可根据下列公式估算 σ_7：

$$\sigma_7 = \sigma_{ld}\sigma_{rz} \tag{16.105}$$

$$\sigma_{ld} = \sigma_{lz,d} - 0.128\,1(B - B_d) \tag{16.106}$$

$$\sigma_{rz} = 1 + 0.043\,5\left(1 - \sqrt{T_7^* / T_{64}^*}\right) - 0.128\,1(B - B_d) \tag{16.107}$$

式(16.105)～式(16.107)中：σ_{ld} 表示加力燃烧室冷态总压恢复系数；$\sigma_{lz,d}$ 表示设计点的加力燃烧室冷态总压恢复系数；B 表示涵道比，B_d 表示设计点的涵道比；σ_{rz} 表示加力燃烧室热态总压恢复系数。

4. 加力燃烧室燃烧效率 η_{ab}

如果没有加力燃烧室燃烧效率特性曲线，可根据下列公式估算：

当 $\alpha_7 < 1.05$ 或 $\alpha_7 > 1.4$ 时，$\eta_{ab} = 0.95$；

当 $1.05 \leqslant \alpha_7 \leqslant 1.4$ 时，

$$\eta_{AB} = \left[-0.451(0.25/B)^{0.164}\alpha_7^2 + 1.272(0.25/B)^{0.082}\alpha_7 + 0.067\right] \cdot \left[1 - \frac{550}{(p_{64}^* T_{64}^*)^{2.42}}\right] \tag{16.108}$$

式中：α_7 表示加力燃烧室的余气系数。

5. 其他的总压恢复系数

在式(16.1)～式(16.78)中，除了进气道、主燃烧室和加力燃烧室总压恢复系数外，还引入了 6 个总压恢复系数，用以描述不同连接段的总压损失，包括 σ_{21}、σ_{45}、σ_6、σ_{63}、σ_{13}、σ_{225}。这 6 项总压恢复系数既可以通过数据文件直接给定，也可以根据经验方法进行估算。

用 σ_i 表示上述 6 项总压恢复系数中的任意一项，则该总压恢复系数可根据下式计算：

$$\sigma_i = 1 - \text{const} \cdot \lambda_i \tag{16.109}$$

式中：λ_i 表示该总压恢复系数所指单元的进口速度系数；const 为常数，根据设计点 σ_i 和 λ_i 值确定。

16.2 数值仿真流程

过渡态对发动机气动稳定性影响评定计算程序的主体结构如图 16.4 所示。需输入的数据文件包括三个：① 描述发动机几何参数及部件特性的数据文件；② 描述发动机控制规律的数据文件；③ 描述发动机过渡态的初始工作点的数据文件。

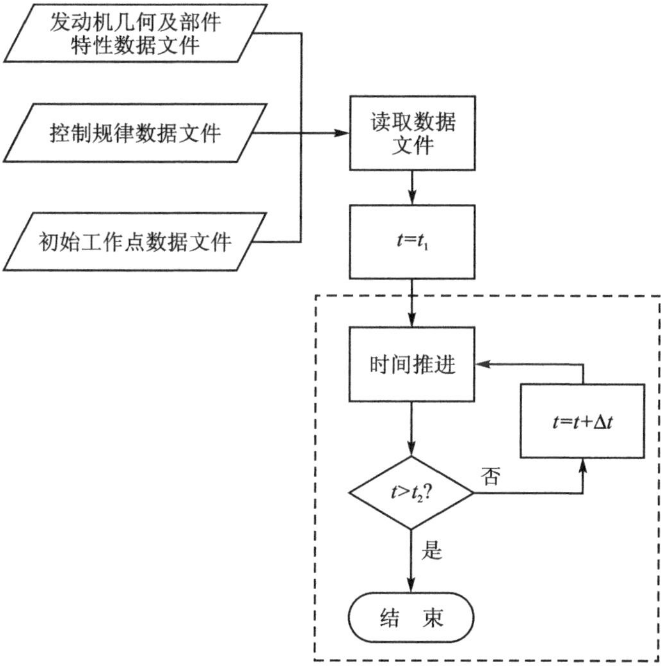

图 16.4 动态过程评定程序的主体结构

程序的主体算法在图 16.4 中用虚线框出，详细的基于时间推进的稳定性评定流程如图 16.5 和图 16.6 所示。在图 16.5 和图 16.6 中，实线箭头反映程序的运行流程，虚线箭头反映在发动机过渡态中扰动的传播方向和影响机制。

对于变循环发动机，模式选择活门开度的调节首先会引起 13 截面流量 $\dot{m}_{13}$ 的变化，进而与核心机驱动风扇级进口截面流量 $\dot{m}_{21}$ 一起决定风扇进口截面流量 $\dot{m}_{2}$，图 16.5 中用 $\dot{m}_2=\dot{m}_{21}+\dot{m}_{13}$ 反映这一过程；CDFS 涵道处的前可变面积涵道引射器的开度也要协同调节，这会引起 $\dot{m}_{125}$ 的变化，进而与高压压气机进口截面流量 $\dot{m}_{25}$ 一起决定 $\dot{m}_{21}$，图中用 $\dot{m}_{21}=\dot{m}_{25}+\dot{m}_{125}$ 反映这一过程。关于模式选择活门和前可变面积涵道引射器的开度与流量的实时对应关系，用一阶滞后模型来描述。

主燃烧室的燃油流量 $\dot{m}_{\mathrm{f}}$ 和尾喷管喉道面积 A_8 也会在动态过程中发生变化。

当 $\dot{m}_{\mathrm{f}}$ 改变后，主燃烧室内会产生一定的压力波动，从而改变其进口截面总压 P_{31}^*，并进一步引起高压压气机出口总压 P_3^* 的波动。本模型在主燃烧室内根据容腔效应计算 P_{31}^*，并令 $P_3^*=P_{31}^*$。

由高压压气机出口总压 P_3^* 和进口总压 P_{25}^* 可以得到高压压气机的总压比，然后根据其特性插值得到高压压气机的进口流量 $\dot{m}_{25}$ 和等熵效率 η_{HPC}^*。

尾喷管喉道面积 A_8 一旦发生变化，首先会导致尾喷管喉道流量的变化，进而改变加力燃烧室出口流量 $\dot{m}_7$。在加力燃烧室内，根据容腔效应计算由于加力燃烧室出口流量变化(和/或加力燃烧室燃油流量变化)导致的压力波动，得到加力燃烧室进口总压 P_{64}^*。

根据主掺混室出口截面 P_{64}^* 及其冷端进口总压 P_{163}^*，计算得到主掺混室热端进口总压 P_{63}^*。主掺混室压力不同气体掺混带来的压力扰动影响一直上传到高压涡轮出口截面总压 P_{44}^*，并与其进口总压 P_{41}^*(由主燃烧室的容腔效应决定)一起决定高压涡轮的落压比。根据高压涡轮的落压比和特性，可以计算其进口截面流量 $\dot{m}_{41}$，进而得到主燃烧室的出口截面流量 $\dot{m}_4$。

变循环发动机的前外涵道和 CDFS 后面的核心涵道出口截面的参数由各自的上游决定。前外涵出口截面的总压、总温由容腔效应决定，流量根据 163 截面和 63 截面处的静压平衡计算得到。

对于常规结构的涡扇发动机，其时间推进的详细流程如图 16.6 所示。由于没有 CDFS，因此导致发动机进入动态过程的扰动不包含模式选择活门开度变化。

当主燃烧室的燃油流量 $\dot{m}_{\mathrm{f}}$ 改变后，根据主燃烧室的容腔效应计算得到其进口截面总压 P_{31}^*；根据 P_3^*(高压压气机出口总压，$P_3^*=P_{31}^*$)和 P_{25}^*(高压压气机进口总压，由上游的风扇决定)可以得到高压压气机的总压比，再根据高压压气机的特性插值得到其进口流量和等熵效率。

风扇的工作压比由飞行条件和前外涵进口总压 P_{13}^* 确定，而 P_{13}^* 则由前外涵管道的容腔效应得到。由风扇的工作压比可以得到经过风扇的流量，结合高压压气机的流量，可以得到前外涵道流量 $\dot{m}_{13}$。

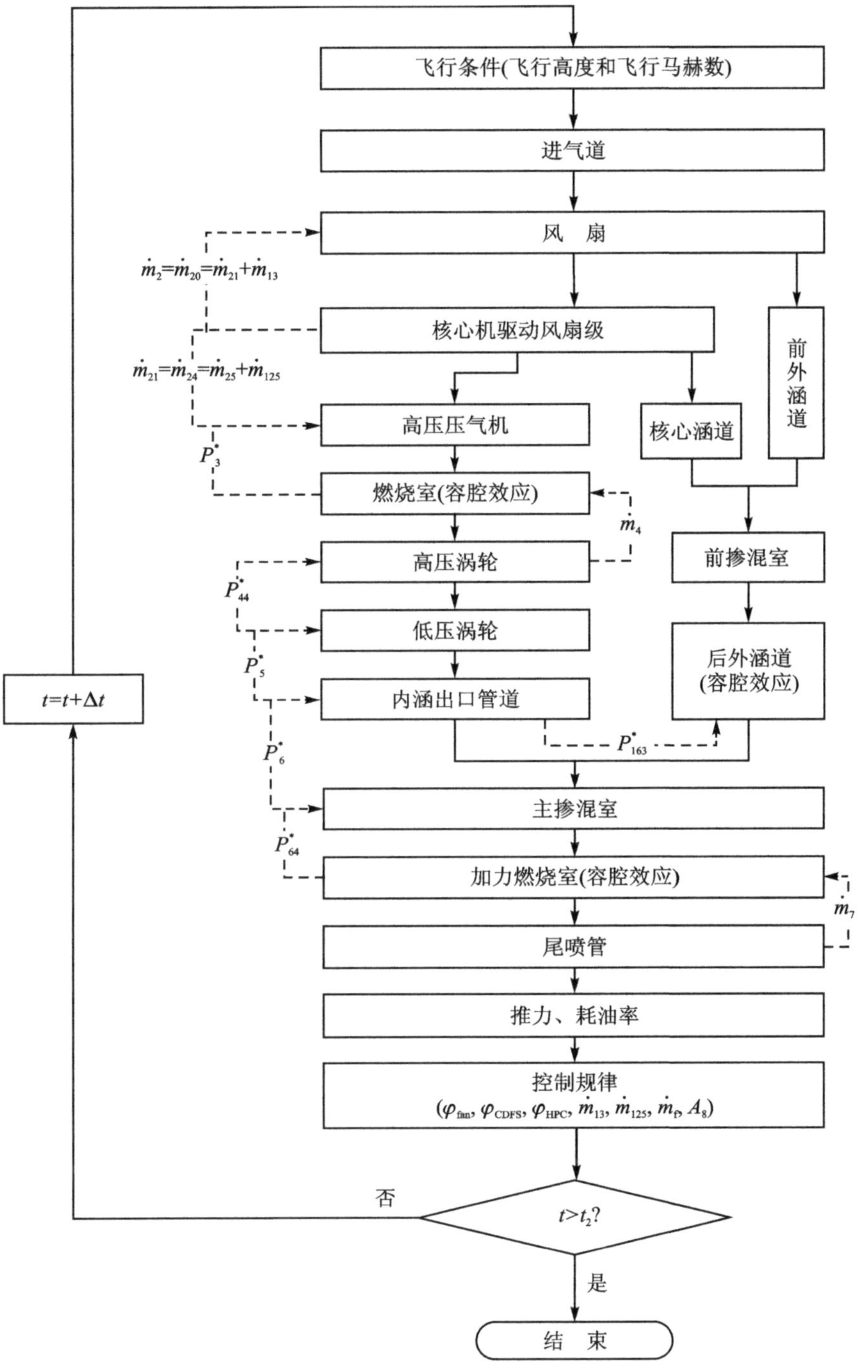

图 16.5　变循环发动机过渡态评定流程

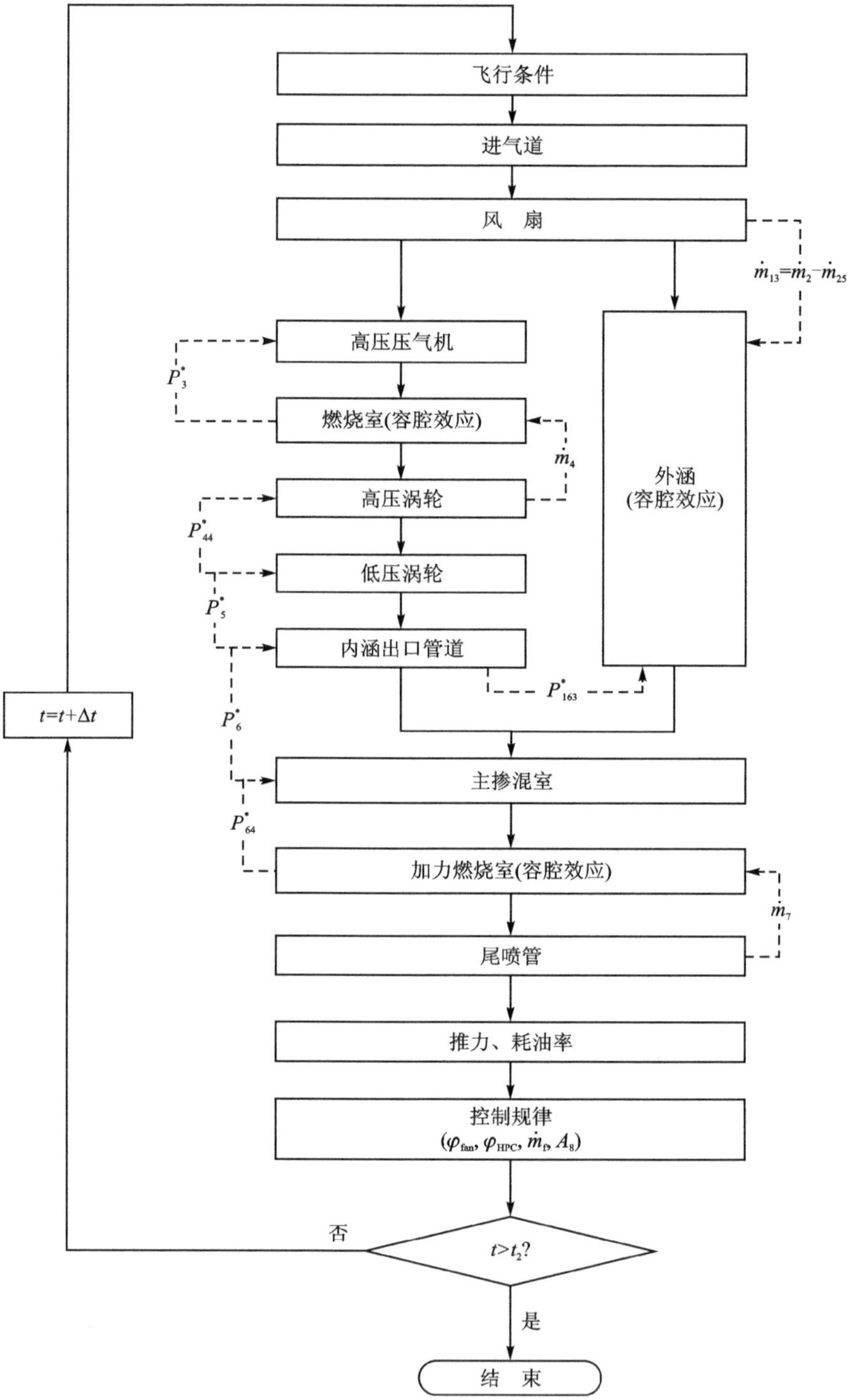

图 16.6 涡扇发动机过渡态评定流程

16.3　加减速对稳定性的影响

表 16.3 列出了某小涵道比涡扇发动机共同工作线上的 7 个稳态工作点。其中，第 1 个稳态工作点是慢车状态，对应的是风扇折合转速为 50%，高压压气机折合转速为 79.5%；第 7 个稳态工作点是中间状态，对应的风扇和高压压气机折合转速均为 100%。

表 16.3　小涵道比涡扇发动机从慢车到中间状态的 7 个稳态工作点

稳态工作点	风扇			高压压气机		
	n_{rcor}/%	$q(\lambda)$	π^*	n_{rcor}/%	$q(\lambda)$	π^*
1	50	0.375	1.377	79.5	0.516	3.943
2	60	0.484	1.617	85.0	0.596	4.830
3	70	0.582	1.881	89.1	0.654	5.410
4	80	0.685	2.221	93.1	0.705	5.976
5	90	0.793	2.660	97.0	0.751	6.530
6	95	0.836	2.854	98.5	0.768	6.787
7	100	0.863	3.000	100	0.785	7.000

设置主燃烧室燃油、尾喷管喉道面积和导向器角度等控制变量的调节规律，使该小涵道比涡扇发动机分别在 2 s 和 1 s 时间内从慢车状态加速到中间状态。计算得出的风扇和高压压气机的加速工作线如图 16.7 所示。

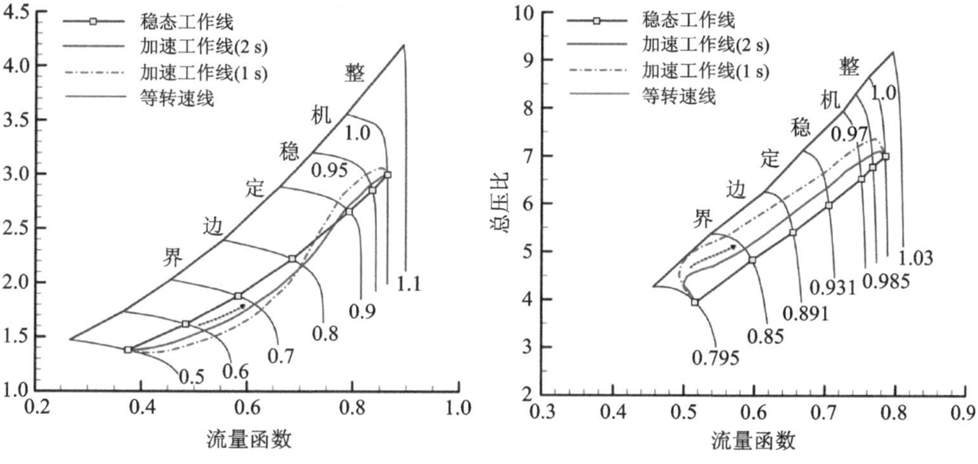

(a) 风　扇　　　　(b) 高压压气机

图 16.7　小涵道比涡扇发动机加速过程工作线

对比加速动态工作线和稳态工作线可知：从慢车状态开始加速后，风扇的加速工作线先是位于稳态工作线下方，远离稳定边界；而后加速工作线向上穿过稳态工作线，向稳定边界方向靠近；最终回落到中间状态工作点。高压压气机的加速工作线则始终位于稳态工作线上方，明显更靠近稳定边界，稳定裕度损失较大。

对比 2 s 和 1 s 的加速工作线可知：加速时间越短，加速工作线与稳态工作线差别越大，瞬时工作点的移动范围也越大。对于该小涵道比涡扇发动机，当加速时间为 1 s 时，高压压气机的加速工作线几乎紧贴其稳定边界，很可能引发气动失稳。

为了定量评估加速过程对发动机气动稳定性的影响，对比分析了在不同折合转速下加速工作线和稳态工作线的稳定裕度，结果如图 16.8 所示。下面分析风扇的稳定裕度变化。

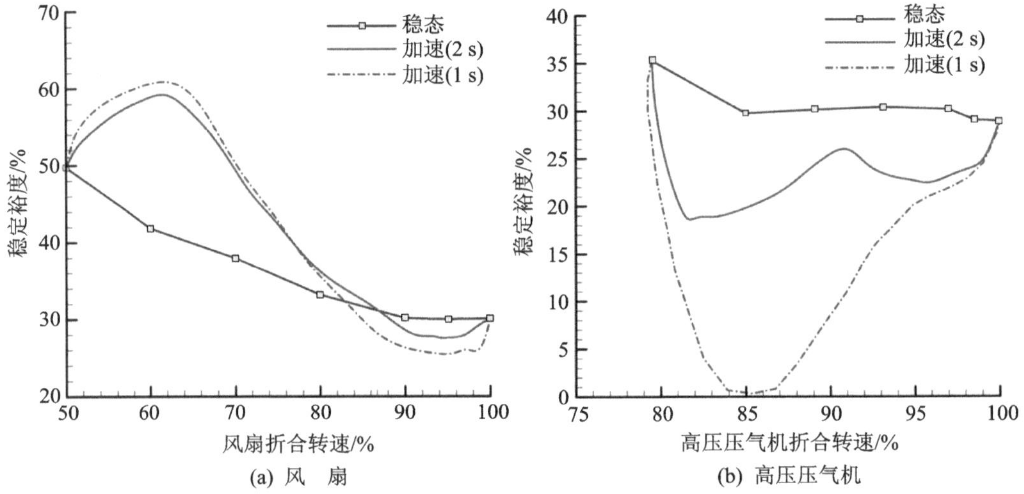

图 16.8　小涵道比涡扇发动机加速过程中风扇和高压压气机的稳定裕度

对比 2 s 加速和稳态工作可知：当风扇折合转速较低时(低于 86.7%)，加速过程会导致风扇稳定裕度增大；当风扇折合转速较高时(高于 86.7%)，加速过程会导致风扇稳定裕度降低，最多降低 2.45%。

对比 2 s 和 1 s 加速时间可知：加速时间越短，开始出现稳定裕度损失的折合转速越低，而且稳定裕度损失越大。对于 1 s 加速时间的计算结果显示，当加速到风扇折合转速 $n_{1,\mathrm{rcor}}$=82.8%时，稳定裕度开始出现损失，最大损失可达 4.52%。

高压压气机的稳定裕度在整个加速过程中一直处于损失状态，损失程度比风扇严重，而且加速时间越短，损失越大。当加速时间为 1 s 时，高压压气机最多损失了约 29.5%的稳定裕度，仅这一项降稳因子就几乎把高压压气机全部的可用稳定裕度消耗殆尽。

设置主燃烧室燃油、尾喷管喉道面积和导向器角度等控制变量的调节规律，使该小涵道比涡扇发动机分别在 2 s 和 1 s 时间内从中间状态减速到慢车状态。计算得出的风扇和高压压气机的减速工作线如图 16.9 所示。

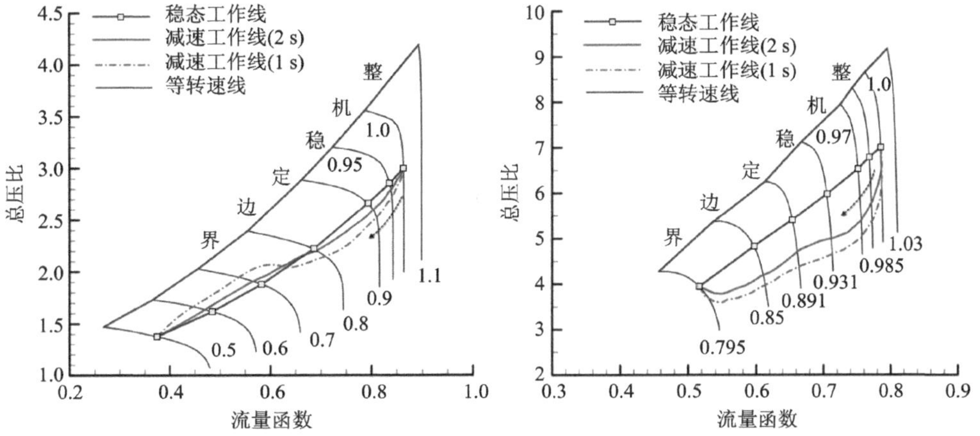

(a) 风　扇　　(b) 高压压气机

图 16.9　小涵道比涡扇发动机减速过程工作线

对比减速工作线和稳态工作线可知：从中间状态开始减速后，风扇的减速工作线先是位于稳态工作线下方，远离稳定边界；而后减速工作线向上穿过稳态工作线，向稳定边界方向靠近；最终回落到慢车状态工作点。高压压气机的减速工作线则始终位于稳态工作线下方，明显更远离稳定边界，稳定裕度增大较多。

对比 2 s 和 1 s 的减速工作线可知：减速时间越短，减速工作线与稳态工作线差别越大，实时工作点的移动范围也越大。

图 16.10 所示为减速过程中风扇和高压压气机在不同折合转速下的稳定裕度。由图可见，在减速过程中，风扇在低转速时稳定裕度有少许下降，与稳态工作线相比，

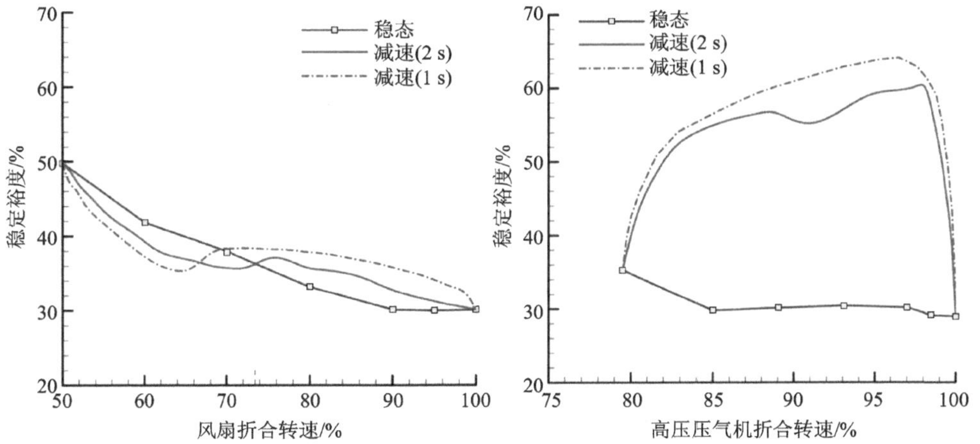

(a) 风　扇　　(b) 高压压气机

图 16.10　小涵道比涡扇发动机减速过程中风扇和高压压气机的稳定裕度

减速时间为 2 s 时稳定裕度损失最大为 3.18%，减速时间为 1 s 时稳定裕度损失最大为 4.8%。高压压气机的减速工作线一直位于稳态工作线上方，稳定裕度是增大的，基本不受稳定边界限制。

16.4 接通断开加力对稳定性的影响

在接通和断开加力的过渡态中，原则上应该保持核心机(高压压气机＋主燃烧室＋高压涡轮)工作状态不变。但实际上，计算和试验研究均发现，接通或断开加力会短暂地破坏涡轮的工作状态，导致核心机工作状态发生小幅变化，进而引起发动机推力和稳定裕度的波动。

模拟小涵道比涡扇发动机从中间状态接通加力快速过渡至最大状态的过渡态。加力供油采用开环控制，最大状态稳定时的加力供油量由发动机进口总温和总压计算得到，各供油总管的充油时间和供油量由输入文件预先给定。在计算中，起动油管在 1 s 时刻开始充油，全部供油总管完成供油一共耗时 2.7 s。尾喷管喉道面积采用高、低压涡轮的总落压比闭环调节，调节目标是保持落压比在加力接通前后不变。

图 16.11 所示为计算得出的该小涵道比涡扇发动机在接通加力过渡态中的落压比随时间的变化。其中，横坐标表示时间，单位为 s；纵坐标表示接通加力过程中涡轮落压比相对于中间状态的变化量。从图中可以看出，在接通加力过渡态中，落压比相对于初始值存在明显的波动，波动幅度(峰谷值)可达 16.5%；但在过渡态结束、波动平稳下来后，落压比又回到了初始值，符合预先设定的调节目标。

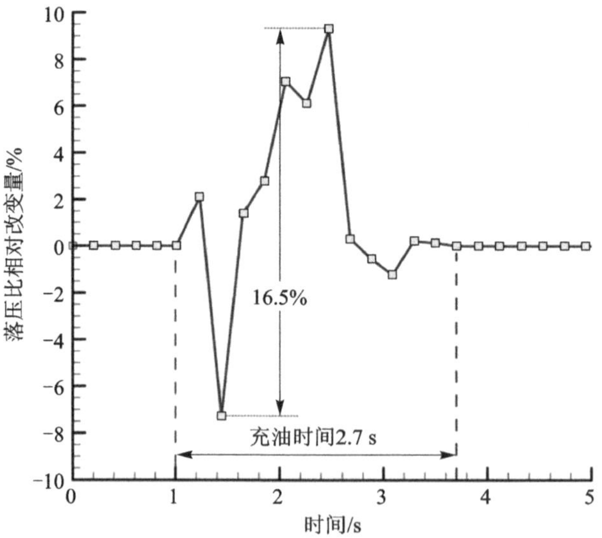

图 16.11　小涵道比涡扇发动机接通加力过程中的涡轮总落压比

涡轮落压比的波动会导致压气机工作点变化。图 16.12 所示为该涡扇发动机在接通加力过渡态中，风扇和高压压气机稳定裕度相对变化。由图可见，高压压气机稳定裕度的波动幅度相对较小，基本保持不变，偶有波动也基本是使稳定裕度增大；由于加力燃烧室的压力波动会通过外涵道向上游传播，因此对风扇的稳定裕度影响较大，与中间状态相比，风扇稳定裕度损失达 11.6%。

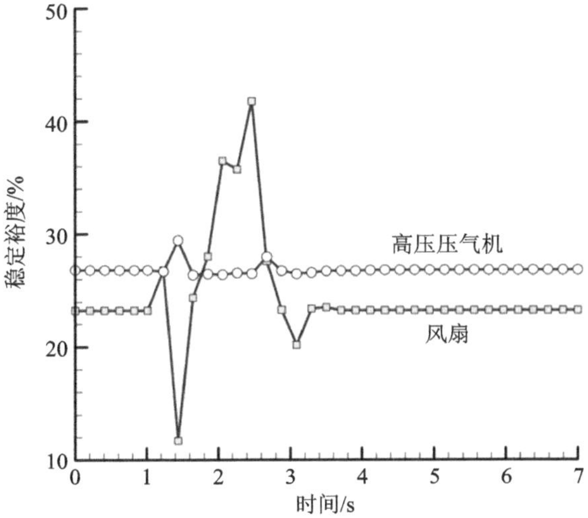

图 16.12　小涵道比涡扇发动机接通加力过程中的稳定裕度

图 16.13 所示为在接通加力过渡态中，发动机推力随时间的变化。其中，纵坐标表示发动机推力相对于中间状态的变化量。由图可见，在接通加力过程中，推力随时间变化的基本趋势是增加的，但也有波动；加力过程结束时，推力增大了约 48%。

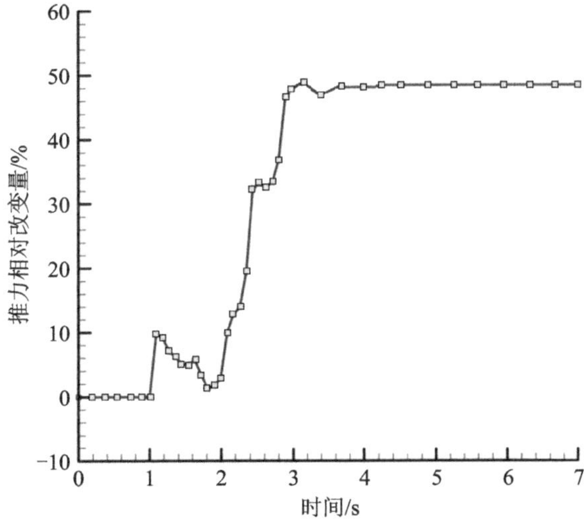

图 16.13　小涵道比涡扇发动机接通加力过程中的推力

断开加力过渡态的模拟方法与接通加力是类似的。

图 16.14 所示为计算得出的该小涵道比涡扇发动机在断开加力过渡态中的落压比随时间的变化。从图中可以看出，与接通加力类似，在断开加力过渡态中落压比相对于初始值也有波动，波动幅度（峰谷值）比接通加力略小，约为 11.5%；在过渡态结束、波动平稳下来后，落压比又回到初始值，符合预先设定的调节目标。

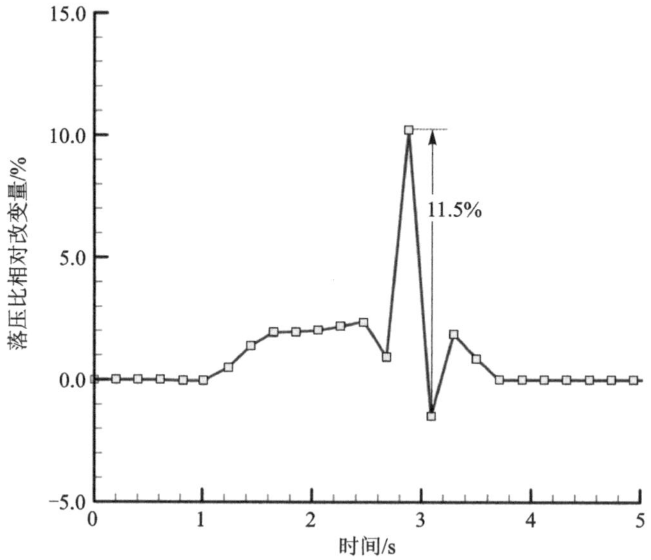

图 16.14　小涵道比涡扇发动机断开加力过程中的涡轮总落压比

断开加力过程同样会导致压气机工作点的波动。图 16.15 所示为在断开加力过渡态中，风扇和高压压气机稳定裕度的变化。由图可见，高压压气机稳定裕度的波动

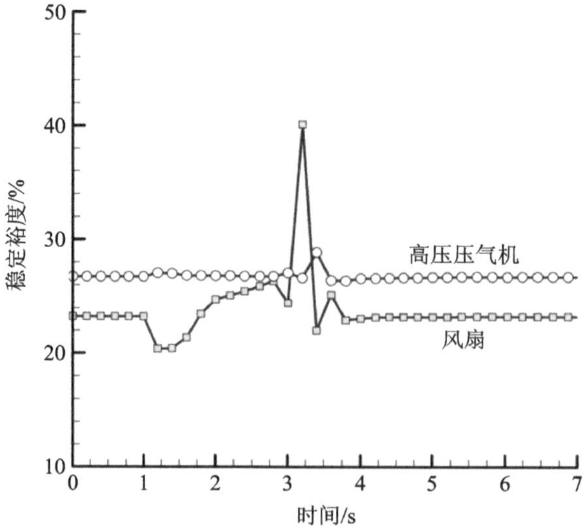

图 16.15　小涵道比涡扇发动机断开加力过程中的稳定裕度

相对较小，基本保持不变，甚至有所增加；风扇稳定裕度的波动幅度较大，而且波动主要使其稳定裕度增大。与中间状态相比，风扇稳定裕度最多损失了 2.6%。与接通加力相比，断开加力过渡态导致的风扇稳定裕度的波动幅度和损失都要小很多。

图 16.16 所示为在断开加力的过渡态中，发动机推力随时间的变化。从图中可以看出，与接通加力相反，断开加力时推力随时间变化的基本趋势是减小的，有波动，但波动比接通加力时小；断开加力过程结束后，推力从最大状态回落到中间状态。

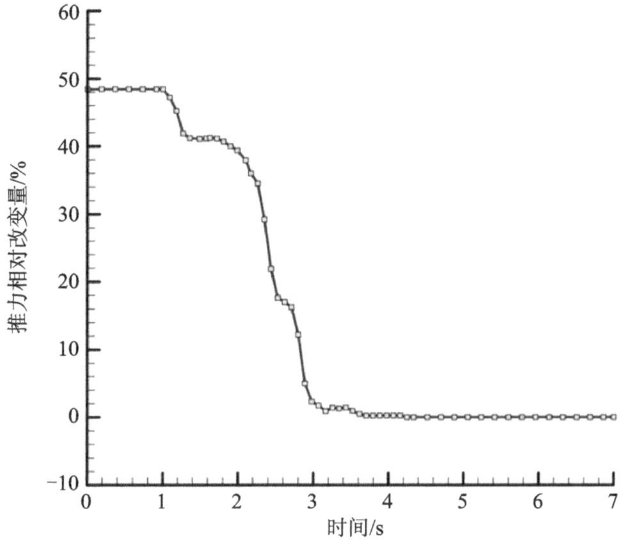

图 16.16　小涵道比涡扇发动机断开加力过程中的推力

16.5　变循环发动机模式转换对稳定性的影响

针对变循环发动机特有的工作模式转换的过渡态进行气动稳定性评定。工作模式转换通过调节模式选择活门和前、后可变面积涵道引射器的开度，并辅以其他部件的协同动作来实现。

在模拟变循环发动机工作模式转换时，需要给定模式选择活门、前可变面积涵道引射器的开度与流量的函数关系，即方程(16.51)和方程(16.57)中的 $f_{13}(\alpha_{13},t)$ 和 $f_{125}(\alpha_{125},t)$。下面首先分析前外涵道进口流量 $\dot{m}_{13}$ 和模式选择活门开度 α_{13} 之间的函数关系。

前外涵道进口流量的稳态值用 $\dot{m}_{13,s}$ 表示，是 α_{13} 的函数，即 $\dot{m}_{13,s}=\dot{m}_{13,s}(\alpha_{13})$，可以通过变循环发动机稳态性能计算程序获得。在模式转换动态过程中，α_{13} 快速变化，前外涵道进口流量的瞬时值 $\dot{m}_{13}$ 对 α_{13} 的响应存在滞后。影响滞后的因素很多，包括气流惯性、模式选择活门后的涡脱落和附面层分离等，但实质上是一种阻尼力与消耗力，起着气动阻尼的作用，故可引入经典的一阶时间滞后模型来描述这一过程：

$$\tau_{13}\frac{\mathrm{d}\dot{m}_{13}}{\mathrm{d}t}=\dot{m}_{13,\mathrm{s}}-\dot{m}_{13} \tag{16.110}$$

式中：τ_{13} 表示时间滞后常数，与时间 t 同量纲。

将式(16.110)离散成如下差分格式：

$$\tau_{13}\frac{\dot{m}_{13}^{(n+1)}-\dot{m}_{13}^{(n)}}{\Delta t}=\dot{m}_{13,\mathrm{s}}-\dot{m}_{13}^{(n)} \tag{16.111}$$

式中：上角标(n)和$(n+1)$分别表示不同的时间层。整理可得

$$\dot{m}_{13}^{(n+1)}=\frac{\dot{m}_{13,\mathrm{s}}+\left(\dfrac{\tau_{13}}{\Delta t}-1\right)\dot{m}_{13}^{(n)}}{\dfrac{\tau_{13}}{\Delta t}} \tag{16.112}$$

本模型假设模式选择活门开度 α_{13} 随时间线性变化，即 $\mathrm{d}\alpha_{13}/\mathrm{d}t=k_{13}$，近似有 $\Delta\alpha_{13}/\Delta t=k_{13}$。将其代入式(16.112)可得

$$\dot{m}_{13}^{(n+1)}=\frac{\dot{m}_{13,\mathrm{s}}+\left(\dfrac{k_{13}\tau_{13}}{\Delta\alpha_{13}}-1\right)\dot{m}_{13}^{(n)}}{\dfrac{k_{13}\tau_{13}}{\Delta\alpha_{13}}} \tag{16.113}$$

由式(16.113)分析可知，如果取 $\tau_{13}=0$，即不考虑流量响应滞后，则 $\dot{m}_{13}=\dot{m}_{13,\mathrm{s}}$，流量的瞬时值等于稳态值；反之，如果令 $\tau_{13}>0$，即考虑流量响应滞后，此时若 $k_{13}>0$ 则 $\dot{m}_{13}<\dot{m}_{13,\mathrm{s}}$，若 $k_{13}<0$ 则 $\dot{m}_{13}>\dot{m}_{13,\mathrm{s}}$。如图 16.17 所示，当模式选择活门开度快速变化时，由式(16.113)计算得出流量的变化总是存在滞后。

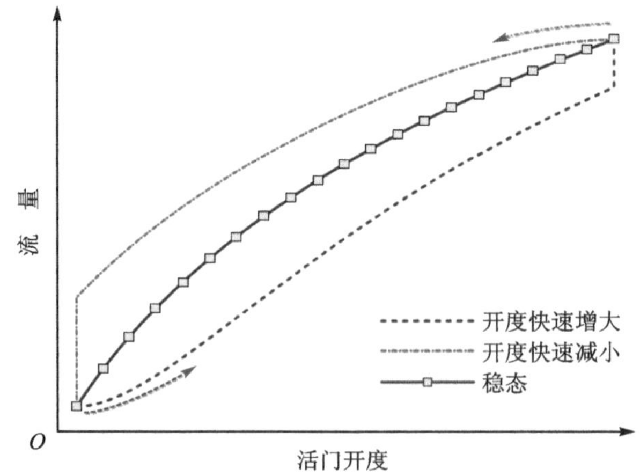

图 16.17　前外涵道流量对模式选择活门开度响应的滞后性

同理，前可变面积涵道引射器出口流量的瞬时值 $\dot{m}_{125}$ 也可以根据相同的方法计算得到：

$$\dot{m}_{125}^{(n+1)}=\frac{\dot{m}_{125,s}+\left(\frac{k_{125}\tau_{125}}{\Delta\alpha_{125}}-1\right)\dot{m}_{125}^{(n)}}{\frac{k_{125}\tau_{125}}{\Delta\alpha_{125}}} \tag{16.114}$$

通过选取合适的时间滞后常数 τ_{13} 和 τ_{125}，结合不同的活门开度调节速度，即可得到前外涵道进口和 CDFS 后面的核心涵道出口流量随时间的变化关系，即 $f_{13}(\alpha_{13},t)$ 和 $f_{125}(\alpha_{125},t)$。针对在方程(16.113)和方程(16.114)中引入的一阶时间滞后响应模型开展研究，通过模型试验研究、CFD 数值计算和理论模型分析，验证了该模型的合理性。

将该函数关系代入本章建立的数学模型，完成动态过程的计算。

在模式转换过程中，保持飞行高度为 11 km，飞行马赫数为 0.8；导向器角度、燃油流量和尾喷管面积通过时间函数直接给定，同时保持低压轴物理转速不变。

初始状态为双外涵模式下的工作点；计算时长设置为 10 s，在第 5 s 时开始减小模式选择活门开度 α_{13} 并增大前可变面积涵道引射器开度 α_{125}：在 0.5 s 的时间内，α_{13} 线性减小为初始值的 25%，α_{125} 线性增大至初始值的 120%，其相对值随时间的变化如图 16.18 所示。

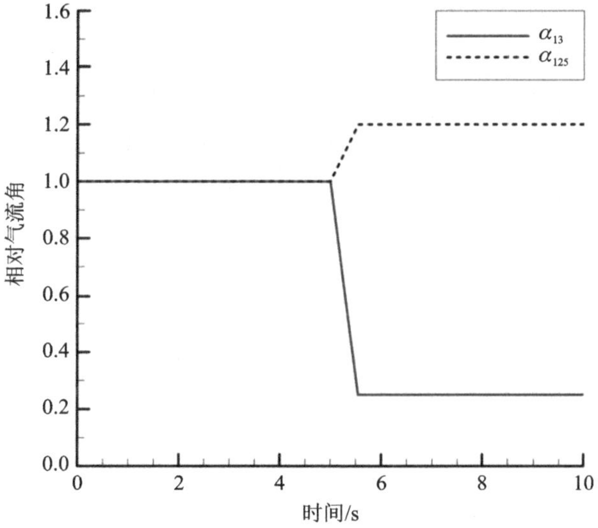

图 16.18　模式选择活门、前可变面积涵道引射器相对开度的调节规律

在上述调节规律作用下，计算得出的副、主涵道比随时间的变化如图 16.19 所示。副涵道比随着模式选择活门开度的减小而减小，最终稳定下来时，副涵道比减小了初始值的 74.4%。由图 16.19 还可看到，活门开度按照设定的调节规律在 5.0～

5.5 s 之间变化，而副涵道比直到 5.9 s 左右才稳定下来，存在着大约 0.4 s 的滞后。主涵道比随时间的变化也有类似的规律，但由于前可变面积涵道引射器开度的增大，使得经过 CDFS 出口的核心涵道进入后外涵道的流量增多，因此主涵道比的降低幅度要比副涵道比小，最终稳定下来时，主涵道比减小了初始值的 38.8%。

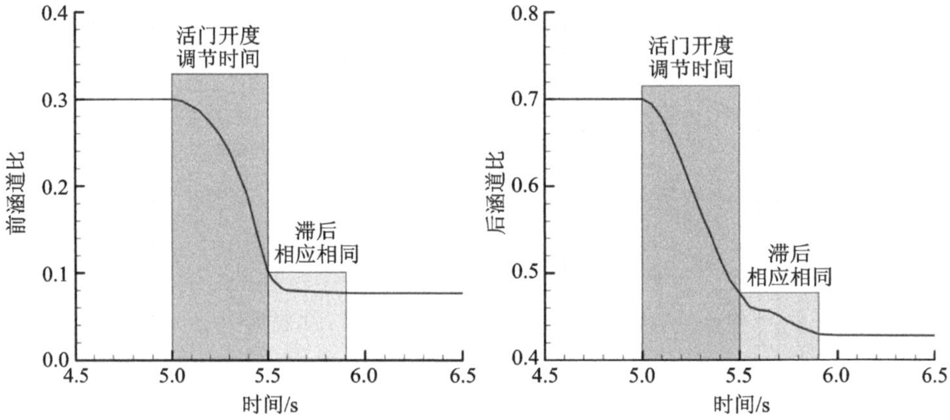

图 16.19 前涵道比、后涵道比随时间的变化

在模式选择活门开度快速减小的过程中，风扇、核心机驱动风扇级、高压压气机工作点的物理流量随时间的变化如图 16.20 所示。由图可见，在给定的调节规律下，风扇工作点的物理流量 $\dot{m}_2$ 随着模式选择活门开度的减小而略有减小，最终减小了初始值的 3%，变化不大；由于前涵道比的减小，通过核心机驱动风扇级的物理流量 $\dot{m}_{21}$ 增大，最终增大了初始值的 17%；高压压气机工作点的物理流量 $\dot{m}_{25}$ 也有所增大，但由于前可变面积涵道引射器开度增大，使得 $\dot{m}_{25}$ 的增长幅度要比 $\dot{m}_{21}$ 小，最终 $\dot{m}_{25}$ 增大了初始值的 15%。

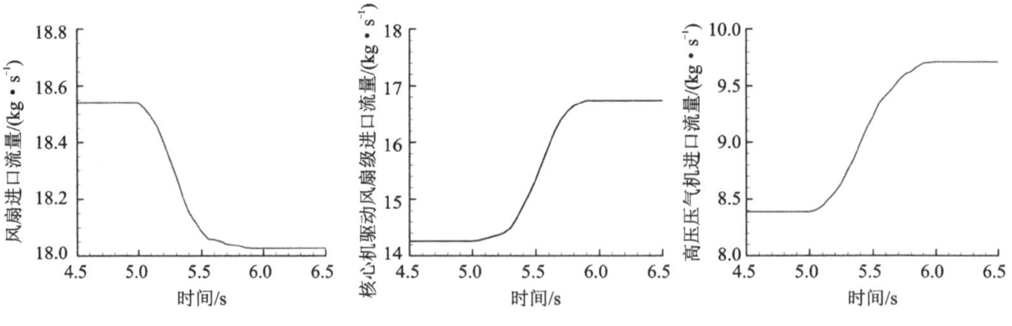

图 16.20 压缩部件的工作点物理流量随时间的变化

压缩部件的工作点轨迹和稳定裕度变化如图 16.21～图 16.23 所示。由图可见，在模式选择活门开度快速减小的过程中，压缩部件的工作点均会不同程度地向其稳定边界靠近。由于调节规律设定低压轴物理转速保持不变,因此风扇的工作点沿着等转速线向上移动,稳定裕度明显下降,相对损失最大可达 66%;核心机驱动风扇级工作点的相对折合转速会降低,稳定裕度也有较大下降,相对损失最大可达 38%;高压压气机工作点的稳定裕度变化幅度相对较小。

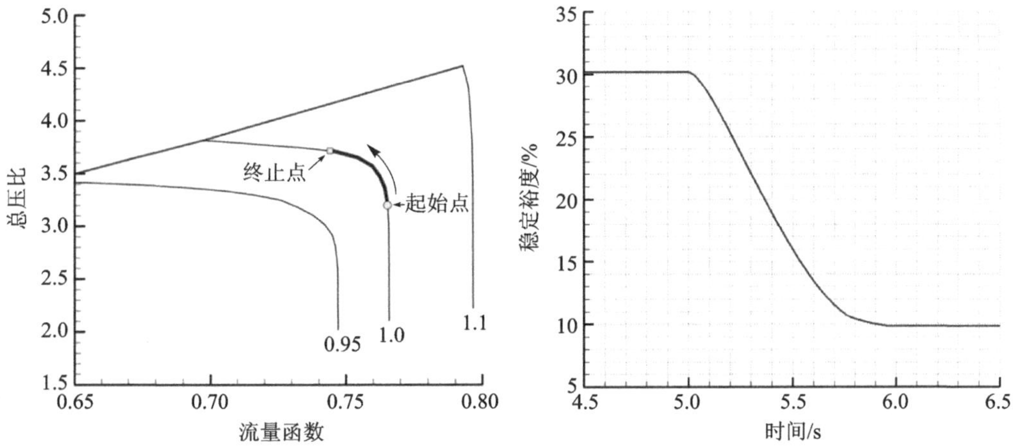

图 16.21 风扇工作点轨迹和稳定裕度变化

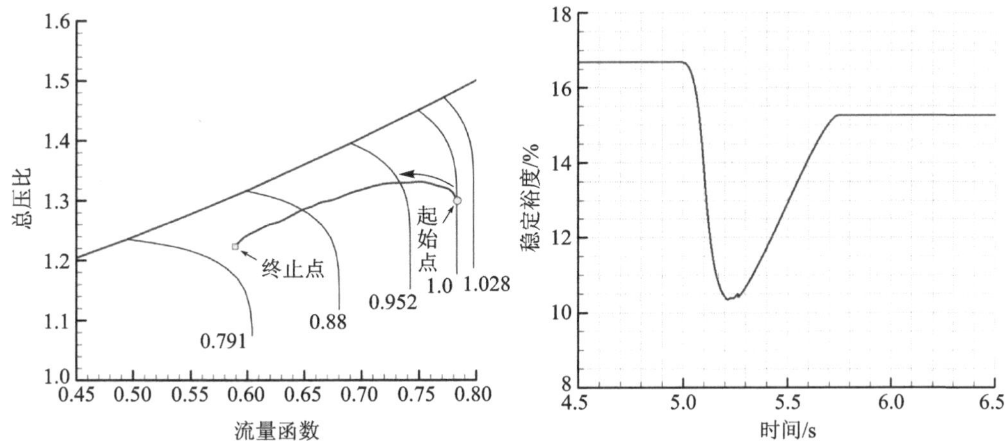

图 16.22 核心机驱动风扇级工作点轨迹和稳定裕度变化

将初始状态设置为模式选择活门开度减小过程的终止状态;计算时间为 10 s,在第 5 s 时开始逐渐增大模式选择活门开度 α_{13},同时相应地减小前可变面积涵道引射器开度 α_{125},将图 16.18 所示的调节规律倒置过来,即在 0.5 s 的时间内,α_{13} 的相对值从 25%线性增大至 100%,α_{125} 的相对值从 120%线性减小至 100%,如图 16.24 所示。

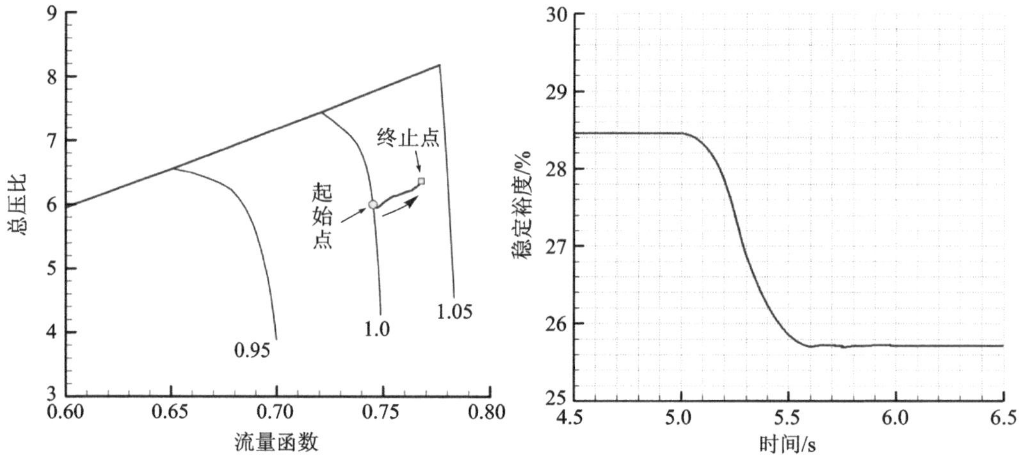

图 16.23　高压压气机工作点轨迹和稳定裕度变化

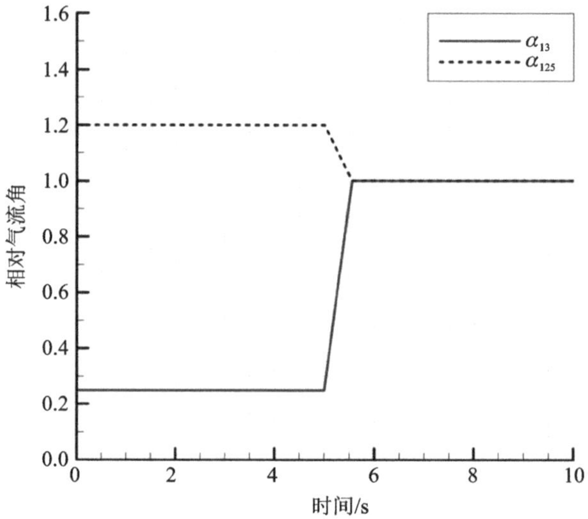

图 16.24　模式选择活门、前可变面积涵道引射器相对开度的调节规律

在上述调节规律作用下，计算得出的前、后涵道比随时间的变化如图 16.25 所示。前涵道比随着模式选择活门开度的增大而增大，但响应存在滞后；后涵道比随时间的变化也有类似的规律。

在模式选择活门开度快速增大的过程中，风扇、核心机驱动风扇级、高压压气机工作点的物理流量随时间的变化如图 16.26 所示。由图可见，在给定的调节规律下，风扇工作点的物理流量 $\dot{m}_2$ 随着模式选择活门开度的增大而略有增大，但变化不明显；由于前涵道比的增大，通过核心机驱动风扇级的物理流量 $\dot{m}_{21}$ 减小；高压压气机工作点的物理流量 $\dot{m}_{25}$ 也有所减小，但减小幅度要比 $\dot{m}_{21}$ 小。

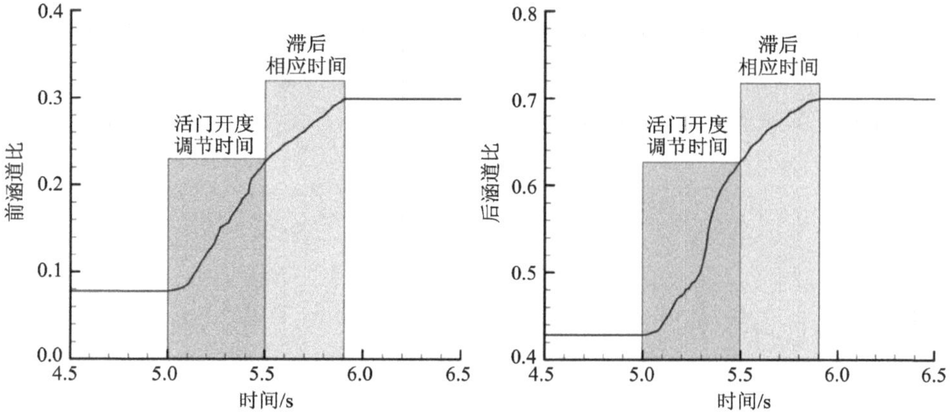

图 16.25　前涵道比、后涵道比随时间的变化

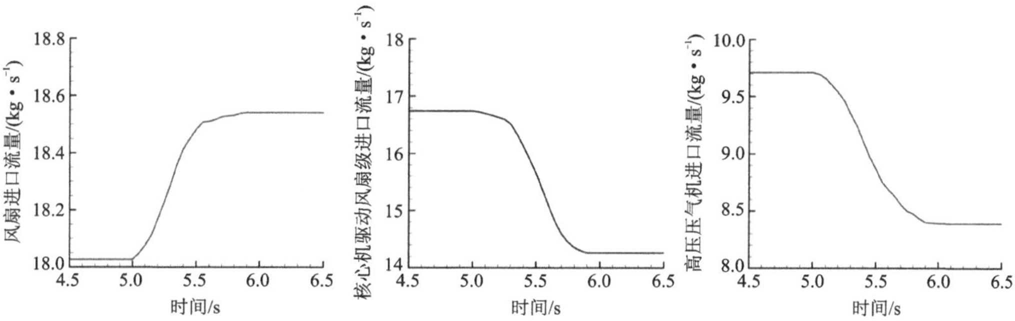

图 16.26　压缩部件的工作点物理流量随时间的变化

压缩部件的工作点轨迹和稳定裕度变化如图 16.27～图 16.29 所示。由图可见，在模式选择活门开度增大的过程中，压缩部件的工作点均会不同程度地远离其稳

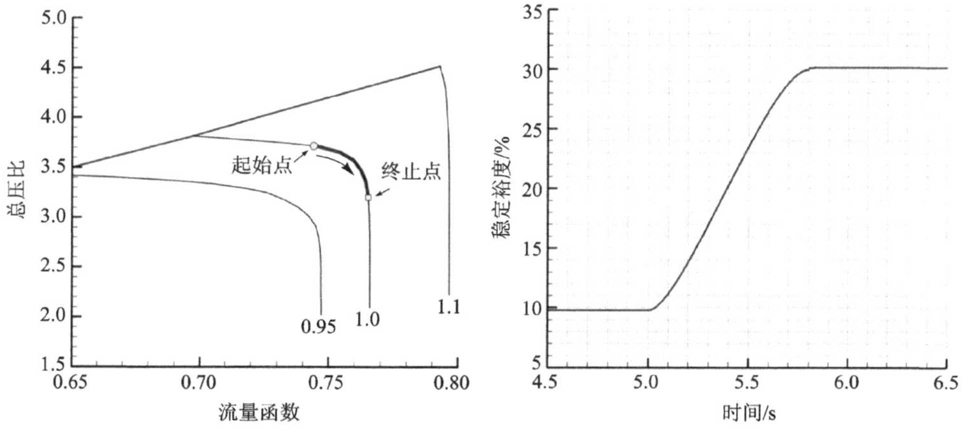

图 16.27　风扇工作点轨迹和稳定裕度变化

定边界。由于调节规律设定低压轴物理转速保持不变，因此风扇的工作点沿着等转速线向下移动，稳定裕度有明显增大；核心机驱动风扇级工作点的相对折合转速会升高，稳定裕度也有所增加；高压压气机工作点的稳定裕度变化幅度相对较小。

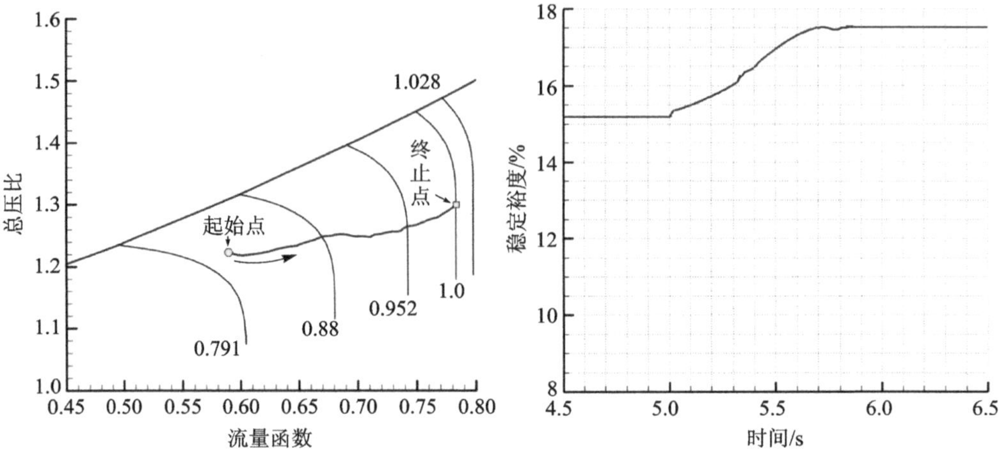

图 16.28　核心机驱动风扇级工作点轨迹和稳定裕度变化

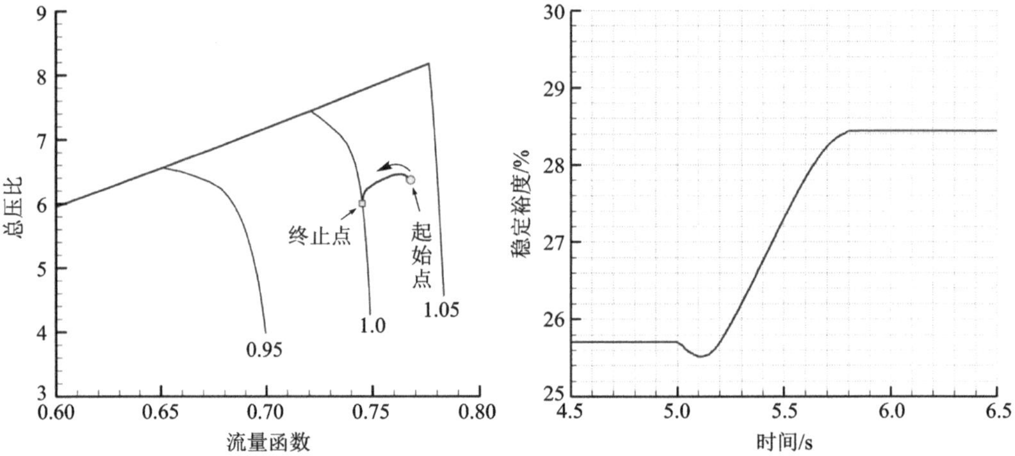

图 16.29　高压压气机工作点轨迹和稳定裕度变化

在变循环发动机工作模式转换动态过程中，模式选择活门的调节速度是很重要的控制变量。图 16.30 所示为计算得出的模式选择活门开度以不同的速度减小时，核心机驱动风扇级的工作点轨迹。图例中，“0.5 s”表示在 0.5 s 时间内完成活门开度的调节，即图 16.18 中所示的调节规律；“1.0 s”和“0.2 s”分别表示在 1.0 s 和 2.0 s 时间内完成调节。活门开度的调节幅度相同，仅调节速度不同。

从图 16.30 中可以看出，活门开度调节越快(即调节完成时间越短)，核心机驱动风扇级的实时工作线越靠近其稳定边界，稳定裕度损失越明显；活门开度调节越慢

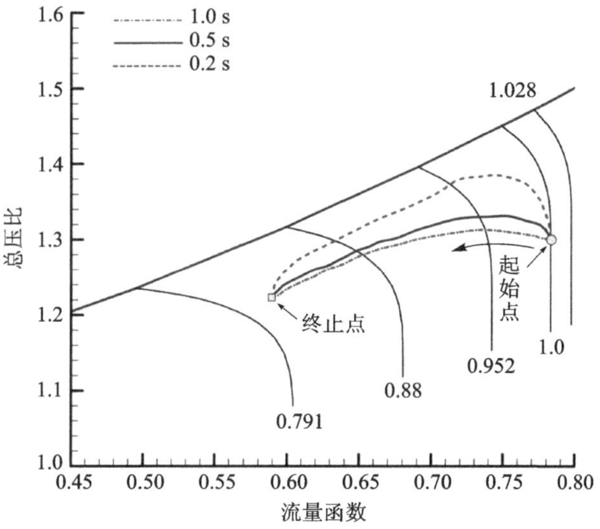

图 16.30　工作模式转换速度对变循环发动机实时工作线的影响

(即调节完成时间越长)，核心机驱动风扇级的实时工作线越平稳，稳定裕度损失也越小。

对于风扇，在设定的“保持低压轴物理转速不变”的调节规律下，实时工作点沿着等转速线移动，不受活门调节速度影响。对于高压压气机，在模式转换动态过程中其稳定裕度变化不大，基本不受稳定边界的限制。

综上所述，在设计变循环发动机工作模式转换调节规律时，要重点关注风扇和核心机驱动风扇级在“双外涵转单外涵”过程中的稳定裕度损失，特别是活门调节速度对核心机驱动风扇级稳定裕度的影响。

参考文献

[1] SAE. ARP-1420B, Gas turbine engine flow distortion guideline. 2002.
[2] SAE. AIR-1419B, Inlet total-pressure-distortion considerations for gas-turbine engines. 2011.
[3] DOD. JSSG-2007A, Joint service specification guide engines, aircraft, turbine. 2004.
[4] DOD. JSSG-2007B, Joint service specification guide engines, aircraft, turbine. 2008.
[5] SAE. AIR5686, A methodology for assessing inlet swirl distortion. 2010.
[6] SAE. AIR5867. Assessment of the inlet/engine total temperature distortion problem. 2017.
[7] SAE. AIR-1419C, Inlet total-pressure-distortion considerations for gas-turbine engines. 2017.
[8] SAE. ARP-1420C, Gas turbine engine flow distortion guideline. 2017.
[9] William T. Cousins, History, philosophy, physics, and future directions of aircraft propulsion system/inlet integration[C]//Proceeding of ASME Turbo Expo 2004 Power for Land, Sea and Air, June 14-17, Vienna, Austria, GT2004-54210.
[10] Klepper J, Hale A, Davis M, et al. A numerical investigation of the effects of steam ingestion on compressor system performance[C]//Proceeding of ASME Turbo Expo 2004 Power for Land, Sea and Air, June 14-17, Vienna, Austria, Paper no. GT2004-54190, 2004.
[11] Payne T A. Inlet flow-field measurements of a transonic compressor rotor prior to and during steam-induced rotating stall[D]. California: Naval Postgraduate School, 2005.
[12] Zarro S E. Steady-state and transient measurements within a compressor rotor

during steam-induced stall at transonic operational speeds[D]. California: Naval Postgraduate School, 2006.

[13] Joesph J, Koessler. Experimental investigation of high-pressure steam induced stall of a transonic rotor [D]. California: Naval Postgraduate School, 2007.

[14] Hurley A M. Experimental investigation of high-pressure steam-induced surge in a transonic compressor stage[D]. California: Naval Postgraduate School, 2008.

[15] Collin R Hedges. Computational fluid dynamic model of steam ingestion into a transonic compressor[D]. California: Naval Postgraduate School, 2009.

[16] Gannon A J, Hobson G V, Payne T A. et al. The effect of steam ingestion on transonic rotor stall margin[C]//Proceeding of ASME Turbo Expo 2007 Power for Land, Sea and Air, June 14-17, Montreal, Canada, Paper no. GT2007-28068, 2007.

[17] Gannon A J, Hobson G V, Hedges C R. et al. Investigation and prediction of steam-induced stall-margin reduction in two transonic rotor fans[C]//Proceeding of ASME Turbo Expo 2012 Power for Land, Sea and Air, June 11-15, Copenhagen, Denmark, Paper no. GT2012-68514, 2012.

[18] Benjamin Gal-Or. Future jet technologies[J]. Int. J. Turbo Jet-Engines, 2013, 30(2): 133-143.

[19] Richard K Scharnhorst. Characteristics of future military aircraft propulsion systems[R]. 51st AIAA Aerospace Sciences Meeting including the New Horizons Forum and Aerospace Exposition 07 - 10 January 2013, Grapevine, Texas, AIAA 2013-0466.

[20] Beale D K, Cramer K B, King P S. Development of improved methods for simulating aircraft inlet distortion in turbine engine ground tests[R]. AIAA 2002-3045, 2002.

[21] Unno M, et al. Unsteady three dimensional Navier-Stokes simulations of fan-OGV-strut- pylon interaction[R]. ISABE-2001-1197, 2001.

[22] David Beale. Demonstration of aremotely-controlled swirl generator for simulating aircraft inlet secondary flows during turning engine ground tests[C]//Proceedings of ASME Turbo Expo 2018, GT2018-75749, 2018.

[23] Elizabeth K M, John G, Dustin J F, et al. Pressurescreen steam vane interaction effects on downstream flow distortion pattern [R]. AIAA-2018-4401, 2018.

[24] Frohnapfel D J, Ferrar A M, Bailey J, et al. Measurements offan response to

inlet total pressure and swirl distortions produced by boundary layer ingesting aircraft configurations[R]. AIAA-2016-0533, 2016.

[25] Dustin J Frohnapfel, Lowe K Todd, Walter F O'Brien. Experimentalquantification of fan rotor effects on inlet swirl using swirl distortion descriptors[J]. Journal of Engineering for Gas Turbines and Power, 2018, 140(8): 082603.

[26] Yogi Sheoran, Bruce Bouldin, Robert Hoover, et al. Acentrifugal compressor operability correlation with combined total pressure and swirl distortion[C]//Proc. ASME. GT2017-63721, June 26-30, 2017.

[27] Dustin J Frohnapfel, Lowe K Todd, Walter F O'Brien. Development, analysis, and validation of a simultaneous inlet total pressure and swirl distortion generator[C]//Proc. ASME. GT2020-16125, September 21-25, 2020.

[28] Julia E Stephens, Mark Celestina, Christopher Hughes. Swirldistortion using stream vanes for boundary layer ingestion research [C]//Proc. ASME. GT2019-92073, June 17-21, 2019.

[29] Andrew D Orme, Steven E Gorrell, Addison C Pulsipher. Effects ofinlet distortion patterns on induced swirl in a highly loaded fan stage[C]//Proc. ASME. GT2020-15686, September 21-25, 2020.

[30] Brian A Binkley, Grant T Patterson, Jerome C Jenkins. A-10wing leading edge effects on engine stability: Part 2 identifying total pressure distortion sources and the effects on engine/airframe integration[C]//Proc. ASME. GT2015-44156, June 15-19, 2015.

[31] Benjamin F Hall, Kam S Chana, Thomas Povey. Design of a non-reacting combustor simulator with swirl and temperature distortion with experimental validation[C]//Proc. ASME. GT2013-95499, June 3-7, 2013.

[32] Markus Diehl, Christoph Schreiber, Jürg Schiffmann. Therole of reynolds number effect and tip leakage in compressor geometry scaling at low turbulent reynolds numbers [J]. Journal of Turbomachinery, March 2020, 142 (3): 031003.

[33] Toyotaka Sonoda, Rainer Schnell, Toshiyuki Arima, et al. Astudy of a modern transonic fan rotor in a low reynolds number regime for a small turbofan engine[C]//Proc. ASME. GT2013-95447, June 3-7, 2013.

[34] Kenneth Van Treuren, Tyler Pharris, Olivia Hirst. Usingturbulence intensity and reynolds number to predict flow separation on a highly loaded, low-pressure gas turbine blade at low reynolds numbers [C]//Proc. ASME. GT2018-75976, June 11-15, 2018.

[35] Zhang Xiaoshi. Effects ofreynolds number on performance of highly loaded

multi-stage axial compressors[C]//Proc. ASME. GT2020-14672, September 21-25, 2020.

[36] Jack Hutchings, Cesare Hall. Theeffects of reynolds number on the stall and pre-Stall behaviour of compact axial compressors [C]//Proc. ASME. GT2020-15384, September 21-25, 2020.

[37] Mehalic, Charles M. Effect of spatial inlet temperature and pressure distortion on turbofan engine stability[R]. NASA-TM-100850, 1988.

[38] Castner, Raymond S. Reduction ofhigh altitude inlet temperature distortion at the propulsion systems lab[R]. AIAA-2005-3701, 2005.

[39] Yao Jixian, Gorrell Steven E, Wadia Aspi R. Atime-accurate CFD analysis of inlet distortion induced swirl in multistage fans[R]. AIAA-2007-5059, 2007.

[40] Brandon W Lucy, James A Reed. A survey of turbine engine temperature distortion generator requirements and concept trade study[R]. AIAA-2011-5969, 2011.

[41] Milt W Davis, Jr David S Kidman. Prediction andanalysis of inlet pressure and temperature distortion on engine operability from a recent T-38 flight test program[C]//Proc. ASME. GT2010-22047, June 14-18, 2010.

[42] Erbsloeh Sascha, Crowther William, Frutos Jean-Renaud. Manchester: Control of compressor face total pressure distortion on a high bypass turbofan intake using air-jet vortex generators[R]. Manchester, Univ., AIAA-2004-2206, 2004.

[43] 刘大响,叶培梁,胡同,等. 航空涡喷和涡扇发动机进口总压畸变评定指南: GJB/Z 64—1994[S]. 国防科学技术工业委员会,1994.

[44] 刘大响,侯敏杰,叶培梁,等. 航空涡轮喷气和涡轮风扇发动机进口总压畸变评定指南: GJB/Z 64A—2004[S]. 国防科学技术工业委员会,2004.

[45] 刘大响,侯敏杰,叶巍,等. 航空燃气涡轮发动机稳定性设计与评定指南: GJB/Z 224—2005[S]. 国防科学技术工业委员会,2005.

[46] 刘大响,叶培梁,侯敏杰,等. 航空涡轮喷气和涡轮风扇发动机进口温度畸变评定指南: GJB/Z 211—2002[S]. 国防科学技术工业委员会,2002.

[47] 程卫华,杨士杰,魏德明,等. 航空涡轮喷气和涡轮风扇发动机通用规范: GJB 241A—2010[S]. 中国人民解放军总装备部,2010.

[48] 李磊. CFM56-5B 发动机喘振与防喘装置故障研究[J]. 航空维修与工程, 2018,3: 53-55.

[49] 郭怀军. JT9D 发动机的防喘、排故流程及故障分析[J]. 科技创新导报, 2015, 14: 71-73.

[50] 赵勇. 风扇/压气机非设计点性能计算和进气畸变影响预测方法研究[D]. 南

京：南京航空航天大学，2008.
[51] 赵运生. 航空发动机气动稳定性分析系统研究[D]. 南京：南京航空航天大学，2013.
[52] 尹超. 进气畸变下压气机性能和稳定性三维彻体力模型研究[D]. 南京：南京航空航天大学，2015.
[53] 严伟. 航空发动机气动稳定性分析数学模型研究与应用[D]. 南京：南京航空航天大学，2016.
[54] 郭晋. 多级轴流压气机非设计状态性能及稳定性三维计算模型研究[D]. 南京：南京航空航天大学，2019.
[55] 丁宁. 大涵道比涡扇发动机进气总压畸变模拟及稳定性计算分析[D]. 南京：南京航空航天大学，2014.
[56] 蒋聪. 大涵道比涡扇发动机气动稳定性评定方法和软件研究[D]. 南京：南京航空航天大学，2015.
[57] 刘大响，叶培梁，胡骏，等. 航空燃气涡轮发动机稳定性设计与评定技术[M]. 北京：航空工业出版社，2004.
[58] 刘永泉，施磊，梁彩云. 某航空发动机全包线气动稳定性设计方法[J]. 航空动力学报，2012，27(11)：2462-2467.
[59] 王奉明，程卫华. 高空长航时无人机用涡扇发动机关键技术分析[J]. 燃气涡轮试验与研究，2010，23(4)：53-56.
[60] 肖树国，陈勤生. 航空发动机设计手册：第 5 册 涡喷及涡扇发动机总体[M]. 北京:航空工业出版社，2001.
[61] 王占学，宋甫，周莉，等. 航空发动机数值缩放技术的研究进展[J]. 推进技术，2018，39(7)：1441-1454.
[62] 曹建国. 航空发动机仿真技术研究现状、挑战和展望[J]. 推进技术，2018，39(5)：961-970.
[63] Heidelberg L J, Ball C L. Effect of reynolds number on overall performance of a 3. 7-inch-diameter six-stage axial-flow compressor[R]. NASA-TN-D-6628, 1971
[64] Weigel C, Ball C L. Reynolds number effect on overall performance of a 10. 8-centimeter (4. 5-in) sweptback-bladed centrifugal compressor[J]. Lewis Research Center. NASA-TN-D-6640, 1972.
[65] 温泉，梁德旺，李逢春，等. 雷诺数效应对小流量多级轴流压气机的性能影响[J]. 航空动力学报，2004(01)：81-88.
[66] 赵胜丰，卢新根，朱俊强. 雷诺数对跨声速压气机转子内部流动失稳触发机理的影响[J]. 推进技术，2013，34(01)：25-30.
[67] 肖洪，吴虎，廉筱纯. 雷诺数对涡扇发动机性能及稳定性影响[J]. 航空动力学

报，2005(03)：394-398.

[68] William B R. Axial Compressor Blade Optimization in the Low Reynolds Number Regime[J]. 1979,17(12)：1361-1367.

[69] 郭捷，王咏梅，杜辉，等. 低雷诺数条件对涡扇发动机风扇/压气机性能和稳定性影响的试验研究[J]. 航空发动机，2004(04)：4-6.

[70] 李应红,等. 航空涡轮风扇发动机试验技术与方法[M]. 上海:上海交通大学出版社，2014.

[71] 侯敏杰. 高空模拟试验技术[M]. 北京:航空工业出版社，2014.

[72] BEALE D, Zelenak M. Development and validation of a freejet technique for inlet-engine compatibility testing[C]//28th Joint Propulsion Conference and Exhibit. 1992：3921.

[73] Maywald P V. C-2 subsonic freejet development and demonstration[C]//29th Joint Propulsion Conference and Exhibit. 1993：2180.

[74] Beale D, Collier M S. Validation of a free-jet technique for evaluating inlet-engine compatibility[C]//AIAA, ASME, SAE, and ASEE, Joint Propulsion Conference, 25th, Monterey, CA, July 10-13, 1989.

[75] Beale D, Evaluation of a free-jet technique for testing fighter aircraft propulsion systems[C]//AIAA, ASME, SAE, and ASEE, Joint Propulsion Conference, 22nd, Huntsville, AL, June 16-18, 1986.

[76] 战培国,程娅红. 大型运输机结冰试验技术研究[J]. 航空科学技术，2011(01)：13-15.

[77] 徐铁军，李聪，曲芳亮. 低速风洞 TPS 试验方法和数据处理方法[C]//大型飞机关键技术高层论坛暨中国航空学会 2007 年学术年会论文集. 2007：1792-1799.